城市设计研究丛书 ｜ 王建国主编

国家自然科学基金资助项目（项目批准号：51678127）
"十二五"国家科技支撑计划课题（2013BAJ10B13）
北京未来城市设计高精尖创新中心项目（UDC2016010100）

绿 色 城 市 设 计（第2版）

Lüse Chengshi Sheji(Di-er Ban)

徐小东　王建国　著

东南大学出版社
SOUTHEAST UNIVERSITY PRESS
南京 · 2018

内容提要

　　本书是有关城市设计生态策略研究方面的专著。全书系统地从基于生物气候条件的绿色城市设计视野来探索城市未来可持续发展的图景，在分析和把握基于生物气候条件的绿色城市设计的概念、内涵、特征和基本原理的基础上，简要回溯其思想渊源与历史演进历程，并就城市环境的影响因素、作用机理及其城市设计应对原则展开初步探讨，之后进一步提出基于生物气候条件的绿色城市设计的生态策略、方法与决策管理机制。最后，从案例研究出发，在实践中再检验和分析理论与方法的科学性和可操作性。2018 年笔者进行了修订再版工作。

　　本书立论新颖，资料翔实，理论、方法和应用并重，适用于建筑学、城乡规划学、风景园林学、地理学、气象学以及相关领域的专业人员、建设管理者阅读，也可为高等院校相关专业师生提供参考。

图书在版编目（CIP）数据

绿色城市设计 / 徐小东，王建国著．—2 版．—南京：东南大学出版社，2018.12

（城市设计研究丛书 / 王建国主编）

ISBN 978-7-5641-8155-0

Ⅰ．①绿… Ⅱ．①徐… ②王… Ⅲ．①生态城市 - 城市规划 - 建筑设计 - 研究 - 中国 Ⅳ．① TU-948.2

中国版本图书馆 CIP 数据核字（2018）第 281329 号

书　　　名：绿色城市设计（第 2 版）	
著　　　者：徐小东　王建国	
责任编辑：孙惠玉　徐步政	邮箱：894456253@qq.com
出版发行：东南大学出版社	社址：南京市四牌楼 2 号（210096）
网　　　址：http://www.seupress.com	
出 版 人：江建中	
印　　　刷：江苏凤凰数码印务有限公司	排版：南京布克文化发展有限公司
开　　　本：787mm×1092mm　1/16	印张：15.5　字数：371 千
版 印 次：2018 年 12 月第 2 版	2018 年 12 月第 1 次印刷
书　　　号：ISBN 978-7-5641-8155-0	定价：59.00 元
经　　　销：全国各地新华书店	发行热线：025-83790519　83791830

近十年来，中国城市设计专业领域空前活跃，除了继续介绍引进国外的城市设计新理论、新方法以及案例实践成果外，国内学者也在一个远比十年前更加开阔且深入的学术平台上继续探讨城市设计理论和方法，特别是广泛开展了基于中国 1990 年代末以来的快速城市化进程而展开的城市设计实践并取得世界瞩目的成果。

首先，在观念上，建筑学科领域的拓展在城市设计层面上得到重要突破和体现。吴良镛先生曾提出"广义建筑学"的学术思想，即"广义建筑学，就其学科内涵来说，是通过城市设计的核心作用，从观念上和理论基础上把建筑、地景、城市规划学科的精髓合为一体"[1]。事实上，建筑设计，尤其是具有重要公共性意义和大尺度的建筑设计早已离不开城市的背景和前提，可以说中国建筑师设计创作时的城市设计意识在今天已经成为基本共识。如果我们关注一下近年来的一些重大国际建筑设计竞赛活动，不难看出许多建筑师都会自觉地运用城市设计的知识，并将其作为竞赛投标制胜的法宝，相当多的建筑总平面推敲和关系都是在城市总图层次上确定的。实际上，建筑学专业的毕业生即使不专门从事城市设计的工作，也应掌握一定的城市设计的知识和技能。如场地的分析和一般的规划设计；建筑中对特定历史文化背景的表现；城市空间的理解能力及建筑群体的组合艺术等。

其次，城市规划和城市设计相关性也得到深入探讨。虽然我国城市都有上级政府批准的城市总体规划，地级市以上城市的总体规划还要建设部和国务院审批颁布，这些规划无疑已经成为政府在制定发展政策、组织城市建设的重要依据，用以指导具体建设的详细规划，也在城市各类用地安排和确定建筑设计要点方面发挥了积极作用，但是，对于什么是一个人们在生活活动和感知层面上觉得"好的、协调有序的"的城市空间形态，以及城市品质中包含的"文化理性"，如城市的社会文化、历史发展、艺术特色等，还需要城市设计的技术支撑。也就是说，仅仅依靠城市规划并不能给我们的城市直接带来一个高品质和适宜的城市人居环境。正如齐康先生在《城市建筑》一书中论述城市设计时所指出的，"通常的城市总体规划与详细规划对具体实施的设计是不够完整的"[2]。

在实践层面城市设计则出现了主题、内容和成果的多元化发展趋势，并呈现出以下研究的类型：

（1）表达对城市未来形态和设计意象的研究。其表现形式一般具有独立的价值取向，有时甚至会表达一种向常规想法和传统挑战的概念性成果。一些前卫和具前瞻眼光的城市和建筑大师提出了不少有创新性和探索价值的城市设计思想，如伯纳德·屈米、彼得·埃森曼、雷姆·库哈斯和荷兰的MVRDV建筑师事务所等。此类成果表达内容多为一些独特的语言文本表达加上空间形态结构，以及其相互关系的图解乃至建筑形态的实体。其中有些已经达到实施的程度，如丹尼尔·李布斯金获胜的美国纽约世界贸易中心地区后"9·11"重建案等。当然也有一些只是城市设计的假想，如新近有人提出水上城市（Floating City or Aquatic City）、高空城市（Sky City）、城上城和城下城（Over City/Under City）、步行城市（Carfree City）等[3]。

（2）表达城市在一定历史时期内对未来建设计划中独立的城市设计问题考虑的需求。如总体城市设计以及配合城市总体规划修编的城市设计专项研究。城市设计程序性成果越来越向城市规划法定的成果靠近，成为规划的一个分支，并与社会和市场的实际运作需求相呼应。

（3）针对具体城市建设和开发的、以项目为取向的城市设计目前最多。这些实施性的项目在涉及较大规模和空间范围时，还常常运用地理信息系统（GIS）、遥感（RS）、"虚拟现实"（VR）等新技术，这些与数字化相关的新技术应用，大大拓展了经典的城市设计方法范围和技术内涵，同时也使城市设计编制和组织过程产生重大改变，设计成果也因此焕然一新。

通过1990年代以来一段时间的城市设计热，我们的城市建设领导决策层逐渐认识到，城市设计在人居环境建设、彰显城市建设业绩、增加城市综合竞争力方面具有独特的价值。近年来，随着城市化进程的加速，中国城市建设和发展更使世界瞩目；同时，城市设计研究和实践活动出现了国际参与的背景。

在引介进入中国的国外城市设计研究成果中，除了以往的西特（C. Sitte）、吉伯德 (F. Giberd)、雅各布斯（J. Jacobs）、舒尔茨（N. Schulz）、培根（E. Bacon）、林奇 (K. Lynch)、巴奈特（J. Barnett）、雪瓦尼（H. Shirvani）等的城市设计论著外，又将柯林·罗和弗瑞德·科特（Rowe & Kotter）的《拼贴城市》[4]、马修·卡莫纳（Matthew Carmona）等编著的《城市设计的维度：公共场所——城市空间》[5]、贝纳沃罗（L. Benevolo）的《世界城市史》[6]等论著翻译引入国内。

国内学者也在理论和方法等方面出版相关论著，如邹德慈的《城市设计概论：理念·思考·方法·实践》（2003年）、王建国的《城市设计》（第二版，2004年）、扈万泰的《城市设计运行机制》（2002年）、洪亮平的《城市设计历程》（2002年）、庄宇的《城市设计的运作》（2004年）、刘宛的《城市设计实践论》（2006年）、段汉明的《城市设计概论》（2006年）、高源的《美国现代城市设计运作研究》（2006年）等。这些论著以及我国近年来许多实践都显著拓展了城市设计的理论方法，尤其是基于特定中国国情的技术方法和实践探新极大地丰富了世界城市设计学术领域的内容。

然而，城市设计是一门正在不断完善和发展中的学科，20世纪世界物质文明持续发展，城市化进程加速，但人们对城市环境的建设却仍然毁誉参半。虽然城市设计及相关领域学者已经提出的理论学说极大丰富了人们对城市人居环境的认识，但在具有全球普遍性的经济至上、人文失范、环境恶化的背景下，我们的城市健康发展和环境品质提高仍然面临极大的挑战，城市设计学科仍然存在许多需要拓展的新领域，需要不断探索新理论、新方法和新技术。正因如此，我们想借近来国内外学术界对城市设计学科研究持续关注的发展势头，组织编辑了这套丛书。

我们设想这套丛书应具有这样的特点：

第一，丛书突出强调内容的新颖性和探索性，鼓励作者就城市设计学术领域提出新观念、新思想、新理论、新方法，不拘一格，独辟蹊径，哪怕不够成熟甚有些偏激。

第二，丛书的内容遴选和价值体系具有开放性。也即，我们并没有想通过这套丛书构建一个什么体系或者形成一个具有主导价值观的城市设计流派，而是提倡百家齐放，只要论之有理、自成一说就可以。

第三，对丛书作者没有特定的资历、年龄和学术背景的要求，只以论著内容的学术水准、科学价值和写作水平为准。

这套丛书的出版，首先要感谢东南大学出版社徐步政副编审。实际上，最初的编书构思是由他提出的。徐副编审去年和我商议此事时，我觉得该设想和我想为繁荣壮大中国城市设计研究的想法很合拍，于是欣然接受了邀请并同意组织实施这项计划。

这套丛书将要在一段时间内陆续出版，恳切欢迎各位读者在初次了解和阅读该丛书时就及时给我们提出批评意见和建议，这样就可以在丛书的后续编辑组织时加以吸收和注意。

王建国

2008 年 9 月 18 日

参考文献

[1] 吴良镛.世纪之交的凝思：建筑学的未来[M].北京：清华大学出版社，1999.

[2] 齐康.城市建筑[M].南京：东南大学出版社，2001.

[3] 唐纳•古德曼（Donna Goodman）.未来城市剖析[J].吴楠，译.世界建筑导报，2000（1）：48-52.

[4] 柯林•罗，弗瑞德•科特.拼贴城市[M].童明，译.北京：中国建筑工业出版社，2003.

[5] 马修•卡莫纳（Matthew Carmona），蒂姆•希思（Tim Heath），塔内尔•厄奇（Taner Oc），等.城市设计的维度：公共场所——城市空间[M].冯江，袁粤，万谦，等译.南京：江苏科学技术出版社，2005.

[6] 贝纳沃罗•L.世界城市史[M].薛钟灵，葛明义，岳青，等译.北京：科学出版社，2000.

前言

20 世纪是人类创造空前繁荣的物质文明的时代，也是权力和资本扩散与集中、地区和贫富差别扩大与缩小并存及政治、经济、文化全球化的时代。在 20 世纪所出现的种种问题中，对所有地球人都形成共同威胁的是环境质量的急剧恶化和不可再生资源的迅速减少。近几十年，特别是 1973 年发生世界性的能源危机以来，人、建筑与环境之间的矛盾日益严峻和尖锐，并对人类的生存和发展构成严峻挑战。与此相关，全球性环境问题、能源问题开始从自然领域逐渐扩展到政治舞台，一系列高层次的国际会议围绕这一主题而召开，并形成一批国际性的行动纲领和文件。与此同时，与环境保护、绿色生态、可持续性设计等相关的各种概念和思想在国际建筑界此起彼伏。可持续发展有着复杂的环境、资源、社会等方面的问题，城市可持续发展的目标应将以往资源与能源耗费型的城市运行系统转变为循环节约型的系统。这显然是一种内在的也是根本性的变化，需要对城市的社会组织模式、经济组织模式以及与其对应的空间组织模式进行调整。但我们认为其中关键的问题之一还是伦理问题，正如《联合国环境方案》指出，"我们不是继承父辈的地球，而是借用了儿孙的地球"。同时，人类社会决策中普遍存在的只顾眼前利益和得失的"宁拖主义"（NIMTO：Not in my turn's office）、"宁罢主义"（NIMBY：Not in my back yard）的思想也在时时作祟。那么，从城市规划和建筑学的立场来看，人类未来采用何种规划设计技术途径和运作模式才能使得我们的城市建设和建筑环境改善乃至获得可持续性的品质，就成为学术界关注的焦点。

1997 年，王建国在《建筑学报》上发表论文，在学术界首次陈述"绿色城市设计"的概念和技术方法。我们认为，现代城市设计应在遵循经典的美学、经济和人文准则的基础上，增加"生态优先"和"整体优先"的设计准则，以求得温和渐进，并具有某种自主优化和自我修正能力的可持续性城镇建筑环境的发展。之所以如此关注生态和整体的基本概念，是因为在过去的世纪里，人们普遍接受的是工业时代的理念和商品社会的浸润。在这个时代里，工业技术的发展及其相关的知识体系建立被认为是社会进步的先决条件，同时，世间万物皆有作为商品的价值，城市总是被主导性的、以经济为导向的思想基础所组织和营造。而这在 1973 年世界能源危机爆发以来已经遭受人们的普遍质疑。

在 1997 年以来的十多年间，根据绿色城市设计的理论构想和架构，我们逐渐就绿色城市设计相关的研究领域展开了更深入的探讨，并得到国家自然科学基金的支持。总括说，我们在该领域大致完成了如下的成果：

（1）剖析、归纳并总结了现代城市设计发展的价值取向及其实践。提出可将工业革命以来的现代城市设计划分为三个各具主导理念和特色的历史阶段，亦即1920年代以前遵循美学和艺术准则的经典城市设计，1920年代至1960年代以经济和功能为价值取向的城市设计，1970年代以来缘起并逐渐发展壮大的以环境可持续性为目标、"生态优先"和"整体优先"为准则的绿色城市设计。

（2）相关规划设计应用案例研究初步验证了绿色城市设计理念和方法的实际可行性。根据我国现行城市规划编制、实施和管理的组织层次和城镇建设的实际运作方式，分别就宏观、中观和微观三个不同层次的绿色城市设计要点展开了理论和实践方面的研究。并在北京、上海、重庆、厦门、南京、海口、无锡、常州等城市开展了相关城市设计案例研究，其中大部分成果经专家评审，已经成为所在城市政府规划和建设管理部门技术管理的科学依据。

（3）对"紧凑城市"的城镇发展新模式进行了较为系统的探索，并对上海和香港特区等高密集城市的典型街区模式进行了分析、比较和基于"紧凑城市"发展理念的优化改善。

（4）开展一系列针对不同生物气候条件的绿色城市设计方法及其相应的生态技术策略探讨。其要义是将我们先前基于城市不同规模尺度的绿色城市设计成果进一步拓展到不同地域和气候条件下的绿色城市设计研究。亦即研究对象从规模尺度的垂直层面扩展到不同生物气候条件的水平层面，包括湿热地区、干热地区、冬冷夏热地区和寒冷地区。

本书是根据王建国指导、徐小东完成的《基于生物气候条件的绿色城市设计生态策略研究》博士学位论文基础上改写而成。本书在绿色城市设计学术框架中，着重从生物气候条件与城市设计相关性的角度来探索未来城市可持续发展的图景。笔者尝试将生态学原理引入城市规划设计，将人的生物舒适感重新建立在与自然环境、生物气候条件相结合的基础上，同时指出，城市规划设计需要从自然要素、地域特征及其处理方法中得到启发，关注自然环境制约与城市形式应变的内在契合机制，将城市建设与地理环境、生物气候条件有机整合。这对经济条件尚不发达而又具有多种气候特征的中国应该具有比较重要的理论价值和现实意义。

本书共分八章，大致涵盖了理论探索、策略建构和案例研究三部分内容，其中：

第0章：在广泛整理分析国内外相关资料的基础上，对当代城市可持续发展和生态研究的背景、现状和发展趋向进行了分析和综述，并在此基础上提出基于生物气候条件的绿色城市设计理念以及研究的技术路线和基本思路。

第1章：探讨了基于生物气候条件的绿色城市设计的内涵特征和基本原理，亦即整体关联原理、系统层级原理、自然梯度原理、技术适宜性原理和人类需求适宜性原理等。

第2章：以社会发展的历史进程为主线，对农耕时期、工业化时期和后工业化时期结合自然地理、生物气候条件的朴素的城市设计生态思想、方法和类型进行了简要回顾和综述，初步探索了城市生态思想演变及其深层的价值取向，力求从城市发展演变中寻求基于生物气候条件的绿色城市设计的内在规律。

第3章：重点在于从整体关联出发，通过自然法则、传统智慧、现代技术以及优秀的规划设计理念的综合利用，就城市环境的各种影响因素及其作用机理进行分析和探讨，并提出相应的规划设计应对原则。

第4章：针对不同规模层次和不同气候条件的城市设计生态策略展开研究，但更注重设计对象在城市生态整体相关性方面的属性，尤其是生物气候要素、自然要素和人工要素在城市设计中的整合和应用。其一，从"整体思考，局部入手"，建立起从宏观到中观再到微观的完整空间层级关系，以及全面、整体的生物气候适应体系，以实现城镇建筑环境各系统、层级之间合作效应的实质性优化；其二，在分析不同气候区域的地理分布和主要气候特征的基础上，重点就生物气候条件对城市环境的影响和作用方式加以剖析，并从基地的选择、城市结构和建筑物密度的考虑、街道网络的规划设计、开放空间的设计、建筑特征以及案例研究等方面提出适应不同气候条件的城市设计生态策略和方法。

第5章：重点讨论了绿色城市设计实施的制度环境，其目的是在改进现行城市管理制度存在问题的基础上，对城市设计的编制、决策管理以及生态策略实施制度安排之间的关系提出合理化建议，并就其评价指标与模型以及新技术在设计和决策管理中的引入和应用进行了简要阐述，其主旨在于改进当前的设计思路和方法，优化编制和决策管理过程，为城市建设提供参考。

第6章：以连云港市总体城市设计、宜兴市城东新区城市设计和地段级绿色城市设计教学研究为例，选取了不同气候地区和规模层次的三个案例从不同角度进行比较、分析和研究，在实践中再检验和分析理论与方法的科学性和可操作性。

第7章：本书在结语部分对全部内容进行了回顾与总结，并对绿色城市设计操作和实施的长期性、艰巨性、复杂性、社会性和综合性进行了剖析和阐述。

王建国　徐小东

0 绪论

城市化既可能是无可比拟的未来之光明前景所在，也可能是前所未有的灾难之凶兆，所以，未来会怎样就取决于我们当今的所作所为[1]。

——沃利·恩道

0.1 研究背景

0.1.1 可持续发展思想的由来

20 世纪是人类创造空前繁荣的物质文明的时代，同时也是人类对地球生态环境和自然资源产生严重破坏的时期。城市、建筑与环境之间的矛盾日益严峻和尖锐，自然环境的持续恶化和不可再生资源的迅速枯竭，这些都已成为人类能否延续和生存下去的紧迫问题，也给城市自身的发展带来前所未有的压力和阻碍。

从城市发展的内在规律和特征来看，城市以其特有的集聚效应逐步成为人类文明进步和社会、经济、生活的重要舞台，在人类社会发展进程中起着重要作用。城市的发展从未像今天这样对人类的生存环境和日常生活形成如此深刻的影响。与此同时，城市也汇集了大量社会冲突和技术矛盾。工业革命以后，尤其是 1970 年代以来，人口爆炸、资源短缺、环境恶化和生态失衡已到了十分严峻的程度，生态环境和城镇建筑环境问题日益成为全球性的危机，开始并逐步为世界各国和各界人士所关注。

1962 年，美国海洋学家卡逊（R. Carson）[2]发表了论著《寂静的春天》，这是为数不多的改变世界历史的著作，引起了巨大反响，被认为是人类进入生态时代的标志。1970 年代初，罗马俱乐部发表了著名的研究报告——《增长的极限》[3]，该报告指出由于地球资源的有限性，现在已是"人类最后的机会"，在一定程度上改变了人们对有限自然资源及其滥用对环境所产生的影响的思维方式（图 0.1）。此后，全球性环境污染问题开始从自然领域转移到政治舞台，一系列高层次的国际会议纷纷围绕这一主题而召开，并陆续形成一批国际性的行动纲领和文件。

1972 年，联合国在斯德哥尔摩发表了《联合国人类环境会议宣言》，

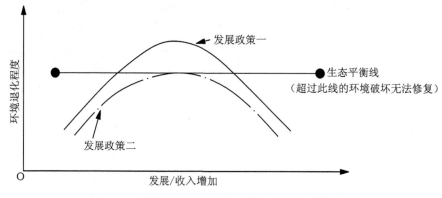

图 0.1　库兹涅茨环境曲线：政策、发展与环境关系

这是历史上第一个保护环境的全球性纲领。该宣言指出，"人是环境的产物，同时又有改变环境的巨大能力……发展中国家的环境问题主要是发展不足造成的，发达国家的环境问题主要是由于工业化和技术发展而产生的……为当代人和子孙后代保护和改善人类环境，已成为人类一个紧迫的目标"[4]。

1980 年，世界自然保护国际联盟首次提出"可持续发展"这一概念，此后逐渐被各国政府和国际组织接受。1983 年，挪威首相格罗·哈莱姆·布伦特兰（Gro Harlem Brundtland）女士应联合国秘书长之邀，成立了由多国科学家、官员组成的委员会。该委员会对全球发展与环境问题进行了长达三年的全面、广泛的研究，并于 1987 年出版了《我们共同的未来》[5]，报告明确提出"可持续发展"的概念——"在满足当代需求的同时不影响后代进行发展以满足自身需求的能力"，强调环境质量和环境投入在提高人们实际收入和改善生活质量中的重要作用，并成为世界普遍接受的原则。

1992 年，在里约热内卢召开由世界各国首脑参加的环境和发展大会，会议通过了著名的《里约环境与发展宣言》和《21 世纪议程》两个纲领性文件以及《关于森林问题的原则声明》，签署了《联合国气候变化框架公约》和《生物多样性公约》，为"可持续发展"提供了具体的行动指南。议程中有关可持续发展的建议约三分之二将要在城市和区域中心实施，更加凸显了城市与建筑在可持续发展战略中的重要地位。随后，相继召开了五届国际生态城市会议，就生态城市的设计原理、方法、技术和政策进行了深入探讨，推动了生态城市和可持续发展理念在全球范围内的规划建设实践。

1996 年，在巴塞罗那召开的第 19 次国际建筑师协会大会的主题是"现在与未来——城市中的建筑学"。1997 年 12 月在日本京都召开了联合国气候变化框架公约参加国三次会议，制定了控制气候变化和减少碳排放的全球战略——《京都议定书》，以缓减温室效应的加剧。1999 年，在北京召开第 20 次国际建筑师协会大会，以《北京宪章》的形式全面阐明了与 21 世纪的城市和建筑相关的社会、经济和环境协调发展的若干重大原则和关键问题。因而，正如国际建筑师协会主席萨拉·托佩尔森所言：

"21世纪的建筑师有两个任务，一个是满足社会的需求，保证人类的居住和生活；另一个就是保护全球环境，推广可持续发展的建筑模式，改善全人类的整体居住质量。"[6]

0.1.2 我国可持续发展的基本国情

当代中国，由于在人口、资源、经济、文化教育和医疗卫生等方面存在着诸多问题与不足，实现可持续发展的目标面临着巨大的困难和压力，任重而道远。有关统计数据表明，自1980年代以来，我国经济每年以9%的增幅高速增长，综合实力迅速加强，但无法否认的是，作为最大的发展中国家，我国现阶段的发展仍是一种粗放型模式，经济的快速增长在很大程度上是建立在对资源、能源的高消耗上；再加上在生态环境方面的先天不足，我国综合平均发展成本比世界平均水平要高出近25%，与世界发达国家美国、日本及欧盟等差距更为明显。这种传统的发展模式"造成了自然生态恶化，环境污染触目惊心"。曲格平先生在2004年上海国际科普论坛上如是讲："根据专家们分析预计，我国要实现2020年GDP（国内生产总值）翻两番的经济目标，又要保持现有的环境质量，资源生产率必须提高4—5倍，如果想进一步明显改善环境质量，资源和生产效率必须提高8—10倍，这种设想是不太现实的。"[7]

2002年年底，我国城镇化水平已达到39.1%，城镇人口为5.02亿人，并且随着经济的进一步发展和人民物质生活水平的不断提高，城市和建筑发展对土地和能源的需求将越来越大，而且能源的消耗几乎达到国民总能耗的一半以上[8]，我国人多地少、能源匮乏的局面将面临前所未有的挑战（图0.2、图0.3）。

上述迹象表明，传统的发展模式已经走到了尽头，我们必须坚定不

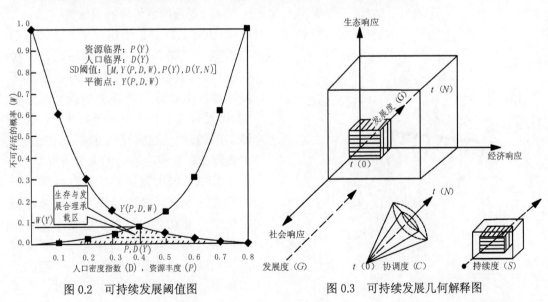

图0.2 可持续发展阈值图　　　　　图0.3 可持续发展几何解释图

移地实施可持续发展战略，走循环经济发展道路。在具体操作中，1994年3月，中国政府宣布实施"可持续发展"的基本发展战略，制定了《中国 21 世纪议程——中国 21 世纪人口、环境与发展白皮书》的纲领性文件，并结合国情指出了有关城市建设和建筑业发展的基本原则和政策。后来，在中国政府工作报告中相继出现了"科学发展观"和"节约型社会"等提法，这是一个肩负近 14 亿人口重担且资源相对贫乏的大国做出的富有责任和担当的承诺，我们有理由憧憬一个更加光明的未来。

0.1.3　城市与建筑学科可持续发展的使命

城市和建筑是人类与自然界相互作用的产物，是人类与自然环境的物质、能量交换及处理过程的重要环节。据有关数据统计显示，全球能量的 50% 左右都消耗于建筑的建造和使用过程，而在环境的总体污染中，与建筑有关的空气污染、光污染、电磁污染等就占了 34%。以建筑能耗为例，建筑的采暖、空调、照明和其他家用电器等设施耗费的能源约占全球能源的 1/3。这些能源主要来自地球进化了亿万年才形成的矿物能源，按此发展下去，将在未来几代人中间被消耗殆尽。同时，世界各国建筑能源中所排放的二氧化碳约占全球排放总量的 1/3，其中住宅单体占 2/3，公共建筑占 1/3 [9]。由此可见，工业社会那些所谓的"良好的生活方式"加剧了全球的环境污染。迄今，在所有已知的生态系统中，城市化进程对其主体自然环境具有的破坏性最大。从世界范围来看，对消费取向的城市生活的肆意追求，以及由大规模工业化生产所提供和需求的消费品，正日益威胁到人类赖以生存的环境，并导致其毁灭。

就目前而言，城市可持续发展主要面临以下两大挑战：

其一是人、城市与自然环境的矛盾。机械化、标准化的批量生产，在利用丁字尺、三角板将大片有机、多样、复杂的自然环境变成整齐、划一、简单、均质的欧几里得空间的同时，也对其内在的生态环节、生态规律造成破坏（图 0.4）。建筑和城市以一种控制自然的机器形象出现，难以融入环境，相反会造成自然环境的破坏，致使"城市固有风土和历史传统被抹杀，任何城市，都被现代建筑群所包围，失去个性，失去国籍，形成冷漠的无机的城市"[10]。

其二是城市发展和能源过度耗费带来的潜在危害，建成环境日益成为环境退化的主要动力。其中，最令人忧虑的是温室气体二氧化碳的排放。二氧化碳浓度的增加将导致地球变暖，并造成冰川消失、海平面升高、洪水泛滥、干旱

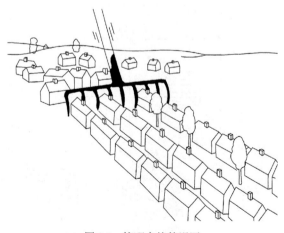

图 0.4　梳理自然的误区

频繁、土地沙化、疾病流行以及物种灭绝等灾难性后果。城市对上述问题的形成起着主导作用，因而，除非建成环境由产生问题的源头转变为解决问题的要素，否则这种状况无法彻底解决。

面对今天快速城市化背景、错综复杂的困惑与矛盾以及"乱花渐欲迷人眼"的理论思潮，城市规划设计如何去芜存菁，从根本上解决城市化进程中人与自然的和谐共处、城市发展与资源耗竭的矛盾，如何将人类建成环境问题与生态学、环境学相结合，实现城市环境的可持续发展，长期以来一直是人们所关注和研究的重点，并已经取得丰硕的成果。

0.2 研究现状与动态

0.2.1 国内外相关研究成果综述

1）城市设计对生态思想的关注及其发展

从国际上来看，城市设计的发展大致经历了三个阶段：1920 年以前的第一代城市设计，主要采用古典建筑美学及视觉有序的原则。第二代城市设计基本遵循技术美学和经济性准则，共同尊奉"物质形态决定论"，对生态利用得多保护得少，最终影响了城市社区的环境质量。1970 年代崛起的第三代城市设计——绿色城市设计，通过把握和运用以往城市建设所忽略的自然生态的特点和规律，贯彻整体优先和生态优先准则，力图创造一个人工环境与自然环境和谐共存的、面向可持续发展未来的理想城镇建筑环境[①]。近 20 年来，在"数字地球""智慧城市"、移动互联网乃至人工智能的日益发展背景下，城市设计的技术理念、方法和技术获得了全新的发展。2017 年 11 月，在东莞举行的城市规划年会上王建国提出城市设计的第四代范型——基于人机互动的数字化城市设计，它正在深刻改变我们城市设计的专业认识、作业程序和实操（实际操作）方法[11]。这是城市设计发展的主线，与以往相比，绿色城市设计已经突破了绿化、美化的旧有框架，基于自然与人类协调发展，强调生态平衡、保护自然，而且关注人类健康，更加注重城市建设的内在质量而非外显的数量。当下，相关的各种绿色设计、生态设计的概念和思想层出不穷，并与数字模拟技术日益融合。

1973 年，石油危机引发了太阳能建筑和城镇建设的热潮，这一时期注重城市资源和能源的保护。1974 年，E. F. 舒马赫的论著《小的是美好的：一本把人当回事的经济学著作》[12]为自足性设计提供了完整的哲学理论，他提倡设计师应更多地关注和利用地方性适用技术和可再生能源，如风能、水能和太阳能等。1975 年，理查德·罗杰斯等人发起的城市生态组织在美国加州成立，其宗旨在于"重建与自然平衡的城市"[13]。与此同时，杨经文、柯里亚、赫尔佐格等建筑师也在绿色城市与建筑设计实践方面进行了成功的探索。

在城市设计的方法和技术层面，I. L. 麦克哈格的"设计结合自然"思想在城市规划设计的自然生态基础及其与自然环境的整合方面，为城市设计建立了一个新的基准，他的设计目的只有两个——生存和成功，也即为人们营造健康舒适的城市环境[14]。J. O. 西蒙兹主张通过科学与艺术相结合的风景园林规划来改善人居环境，为绿色景观规划设计提出富有实际操作意义的建议和主张[15]。

作为绿色城市设计倡导者之一的霍夫（M. Hough）在《城市形态及其自然过程》（1984 年）一书中指出，"必须重新检讨目前城市形态构成的基础，用生态学的视角去重新发掘我们日常生活场所的内在品质和特性是十分重要的"。他还认为，"城市的环境观是城市设计的一项基本要素。文艺复兴以来城镇规划设计所表达的环境观，除一些例外，大都与乌托邦理想有关，而不是与作为城市形态的决定者——自然过程相关"，"廉价石油的到来，使得无生物结构的规划理论坚持认为，一个良好的户外气候的创造与城市发展无关"，这一看法如今无疑已受到大多数人的质疑和反对[9]。

1980 年左右，生态理论进一步扩展到地球环保领域。J. 拉乌洛克完成的著作《盖娅：地球生命的新视点》，要求营造健康舒适的场所，使人类和所有生命都处于和谐之中，进一步推动了盖娅运动的发展[16]。

此后，雅涅斯基（O. Yanitsky）在 1987 年甚至提出了完整的"生态城"设想，它包含自然—地理层、社会—功能层和文化—意识层三个层次以及基础研究、应用研究与发展、设计规划、建设实施和城市有机组织结构的形成五个层次（图 0.5），表达了生态城市所追求的城市与环境、城市环境与人类意识共同进化的思想[17]。

1993 年 4 月，中国海南海口市举行了国际城市设计研讨会，就"热带滨海城市的塑造"为主题进行探讨，并发表了会议宣言和指导海口未来城市设计的 14 条原则，其中宣言主要内容和大部分原则都与绿色城市

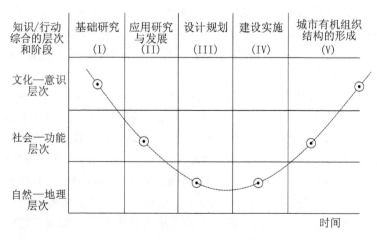

图 0.5　生态城市的设计与实施矩阵

设计相关[18]。1993 年 6 月，在美国芝加哥举办了"建筑在十字路口——为可持续的未来设计"为主题的第 18 次国际建筑师协会大会，会议采纳了可持续发展的设计原则，并通过了《芝加哥宣言》[19]。

1996 年 3 月，30 位来自欧洲 11 个国家的著名建筑师，共同签署了《在建筑和城市规划中应用太阳能的欧洲宪章》，其主旨是：面对世界范围内环境问题日益严峻的现实以及不可再生资源的滥用，我们应该重新审视和评判目前正奉为教条的城市发展理念和价值系统。城镇建筑环境的设计必须考虑与自然环境的和谐共生关系，以及用可再生能源取代不可再生能源的问题，为城市规划师和建筑师指明了在未来人类社会发展和建设工作中应具有的社会责任和价值标准[20]。

现在，越来越多的有识之士认识到，人类本身就是自然系统的一部分，与其支撑的环境休戚相关，城市发展本身就同时是一个"自然演进的过程"。因此，如何适应时代挑战，探求可持续发展的城镇建筑环境已成为我们义不容辞的历史责任，成为 21 世纪城市建设的指导原则和出发点。传统的城市发展正处于十字路口，这就需要我们对前人的思想、实践进行回顾和反思，探索新的城市设计理论和方法，推陈出新，寻找新的可持续发展的物质及技术途径。

2）结合生物气候条件的设计思路

"可持续发展"的人类共识在学科活动之间建立了一座桥梁，摆在我们面前问题的复杂性只能通过学科间的协同合作加以解决。回溯过去几十年来学术关注的理论前沿，从 1960 年代太阳能的收集和利用，到 1970 年代对零能耗建筑和城市的探索，以及 1980 年代以后对地域、场所感的追求、对生物气候设计和绿色城市设计的研究，一直都处于不断变化之中。

在国外，20 世纪初，以阿尔托等为代表的地方主义思想开始兴起，主张结合地理环境、生物气候和文化因素，积极采用地方材料和能源。及至 1940—1950 年代，气候与地域已成为影响设计的重要因素，如美国的 R.诺伊特拉、P.鲁道夫与巴西的 L.考斯塔、O.尼迈耶等在许多作品中都已充分考虑了生物气候和地域的因素。1963 年，维克多·奥戈雅完成了《设计结合气候：建筑地方主义的生物气候研究》一书，概括了 1960 年代以来建筑设计与生物气候、地域关系的各种成果，首次系统地将设计与生物气候、地域及人体舒适性结合起来，提出"生物气候地方主义"这样一种符合自然原则的设计方法，认为设计应该遵循气候→生物→技术→建筑的过程[21]。其后，B.吉沃尼（Givoni）在《人·气候·建筑》一书中，对奥戈雅的生物气候方法做了改进，从热舒适性出发考察和分析气候条件，进而确定可能采取的设计策略[22]。

1970 年代，生物气候设计主要集中于对建筑物高效节能的制冷、采暖措施以及日光照明的研究。这一时期，在广大第三世界国家中结合生物气候条件的设计也日益受到关注。印度建筑师 C.柯里亚结合自己的设计实践，提出"形式追随气候"的设计概念[23]。

另一位卓有成就的建筑师是埃及的哈桑·法赛（Hassan Fathy），他研究了住屋形式随不同气候而产生的变化，并从建筑形态、定位、材料、外表肌理、颜色、建筑空间以及开敞的设计七个方面对传统建筑的设计策略进行了评价。他认为，与传统技术手段相比，这些措施更能同人体的热舒适性要求相协调，同生态环境保持和谐[24]。

1980 年代起，人们对可持续发展的研究开始向纵深发展，关注于人类健康、空气质量以及自然要素对城镇建筑环境所造成的影响等诸多问题。城市和建筑领域结合生物气候条件的研究日益成为学术探讨的前沿课题，相关成果大量涌现。其中，较为典型的有《热带气候的设计手册》（1980 年）、《微气候建筑学》（1983 年）、《太阳、风与光——建筑设计策略》[25]、《建筑·舒适·能量》（1998 年）、《适应气候的建筑——能源高效的建筑设计手册》[26] 等，这些论著从建筑—人—气候相互关联的角度出发，重点就建筑的气候适应性以及生物气候要素在建筑设计中的应用提出了许多富有价值的见解。《干旱国家的人居环境——一种设计方法》（1986 年）与《气候和人居环境：结合气候的非洲城镇规划和建筑设计》[27] 结合地方气候特征和乡土技术条件，重点就干热地区人居环境的设计方法和策略做了阐述；《太阳的光辉——太阳能建筑的历史演进》[20] 与《建筑和城市设计中的太阳能利用》[28] 基于"可持续发展"视角，重点探讨了在不同自然条件下太阳能等可再生能源在建筑和城市发展历程中所起的重要作用。

1990 年代，B. 吉沃尼开始将这一研究拓展到城市设计领域，其著作《建筑和城市设计中的气候考虑》系统分析了气候的成因以及城市、建筑的影响因素，并就不同气候区域提出了建筑和城市设计的方法、策略[29]。它所确立的体系为我们的研究提供了重要的参考，直接影响了本书后半部分的基本框架。同时期，较为突出的还有美国宾夕法尼亚州立大学的吉迪恩·S.格兰尼，他长期致力于城市地下空间设计、结合气候的城市设计以及新城规划的研究，发表了《城市设计的环境伦理学》[30]，这是一部有关城市设计与气候关联的重要著作，该书重点基于特定气候的城市设计实践、城市形态与能量消耗之间的关联性以及城市自然环境与人工环境之间的相互关系等内容与方向进行了系统分析与探讨；他还著有《掩土建筑：历史·建筑与城镇设计》[31]、《设计与热效能：中国的地下住宅》[32] 等大量著作。

国内相关文献亦很丰富。《建筑形态与气候设计：从荒漠地区传统建筑的分析探讨现代地方性建筑的创新》[33] 偏重于从人文的角度探讨了建筑形态与气候的关联。《结合自然 整体设计——注重生态的建筑设计研究》[34] 从城市系统的整体性出发，从时间、空间和资源的有限性入手探讨建筑系统结构和生物气候缓冲层的建构。《建筑适应气候——兼论乡土建筑及其气候策略》[35] 重点分析了各种气候特征，并结合乡土建筑探讨了建筑的气候适应性问题。而《应变建筑观的建构》[36] 则探讨了大陆性气候条件下的建筑应变问题。

但是，国内专注于结合生物气候条件的城市设计研究成果相对较少。《可持续发展的城市与建筑设计》[8]从可持续发展的角度探讨了生态建筑和城市的技术路线以及适应气候的城市和建筑设计要点，并列举了国内外大量的案例研究。《生物气候要素在城市和建筑设计中的运用》[37]选择生物气候要素作为研究的出发点，就不同地区、不同地形的气候条件对城市和建筑设计的影响及其应对策略进行了论述。《寒地城市公共环境设计》[38]结合寒地气候特点，就不同环境要素和不同层级的城市公共空间设计策略做了重点阐述。其他如《热湿气候的绿色建筑计画——由生态建筑到地球环保》[39]以及黄光宇先生对山地城市、生态城市的探索等都为我们的研究打开了不同的专业视野。2005年以来，哈尔滨工业大学、华中科技大学、华南理工大学等院校师生纷纷结合自己所在地域气候特征从不同层面展开研究，尤其在数字化模拟与分析领域取得了丰富的研究成果。

0.2.2　综合评述

由于具体国情和研究手段的差异，各国研究的内容、层次和水平还存在一定差距。总体来看，西方学者的绿色城市设计方法理论尚未形成完整体系，但实践方面取得了公认的领先成果，他们侧重于"具体的设计特征和技术特征，强调针对西方国家城市现实问题（如低密度、小汽车为主导的生活方式，太阳能在建筑和城市规划设计中的应用等）提出实施生态城市的具体方案"。国内学者侧重自然与人文相结合的山水城市的研究，更多地强调"继承中国的传统文化特征，注重整体性，理论更加系统"[40]，但在实践环节的研究显得相对薄弱，相关经验和教训的总结也不够充分与全面。

总体而言，城市生态设计虽然取得了丰硕成果，但也存在一些问题，主要如下：

（1）目前的研究以单一因子居多，并有待进一步深入探讨。对动物、植物、微生物、水体、地形、地貌、土壤，尤其是生物气候因素在城市生态环境、物质能量循环过程中所起的作用缺乏持续、定量的研究。

（2）静态研究多，动态研究少。对城市生态系统的结构、功能、组成的研究多以描述性为主，而对城市物质循环、能量转换、信息传递等的定量性研究较少，对城市生态系统的调控还只局限于理论上的探讨。决策管理的各个部门之间缺乏有效沟通，设计成果难以在实践中得到很好发挥。

（3）重理论建构，轻工程实践。对生态问题和绿色城市的认识不少停留在理论探讨的层次上，没有能够及早与规划界、建筑界以及其他学科联合起来开展更加深入和具体化的生态设计研究。

迄今为止，对包括中国在内的广大发展中国家而言，盲目、无序的城市开发和不合理的城市和建筑设计已造成城市环境的破坏和能源的巨大浪费，对此我们应审慎应对。综观本领域长期以来的理论探索与工程实践，我们认为生物气候地方主义提供了在城市规划和建设中结合生物气候条件的设计思路，它能以较小的能源和物质代价将人的生物舒适感重新建立在与自然环境、生物气候相融合的基础上，为城市设计提供了新的契机。这种基于生物气候条件的绿色城市设计思路无疑对经济条件尚不发达而又具有多种气候特征的广大发展中国家有着重要的意义。

鉴于此，对于城市可持续发展的研究，目前的出路主要在于如何将生态学原理引入城市规划设计，如何回归起点，结合生物气候、地理环境等自然条件，强调节约资源，尽量减少对自然环境的不良影响，从而营造高效、清洁、健康、舒适的城镇建筑环境。

0.3　研究方法与思路

0.3.1　研究的方法与目标

城市是一个复杂的巨系统，任何理论探索和实践都无法离开这一基础背景。我们应通过一种整体性、动态性的范式来研究城市生态问题的深层原因，研究人与自然、城市与自然的和谐、统一关系，并寻求解决之道。在此过程中，需重点把握以下几方面内容：

（1）理论研究与实践应用相结合。课题实践和相关案例研究可以使城市设计理论、工程实践和生态原理有机结合。

（2）定性和定量相结合。如运用以地理信息系统和"3S"（遥感、全球定位系统、地理信息系统）为代表的空间信息技术以及数字化模拟技术进行相关的环境信息收集、模拟、分析和研究，提高方案设计和决策管理的科学性。

（3）收敛性和发散性研究相结合，但更突出收敛性。综合吸收国内外相关学科的最新研究成果，探索适合我国新型城镇化背景下基于生物气候条件的绿色城市设计生态策略及其可操作性问题，并注重不同规模尺度和不同生物气候条件的城市设计生态策略对比研究。

（4）问题导向和方法导向相结合。针对城市发展存在的根本症结所在提出研究的对象、问题，同时关注方法创新，不断提高城市设计解决实际问题的能力，从整体层面上分析和阐述绿色城市设计的生态问题和生态设计方法。

基于上述研究方法，本书通过对基于生物气候条件的绿色城市设计思想发展历程的简要回顾与综述，旨在探索城市生态思想的演变规律和深层的价值取向，把握城市发展的基本脉络和主要趋向，并力求实现以下目标：

（1）构建基于生物气候条件的绿色城市设计的理论架构，分析城市环境的影响因素及其作用机理并提出相应的城市设计应对原则。

（2）形成一套适应不同规模尺度（垂直分层）和不同气候特征（水平分层）的城市设计生态策略和方法。

（3）对基于生物气候条件的绿色城市设计的运作和决策管理提出合理化建议。

0.3.2 研究的基本思路

"城市从根本上说是人的共同生活的最高的，即最复杂的形态。"[41]作为人类文明的标志和精华所在，城市集中了土地、人口、产业、资金等各种生产要素，也是各种矛盾集聚的焦点。因此，有人认为，在综合自然科学和社会科学的研究方面，最为复杂的课题就是城市。从广义上讲，城市生态系统包括自然生态系统、城市人工环境系统以及经济生态系统和社会生态系统，这是一个综合性很强的复杂系统。甚至有学者认为个性也是城市可持续性的一个重要方面——按最佳的人文主义传统创造特别的空间，以人为中心。因此，对于这样一个开放的、复杂的巨系统的生态设计，需要从多层次、多视角来研究，那将远不是本书所能全部涵盖与解释透彻的。

从全球范围来看，在以往的社会发展过程中，由于自然资源价值和生态效果难以用货币价值来衡量，政绩考核过于强调 GDP 指标，从而导致人们对狭义的自然生态问题最为忽视，用今天的眼光来衡量和反思，这也许是 20 世纪人类自身发展过程中出现的最大的失误之一。再加上我国仍处于社会发展的初级阶段，很难在城市发展过程中大量建设"投入大，见效慢，周期长"的绿色计划项目。因此，自觉保护自然生态环境，在城市设计中结合生物气候条件改善城镇建筑环境、减少资源和能源消耗，将是一项艰巨而具有深远意义的历史使命。

通过分析以上复杂因素之间的相互关系，我们尝试建立一种合理的愿景和发展框架，建构绿色城市设计的主要理论架构。从可持续发展的准则来看，绿色城市设计涵盖了自然、社会和经济等不同方向的城市设计内容。然而，受篇幅、时间和笔者精力的限制，本书无法从自然、经济、社会人文各个角度全面展开，只是就可持续发展背景下的城市自然生态系统展开研究。即便如此，也仅从论题需要出发，在保证框架基本完整的前提下，重点研究基于生物气候条件的绿色城市设计生态策略（图 0.6），其他未加详述的问题，留待以后再做研究。本

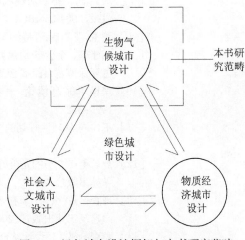

图 0.6　绿色城市设计框架与本书研究范畴

书中以后出现的绿色城市设计除特殊说明外，一般指的是基于生物气候条件的绿色城市设计。

本书研究的基本思路是在"可持续发展"理论的基础背景下，尝试从基于生物气候条件的绿色城市设计视野来探索城市未来可持续发展的图景。本书主体架构采用先背景后现象的递进结构，在系统分析和把握基于生物气候条件的绿色城市设计的概念、内涵、特征和基本原理的基础上，简要回溯了其思想渊源与历史演进历程，并就城市环境的影响因素、作用机理及其城市设计应对原则展开初步探讨，进而提出基于生物气候条件的绿色城市设计的生态策略、方法与决策管理机制。最后，本书从案例研究出发，在实践中再检验和分析理论与方法的科学性和可操作性。

注释

① 王建国教授在第三届人居环境学术研讨会上提出"绿色城市设计"的基本概念（1996年），并在《生态原则与绿色城市设计》一文（《建筑学报》，1997年第7期）中提出绿色城市设计所遵循的"整体优先，生态优先"的基本原则。

参考文献

［1］ 联合国人居中心（生境）.城市化的世界[M].沈建国，于立，董立，等译.北京：中国建筑工业出版社，1999.

［2］ Rachel C.Silent Spring[M]. Boston: Houghton Mifflin Company，1962.

［3］ 德内拉•梅多斯，乔根•兰德斯，丹尼斯•梅多斯.增长的极限[M].李涛，王智勇，译.北京：机械工业出版社，2013.

［4］ Anon. Declaration of the United Nations Conference on the Human Environment[EB/OL].（1972-09-03）[2018-10-22].http://www.unep.org.

［5］ 世界环境与发展委员会.我们共同的未来[M].王之佳，柯金良，译.长春：吉林人民出版社，1997.

［6］ 俞孔坚，李迪华.多解规划：北京大环案例[M].北京：中国建筑工业出版社，2003：76.

［7］ 佚名.20个不宜居住城市中国占16——走循环经济发展道路刻不容缓[N].南京晨报，2004-05-18（A12）.

［8］ 董卫，王建国.可持续发展的城市与建筑设计[M].南京：东南大学出版社，1999.

［9］ 王建国，徐小东.绿色城市设计与城市可持续发展[M]//中国（厦门）国际城市绿色环保博览会组委会.呼唤绿色新世纪.厦门：厦门大学出版社，2001：109,110.

［10］ 岸根卓郎.环境论——人类最终的选择[M].何鉴，译.南京：南京大学出版社，1999：372.

［11］ 王建国.从理性规划的视角看城市设计发展的四代范型[J].城市规划，2018（1）：9-19.

［12］ 舒马赫•E F.小的是美好的：一本把人当回事的经济学著作[M].李华夏，译.北京：译林出版社，2007.

［13］ 理查德•罗杰斯，菲利普•古姆齐德简.小小地球上的城市[M].仲德崑，译.北京：中国建筑工业出版社，2004.

［14］ 麦克哈格•I L.设计结合自然[M].芮经纬，译.北京：中国建筑工业出版社，1992.

［15］ 西蒙兹·J O.大地景观——环境规划指南［M］.程里尧,译.北京:中国建筑工业出版社,1990.

［16］ James L. Gaia: A New Look at Life on Earth［M］.Oxford:Oxford University Press, 1979.

［17］ 杨士弘,等.城市生态环境学［M］.2版.北京:科学出版社,2003.

［18］ 韦湘民,罗小未.椰风海韵——热带滨海城市设计［M］.北京:中国建筑工业出版社,1994.

［19］ 张钦楠.芝加哥宣言——为争取持久未来的相互依赖［J］.建筑学报,1993(9):6.

［20］ Sophia B,Stefan B. Sol Power — The Evolution of Solar Architecture［M］.Munich: Prestel,1996.

［21］ Olgyay V.Design with Climate:Bioclimatic Approach to Architectural Regionalism ［M］.New Jersey:Princeton University Press,1963.

［22］ 吉沃尼·B. 人·气候·建筑［M］.陈士辚,译.北京:中国建筑工业出版社,1982.

［23］ 叶晓健.查尔斯·柯里亚的建筑空间［M］.北京:中国建筑工业出版社,2003.

［24］ Hassan F. Hassan Fathy,Architect［M］.Cambridge,MA:MIT Press,1981.

［25］ Brown G Z , Mark D. Sun , Wind & Light—Architectural Design Strategies［M］.2nd ed. New York:John Wiley & Sons,Ltd.,2001.

［26］ Arvind K, Nick B, Simos Y, et al. Climate Responsive Architecture—A Design Handbook for Energy Efficient Buildings［M］. New Delhi:Tata McGraw-Hill Publishing Company Ltd.,2001.

［27］ Yinka R A.Climate and Human Settlements:Integrating Climate into Urban Planning and Building Design in Africa［M］.[S.l.]:United Nations Environment Programme, 1991.

［28］ Norman F,Hermann S.Solar Energy in Architecture and Urban Planning［M］. Amsterdam:H. S. Stephens and Associates,1993.

［29］ Baruch G. Climate Consideration in Building and Urban Design［M］. New York: John Wiley & Sons Ltd.,1998.

［30］ 吉迪恩·S.格兰尼.城市设计的环境伦理学［M］.张哲,译.沈阳:辽宁人民出版社, 1995.

［31］ Gideon S G. Earth Sheltered Habitat:History,Architecture and Urban Design［M］. New York:VNR Company,1982.

［32］ Gideon S G.Design and Thermal Performance:Below-Ground Dwellings in China ［M］. Newark,DE:University of Delaware Press,1990.

［33］ 黄薇.建筑形态与气候设计:从荒漠地区传统建筑的分析探讨现代地方性建筑的创新［D］:［硕士学位论文］.北京:清华大学,1987.

［34］ 宋晔皓.结合自然 整体设计——注重生态的建筑设计研究［D］:［博士学位论文］.北京:清华大学,2000.

［35］ 王鹏.建筑适应气候——兼论乡土建筑及其气候策略［D］:［博士学位论文］.北京:清华大学,2001.

［36］ 吕爱民.应变建筑观的建构［D］:［博士学位论文］.南京:东南大学,2001.

［37］ 胡渠.生物气候要素在城市和建筑设计中的运用［D］:［硕士学位论文］.南京:东南大学,2000.

［38］ 刘德明.寒地城市公共环境设计［D］:［博士学位论文］.哈尔滨:哈尔滨建筑大学,1998.

［39］ 林宪德.热湿气候的绿色建筑计画——由生态建筑到地球环保［M］.台北:詹氏书局,1996.

［40］ 黄肇义,杨东援.国内外生态城市理论研究综述[J].城市规划,2001(1):56-66.

［41］ 斐迪南·藤尼斯.共同体与社会[M].林荣远,译.北京:商务印书馆,1999:333.

图表来源

图 0.1 至图 0.3 源自:董卫,王建国.可持续发展的城市与建筑设计[M].南京:东南大学出版社,1999.

图 0.4 源自:George F T, Frederick R S. Ecological Design and Plan[M].New York:John Wiley & Sons,Ltd.,1997.

图 0.5 源自:杨士弘,等.城市生态环境学[M].2版.北京:科学出版社,2003.

图 0.6 源自:笔者绘制.

1 基于生物气候条件的绿色城市设计的概念解析与基本原理

现在已到达历史上这样一个时刻，我们在决定某一重大行动的时候，必须更加审慎地考虑对环境所产生的影响及其后果。由于无知和不关心，我们可能给自己的生活和幸福所依靠的地球环境造成巨大的无法挽回的损害。反之，如果我们掌握比较充分的科学知识，采取比较明智的行动，就可以使我们自己和我们的后代在一个比较符合人类需要和希望的环境中过着较好的生活……

——1972年6月《联合国人类环境会议宣言》[1]

1.1 基于生物气候条件的绿色城市设计概念解析

1.1.1 概念界定

基于生物气候条件的绿色城市设计是指，根据生态学原理，综合研究城市环境与生物气候条件的关系，并应用系统工程、环境工程和生态工程等现代科学和技术手段协调城镇建筑环境与自然关系的一个综合性学科方向。作为绿色城市设计最为基础和核心的部分，它主要从地域性出发分析生物气候条件引起的能量变化，注重研究生物气候条件和人类生物感觉之间的复合、整体关系，通过生物气候要素、自然要素和人工要素的整合来形成良好的生物气候调节能力，把抽象概念和设计策略与城市设计转变成生物气候形式和绿色城市的行动相结合，引导城市环境良性循环，实现城市、人与自然的协调发展[2]。

基于生物气候条件的绿色城市设计的核心是被动式低能耗设计（Passive and Low Energy Design），亦即顺应自然生态原理，不借用外来设备、能源、机械之力，通过城市设计的方法、手段达到改善城镇建筑环境质量的目的，其最高境界在于师法自然。它要求我们清醒地认识"人类是我们所居住的自然系统中的一个组成部分；我们必须主动与之进行抗争，但却不是企图游离于自然之外。……我们必须学会在宇宙中生活，利用我们可畏的技术能力来增强和改善宇宙，而不是破坏它"[3]。

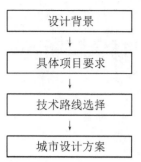

设计背景

↓

具体项目要求

↓

技术路线选择

↓

城市设计方案

图 1.1 基于生物气候条件的绿色城市设计程序示意图

从深层含义上来讲，基于生物气候条件的绿色城市设计并非只是以简单量化来评估的生态设计方法，它通过采用自然手段改善城镇建筑环境，使人们融入城市环境，给他们带来愉快、轻松、舒适和满足感，从而使人类的生活更加接近人性化、自然化的理想，远远超越了单纯节能的层次。其最终目标是要从以往一味追求创造人工舒适气候与自然生物气候抗衡，转向追求人工气候与自然生物气候和谐共生，将城市与建筑对生物气候条件的利用置于一个宏观的时空背景下整体考虑。这无疑是绿色城市设计"最重要、最实用"的设计策略和方法，使人类对生物气候条件利用的研究进入一个更高层级。这一过程大致如下（图 1.1）：

（1）调研城市所在区域的太阳辐射、气温、湿度、风和降雨量等构成的生物气候条件以及当地的水文、植被、地形、地貌等自然地理环境。

（2）根据生态学原理，针对具体项目要求，做好地理环境、生物气候因素对城市环境和人体热舒适性影响的评价。

（3）基于可持续发展的前提条件，在城市选址、总体结构、功能布局、开放空间设计以及其他相关细部特征设计时，选择适宜的原则策略和技术路线，妥善处理生物气候条件与城市环境和热舒适性之间的相互关系。

（4）结合不同规模尺度和不同气候地区的地理环境和生物气候条件特征，采取相应的城市设计策略和方法，寻求最佳的解决途径。

1.1.2 相关概念解析

城市生态环境不仅仅是技术问题，也是社会、经济问题，生态环境需要综合治理。不同国家的专家、学者和社会团体从不同的学术视野对城市未来走向和发展趋势提出了自己的设想和方案，如普世城、健康城市、园林城市、山水城市、生态城市等，它们有着一定的共同之处，也有着显著的区别和差异。为了从根本上理解基于生物气候条件的绿色城市设计的本质，需厘清它与其他概念的内在区别和联系。

普世城（Ecumenopolis）的概念由希腊学者道萨迪亚斯提出，他从全球的角度考察人类聚居，通过对人类聚居的进化和发展趋势的研究发现，全球的城市呈现出规模日益扩大、联系更加密切的走向，逐渐形成一个统一的"普世城"，其形成过程就是"从文明社会走向世界大同"[4]。普世城设计方案带有明显的技术乌托邦特征，但从总体和全局的观念出发研究城市，这与基于生物气候条件的绿色城市设计所倡导的"整体优先"的观念相一致。

健康城市（Healthy City）也是目前城市研究的热点之一。健康城市是世界卫生组织（WHO）1992 年倡导的一项全球计划，是由健康的人群、健康的环境和健康的社会有机结合发展的一个整体。它是从城市与居民健康的角度提出的，涉及影响居民物质、精神、健康的各个方面，如福利、文化、政策、生活环境等生理上的健康。然而，健康城市设计过于强调城市居民的健康，而忽视了经济模式、生产技术、文化以及赖以生存的区域环境，这种健康很可能是建立在区域的非健康基础之上，最终也可能会导致自身的病态[4]。基于生物气候条件的绿色城市设计将满足人类的热舒适性和保护能源及环境资源的需要作为设计的出发点，虽然两者都出于满足居民健康和舒适的要求，但涉及的视野和实现的途径存在一定的差别，后者更侧重于创造舒适的城镇建筑环境和满足可持续发展的需求。

目前国内常提及的城市概念还有卫生城市、清洁生产城市、花园城市、环境保护模范城市、最佳人居城市、园林城市等，它们的意义和作用也不容忽视。其中，园林城市[5]是建设部在环境综合整治（绿化达标、全国园林绿化先进城市）等政策的基础上提出的一种城市建设模式和荣誉称号，并于1992年制定了《国家园林城市评选标准（试行）》，1996年、2000年又进一步加以补充和完善。园林城市以改善城市生态环境为目标，已从城市绿化的组织管理、规划、建设扩展到景观保护、生态建设和市政建设等方面。其目标单一，可操作性强，比较适合我国国情，对现阶段改善城市生态环境、建设生态城市具有重要的现实意义和基础性作用。然而，如果不从生物气候设计的角度出发，综合考虑其生态效应，即使绿地面积足够多，也难以很好地实现优化城市环境的效果。北京作为全国园林城市，空气污染却很严重就是很好的明证，需要从全局视角整体把握好城市通风廊道的规划布局。

山水城市的概念最早由著名科学家钱学森于1990年提出，曾引起国内学术界的广泛关注。1993年，钱老在"山水城市讨论会"的书面发言中已对此形成较为完整的概念，他认为，山水城市的设想是中外文化的有机结合，是城市园林与城市森林的有机结合。山水城市设计将山水要素纳入城市结构，与绿地一起组成自然环境，并和人工环境相融合，其实质是中国山水绘画、古典诗词、风水学说和现代生态思想的综合产物，有着深刻的科学意义和文化意义。山水的融入优化了城市空间形态和用地结构，也相应要求调控城市产业结构，从而使环境得到优化，促使城市健康发展；其宗旨在于为人们的生活、工作、学习和娱乐提供一个优美、宜人的人居环境，并能够满足人们各方面的物质和精神需求[6]。基于生物气候条件的绿色城市设计则强调利用自然地理、山水地形特征合理组织和建设具有生物气候调节功能的开放空间，在这方面，两者有共同之处。

生态城市是指基本结构和功能符合生态学原理，社会—经济—环境复合生态系统良性运行，社会、经济、环境协调发展，物质、能量、信息高度开放和高效利用，居民安居乐业的城市[7]。它摈弃传统的狭隘环境观，不仅出于防止污染、保护环境的目的，而且融合了社会、经济、技术、文化生态等方面的内容，强调人与自然的整体协调。

基于生物气候条件的绿色城市设计与生态城市规划设计之间存在着一定的差别，应加以区分，以防概念混淆。一般来说，前者呈现出被动

表 1.1　设计模式比较

	其他设计	生物气候设计	生态设计
建筑形式	其他影响	气候影响	环境影响
建筑定位	相对不重要	至关紧要	至关紧要
立面和开窗	其他影响	适应气候	适应环境
能量来源	电能	电能 / 周围环境能	电能 / 周围环境能 / 当地特点
能量损耗	相对不重要	至关紧要	至关紧要 / 再利用
环境控制	电子—机械	电子—机械 / 手工	电子—机械 / 手工
	人工调节	人工 / 自然调节	人工 / 自然调节
舒适标准	固定	可变 / 固定	可变 / 固定
低能耗设计	电子—机械	被动 / 电子—机械	被动 / 电子—机械
能量消耗	总体来讲高	低	低
物质材料来源	相对不重要	相对不重要	较低的环境影响
物质材料输出	相对不重要	相对不重要	再利用 / 再循环 / 减少 / 重新组合
场地生态环境	相对不重要	重要	至关紧要
场景设计	从美学考虑重要	从气候考虑重要	从生态学考虑非常重要

低能耗设计倾向，它利用当地的生物气候条件为居民创造舒适的生活环境……作为一种自发的生物气候城市形式，它能够为城市生态设计提供直接的技术支持和帮助，为现有的城市设计提供一种切实可行的选择，使之更具科学性和可操作性[8]。然而，最终而言，它不等同于生态城市规划设计，而是其社会—经济—环境复合生态系统的一部分（表 1.1）[3]。

1.2　基于生物气候条件的绿色城市设计的内涵与特征

基于生物气候条件的绿色城市设计作为绿色城市设计的核心和基础，其内涵和特征必将反映城市"绿色文明"的思想，并且随着社会、经济和技术的发展也会不断得到补充和完善。

1.2.1　基于生物气候条件的绿色城市设计的内涵

对基于生物气候条件的绿色城市设计进行探索，主要是为了寻求更合理的生活方式和能源利用模式，利用天然条件与人工手段创造良好的、富有生机的城镇建筑环境，同时又要控制和减少人类对自然资源的使用，减少能耗，保护环境，尊重自然，实现向自然索取与回报之间的平衡。

1）利用自然资源

地球上最初的能源首先表现为气候能源，其他各种能源都是它转化的结果。太阳能和风能作为典型的气候能源，也是不产生污染的清洁能源，取之不竭，用之不尽，从而具有得天独厚的优势，这是今后相当长时期内基于生物气候条件的绿色城市设计关注和研究的重点。随着研究的深入和推广，太阳能、风能等生物气候要素在城市建设中的应用将不再是个别的、孤立的案例。以此为契机，适度减少对矿物燃料的使用是完全有可能的，它一方面降低了对石化燃料的依赖，减少温室气体的排放；另一方面对提升国家的能源安全也大有裨益。可以预见，"在不久的将来……将太阳能技术融入城市、环境设计将是未来城市、建筑和美学发展的一个重要主题"[9]。

2）节能

节能是基于生物气候条件的绿色城市设计重点考虑的问题之一。它要求在城市设计中尽可能应用被动式低能耗技术与当地气候参数相结合，充分利用环境中的有益要素，避免"热岛效应"等对人们生活的不利影响，鼓励自然通风、采光，减少用于建筑采暖、制冷所需的能耗，降低对不可再生的地球资源的过度使用。尽管这并不能从根本上完全取代建筑中的取暖、制冷设备与系统，也无法全面实现城镇建筑环境中良好的物理条件，但如果建筑和城市设计充分考虑了生物气候设计的基本原理，就能全面调动外界环境中的有益要素，提高极端气候条件下城镇建筑环境的热舒适性，增强城市活力；或将建筑一年中不需要耗能设备的时间延长，即使在使用设备的情况下也会降低传统能耗[10]。

3）控制污染

不应忽略生物气候条件与洁净空气对城镇建筑环境的潜在影响，将对城市整体范围内的生物气候条件和空气污染模式的理解建立在每个项目的基础之上，在人与自然之间维持一个不受污染的环境，保持城市生态平衡。可以说，要改变气候或者城市的通风条件难度颇大，但对于老城区或者没有严重污染问题的地段而言，当城市的一部分被整治或者重建的时候，改变其局地微气候条件还是可行的。在旧城改造与新城建设的过程中充分考虑到这一点，并以此来改善局地微气候、提高城市环境质量，费用可能较为有限。然而，漠视这些问题的社会、经济和环境代价将会非常巨大。

4）提高舒适性

城镇建筑环境适应气候的实质性方法就在于能量流的控制与引导。基于生物气候条件的绿色城市设计遵循"趋利避害"的生物学原理，重点就是对城市日照和自然通风等展开探索，从生物学的角度出发，根据人体需求判断生物气候要素的"用"与"防"。尽可能利用当地的自然条件来改善人们的生活环境，并采取适宜的方法、手段来减少外界不利生物气候条件对人类生活的影响，提高城镇建筑环境的热舒适性。

1.2.2　基于生物气候条件的绿色城市设计的主要特征

基于生物气候条件的绿色城市设计建立在生态文明的基础之上，与传统的城市设计模式相比，既有一定的共性，又有鲜明的个性，其本质在于将各种自然要素和城市系统的组成部分纳入从宏观到中观再到微观的整体环境系统中去，探讨在不同生物气候条件下如何实现城镇建筑环境的宜居性以及城市能源使用的高效性。

1）整体性

传统的线性思维分析采用化整为零的方式是就问题本身加以解决而孤立于社会、文化和环境背景之外的，难以从根本上解决问题。基于生物气候条件的绿色城市设计主张从各组成部分的相互联系中把握系统整体关系，从系统能量的输入和输出、从环境与生物舒适性关联、从环境的改善和提高全面看待，兼顾社会、经济和环境三者间的整体效益，强调人类与自然系统在一定时空序列下的整体协调关系，建立城市可持续发展的新途径。

2）高效性

基于生物气候条件的绿色城市设计源自生物进化的启示，遵循生命系统的效率最优原则，从地域自然要素出发，科学规划，合理布局，以改变现代城市高耗能、非循环的运行机制，提高能源尤其是生物气候能源的利用效率；并尽可能降低运行费用，实现较高的附加值，创造高效、协调的人工生态系统，为城市可持续发展提供较为完善的系统化模式。

3）地域性

面对城市多样性的丧失和特色危机，生物气候条件对于城市设计而言既是一种制约的因素，同时也是创作灵感的重要源泉，将为地方性特征识别和城市特色维系提供难得的契机。基于生物气候条件的绿色城市设计倡导结合特定的地理环境和不同的生物气候条件，尽量延续地方文化习俗，充分利用地方材料，凸显城市不同个性、特色和多样化的历史文脉，发展符合当地的、具有民族特点的、富有个性化的城市和建筑。

4）人性化

"关心市民是城市的原动力。"[11] 人性化作为基于生物气候条件的绿色城市设计的基本准则，也是其最高要求和终极目标。城镇建筑环境的优劣，直接影响到人们的生活质量，传统城镇建筑环境设计较少从生物气候的角度出发考虑人们日常行为、活动所需，导致生活中背离气候条件、影响人体舒适性的设计屡见不鲜。基于生物气候条件的绿色城市设计，顾名思义就要求从生物学的角度考虑设计的对象及其需求，实现环境的无害化和人性化，营造清洁高效、健康舒适的城镇建筑环境。

1.3 基于生物气候条件的绿色城市设计的基本原理

城市是一个有机整体，它是由各种相互联系、相互制约的因素构成的巨系统。基于生物气候条件的绿色城市设计所蕴含的内在本质和基本原理作为本书的基本理论架构，对我们理解其运行规律有着重要作用，也是具体进行生态策略研究的纲要和指南。

1.3.1 整体关联原理

美国学者诺顿·洛伦兹（Norton Lorenz）曾提出著名的"蝴蝶效应"理论，即一只蝴蝶在巴西扇动翅膀会在得克萨斯引起龙卷风。这个看似轻松的玩笑十分精妙地反映了地球生态系统的整体关联性[12]。任何一个地区、城市和个人都不可能脱离环境而独立存在，这与我国古人崇尚的"天人合一"的整体思维和道家强调的"万物有序、无为与平衡"的观念不谋而合。

现代城市用一种典型的机器理性分割和还原主义的方法，将复杂的城市简化为一个个的"功能分区"，以便于控制和管理，谈不上城市与区域、城市与乡村之间的联系。随着"可持续发展"思想和生态系统概念的引入，人们认识到整体环境的价值、地位高于其组成元素和局部，整体的性质决定了局部的作用，决定了组成元素的作用，这与现代主义思潮中的"还原"思维正好相反。

人们重新回归到对人类生存的思考，并形成一种形而上的理论，它形成了人们认识世界的新的理论视野和思维方式，具有了世界观、道德观、价值观的性质（图 1.2）。此后，生态研究融入了系统论、控制论、协同学等新兴学科。建筑系统论学者安雅指出，"……在所有研究有机体的科学中，有必要彻底改变基本方向。那种认为可以用物理科学来理解和表

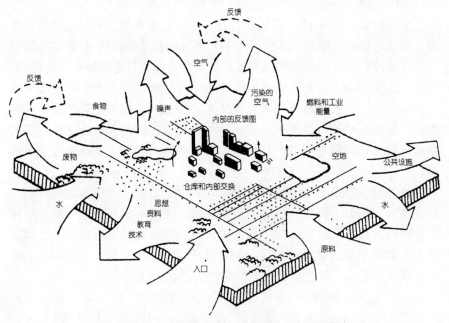

图 1.2　典型城市生态系统的输入与输出图解

达的希望大体已经放弃，同时关于人性的研究有无可能，已开始产生怀疑……"这种观点影响了现代建筑和城市思想，"过去，许多研究人员采用笛卡尔式逐一解决的办法……许多领域的科学家正日渐采取全面的观点，去考虑整体而不是局部……"[13] 从大的范围来看，建筑、城市与其所处的环境是一个整体，这个整体作为一个子系统又存在于更大的系统之中，地球本身就是一个相互关联的整体，建筑和城市的存在依赖于整体环境系统的存在。

整体性包容了空间上的整体性、功能上的整体性和实践上的整体性。回溯基于生物气候条件的绿色城市设计思想的发展历程，对整体性的追求大致经历了以下三个阶段[14]：

第一阶段，是对环境中的重要因素——生物气候和地域性的研究，集中表现为生物气候地方主义。这一时段主要集中在被动式制冷、太阳能利用以及建筑内部空间气温的调节上。期间，对建筑生物气候适应性的研究对第三世界国家的建筑发展有着重大影响。从印度建筑师柯里亚提出的"形式追随气候"到马来西亚建筑师杨经文的"生物气候摩天楼"等，集中展示了这一阶段所取得的伟大成就。

第二阶段，是对建筑、城市与环境深层生态问题的探讨，其重点在于人类和地球关系的整体性问题。从舒马赫的《小的是美好的：一本把人当回事的经济学著作》提倡利用风能、水能、太阳能的自足性设计到诺曼·斯库卡（Norma Skurka）的《为有限的星球设计——生存结合自然能源》[15] 考虑将建筑、城市与大地看作一个活的有机整体，均是针对当地的气候条件，体现地域性特点，减少建设过程中对自然的破坏，利用可再生能源，减少不可再生能源的消耗。

第三阶段，亦即目前正在研究的地球多因素系统（能量、物质、生命、文化、经济）整体协调的可持续发展思想和盖娅运动[16]，其主要观点是将地球和各种生命系统视为具有机生命特征和自持续特点的实体（表1.2）。盖娅式的城镇建筑环境是健康和舒适的场所，人类和所有生命处于和谐之中，它要求将整个世界联结为一个整体，人类及其产品——城市只是盖娅系统的一个组成部分。建筑师、城市设计人员应站在更高的整体角度去认识和把握城市与环境的复杂关系，理解人类可持续发展的思想。

整体—关联思想强调功能、结构、时间、空间与地域因素的结合，这就要求人们去了解尽可能多的可变因素，通过明智和有远见的策略树立一种整体设计的思想，以"整体优先"为准则，强调从整体上协调人与人工要素和自然要素的关系，通过物质、能量、信息等途径将自然和人工整合到一起，并着重从以下几个方面加以考虑：

①功能上（物质、生态、经济、社会、能源等）；
②空间层次上（区域—城市级、片区级、地段级，以及不同气候地区）；
③时间概念上（远期、中期和近期）；

表 1.2 《盖娅住区宪章》中的设计原则

为星球和谐而设计	为精神平和而设计	为身体健康而设计
场地、定位和建设都应最充分保护可再生资源。利用太阳能、风能和水能满足所有或大部分能源需求，减少对不可再生能源的依赖	制作与环境和谐的家园——建筑风格、规模以及外装修材料都与周围社区一致	允许建筑"呼吸"，创造一个健康的室内气候，利用自然方法，例如建材和适于气候的设计来调整温度、湿度和空气流动
使用无毒、无污染、可持续和可再生的"绿色"建材和产品——具有较低的蕴能量，较少的环境和社会损耗，能生物降解或循环利用	每一阶段都有公众参与——汇集众人的观点和技巧，寻找一种整体设计方案	建筑远离有害的电磁场辐射源，防止家用电器及线路产生的静电和电磁场干扰
使用效率控制系统调控能量、供热、制冷、供水、空气流通和采光，高效利用资源	和谐的比例、形式和造型	供给无污染的水、空气，远离污染物（尤其是氡），维持舒适的湿度，负离子平衡
种植地方性的树木和花草品种，将建筑设计成当地生物系统的一部分。使用有机废物堆积的肥料，不用杀虫剂，利用生态系统控制害虫。设计中水循环，使用低溢漏节水型马桶。收集、储存和利用雨水	利用自然材料的色彩和质感肌理以及天然的染色剂、漆料和着色剂便于创造一种人性、有心理疗效的色彩环境	居室中创造安静、宜人、健康的声环境氛围，隔绝室内外噪声
设计防止污染的空气、水和土壤的系统	将建筑和大自然的旋律（四时、时令、气候等）充分联系起来	保证阳光射入建筑室内，减少依赖人工照明系统

④ 管理决策上（各级部门之间）。

戴维·R. 布劳尔（David R. Brower）在其著作《绿色计划——可持续发展足迹》中认为，当我们谈到环境时，不单指水、空气、树木，而且指它们整体相互作用形成的系统。因此，我们人类和这个系统相互作用的方式也是复杂的、综合的。正如人类社会与环境相互关联一样，绿色计划也完全应该与人类结合为一体[17]。

城市设计是一种既重视整体协调又关注细节处理的艺术，我们必须以系统整合的思想来指导城市空间环境与形态的整体设计。目前一些设计人员却往往顾此失彼，专注于建筑物如何结合生物气候条件的节能设计，而忽视城市外部空间的营造；或着眼于局地微气候环境的改善，而忽略气候的全球性、区域性、地方性特征。因此，整体关联原理要求我们着眼于地球的多因素系统，在整体协调的可持续发展思想指导下，从生物气候设计原理出发，探讨城市与生物气候条件、与地域环境要素的深层生态问题。同时，将城市作为一个相互关联的整体来考虑和设计，在最大程度上发挥其整体功能，亦即意味着将所有相关内容，包括社会、经济、技术、环境、管理等因素综合起来，从系统整合的角度将各个层面、尺度的环境设计联系起来，尊重自然，强调整体而非部分，以期得到一个令人满意的解决方案。

1.3.2 系统层级原理

自然界总是处于不断地发展演变之中，各种自然要素之间及其内部存在着复杂的相互关系，结构是这些内在要素的相互联系和组织方式。为了更好地表述和理解环境要素和城市整体之间的复杂关系，我们引入系统层级结构的概念。

系统是指由若干有特定属性的要素经特定关系而构成的特定功能的整体，并需由两个或两个以上要素构成。没有要素就不可能形成结构和系统，也就没有系统整体的功能。系统中每一要素及其特定属性，是系统得以形成并行使功能的基础；反之，各要素又在系统统一指挥下协调各自的属性，以发挥系统的最佳功能。层级是自然界中物质联系的又一重要方式。系统中的要素通常是一个子系统，子系统与环境之间又形成更大的系统，从而形成若干系统之间逐级构成的结构关系。任何"存在"都是一系列层级的复杂结构过程，我们所关注的生态系统就是层级结构的最好注解[18]。

系统与层级是自然界物质联系的两种普遍特性，其中系统描述的主要是自然界物质间的横向联系，层级则反映自然界物质间的纵向联系。系统—层级的研究方法实质上是一种整体认识方法，它强调从横向的系统联系（系统和要素）和纵向的层级联系（系统和层次）出发，把握事物运动变化规律，认识事物的本质。城市与环境作为生态系统中的一个子系统，必然也具有这种系统层级结构。我们可以在一套包括城市环境和生态环境之间相互作用的框架里，构筑这些需要考虑的层级因素，它们相互作用类似一个开放系统，其关系大致可归纳为以下几个方面[19]：

① 被设计系统的外部相互依赖性（系统的外部环境关系——地形、水文、植被、气候特征）；

② 被设计系统的内部相互依赖性（系统的内部关系——城市功能、结构等）；

③ 被设计系统与外部环境的互动性（系统与环境的关系——最小化影响，最大化节能）；

④ 被设计系统与人体舒适度的关联（人与环境的关系——最佳热舒适性）。

现代生物气候设计的先驱——杨经文先生将上述四组交互活动概念统一成一种简单的符号形式，即分类矩阵，它包括了建筑、城市与自然环境之间的基本交互活动，这些活动构成了与系统（内部相关性）同时发生的过程，同时也构成了环境活动（外部相关性）。

在系统（人）/环境和环境/系统（人）之间的流转过程中，所有活动都共同发生，从而使得"内部与外部关系以及交互影响的相关性都得到了说明"[8]。

图 1.3 本身是一个完整的体现全部生物气候设计因素的理论框架。设计者可以利用这个工具来检验包括城市系统（人）与环境在内的整体环境之间的交互活动，并考虑所有的环境关联性。为了发展一种生物气候设计理论，我们可以把城市视为一种存在于环境（包括人造环境和自然环境）中的系统。普遍的系统概念对于城市生态系统来说是必要的，因此，设计的关键目标——与其他理论研究目标类似——是挑选已被包含的合适变量，就是那些我们发现"对设计过程的解决非常重要的变量"（图 1.4）[8]。

很显然，上述概括性的理论框架无法包含一个系统中所有有效的先决条件，它描述的只是一种基本的"设计法则"。在设计中，这项法则需要设计者根据系统成分考虑它的设计系统，并了解这些成分，即矩阵的四个成分随着时间和空间变化是如何相互影响的。矩阵允许我们评定设计的效果，并结合所有必要的调整产生一种全面而平衡的设计，即采取一种"平衡预算"的观点，权衡环境消耗并以尽可能有益的方式在最低破坏程度上利用地球资源[19]。

城市环境受各种人工系统和自然系统的综合作用和影响。面对复杂的环境系统，有待引入系统层级的概念，将城镇建筑环境置于"天—地—人"这个大系统之内，通过分析城市环境系统的影响因素和层级关系，探讨与城市环境相关的生物气候要素之间以及城市环境各层级之间的内在关联和相互作用机理，妥善处理从微观到中观再到宏观的不同层级之间的复杂关系，从而能够有效调控城镇建筑环境各系统之间的合作效应。

$$(LP)= \begin{array}{c|c} L11 & L12 \\ \hline L21 & L22 \end{array}$$

图 1.3 分类矩阵

注：LP＝分类矩阵；1＝城市系统（人）；2＝环境；L＝相关性；L11＝内部相关性；L22＝外部相关性；L12＝系统/环境流转；L21＝环境/系统流转。

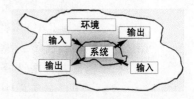

图 1.4 环境和系统之间的能量交换模式

1.3.3 自然梯度原理

地球上自然要素的分布呈现出明显的纬度地带性，即表现为一种近似与纬线平行并由南向北的渐进变化。无论是生物群落沿纬线方向有规律的连续性变化，还是温度、降水量等气候因素呈纬向延伸，导致环境也相应地呈现出带状非均质分布的现象[9]。

1）概念引入

从城市环境系统中分离出来的各种要素或条件单位，即环境因子。它产生的选择压力在时间和空间上的变化是导致环境多样性的主因，这种持续的变化会发生渐变，产生梯度。在现实生活中，人类及其活动和自然环境之间的关系不是截然对立的，而是处于一种渐变的、柔性的、有缓冲层次的协调状态，这种有层次的关系——梯度无处不在，反映在城镇建筑环境中明显表现为对气候梯度变化的适应。

气候梯度，即气候差异的层次性。气候的多样性主要归因于地球公转时地球表面获得太阳辐射的差异及其所引起的大气环流的周期性变化。一方面，能量分布的时空差异形成了自然气候梯度，即从湿热气候→干热气候→冬冷夏热气候→寒冷气候的纬度性变化，从而导致地球环境中自然要素的各种突变和渐变的产生，成为生命进化的最根本的动力，造就了丰富多彩的自然形态和生态环境。另一方面，自然气候的分布还带有明显的垂直地带差异性，能在较小的区域范围内引起气温的剧烈变化。但在通常情况下，人们对气候的水平梯度变化关注得更多些。

2）自然梯度原理

外界自然环境的变化及其导致的差异无处不在，从而对生物产生刺激并形成选择的压力。任何生命和非生命的物质形态都是自然选择的结果，自然界中所有的环境都处于动态变化之中，生物气候条件与环境的变化会对生物机体产生影响。

适应是生物机体最基本的特性之一，是个体经过生存竞争而形成的适合环境条件的特征表现。适应是生命与环境协调的行为，也是生命学科中一种带有普遍性的概念（图1.5）。任何开放的系统都会表现出进化过程中的适应性，即当外部条件发生变化时，系统能够保持一个适当的变量值——"负反馈调节"机制，系统一旦受到干扰即能迅速排除偏差恢复恒定的常态[20]。城市设计应当具有对环境的适应性和应变能力，正如林奇所言，适应性代表城市设计的一种弹性，是一种应对不确定未来及挑战性变化的承受能力。城市设计决策要适应地形地貌、生物气候等自然条件，在可持续发展的框架内寻求合理的空间环境应变模式。例如，麦克哈格在研究大自然中生命与非生命的物质形式时指出自然界的一切都是适应的结果，并进一步指出城市与建筑等人工形式的评价与创造应以适应为标准，不同的生物气候条件应有不同的应对方式和不同的形态、

  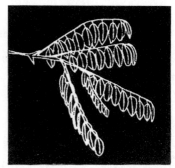

在强光下，树叶呈卷曲状　　　　在弱光下，树叶完全张开　　　　夜晚时，树叶呈"睡眠状"

图 1.5　植物叶片对光环境的适应性

注：相思树的叶子在强烈的阳光下，叶片上举，从而使叶片受光面积最小；在漫射光下，叶子向阳打开，阳光能得到最佳利用；在晚上无光时，叶片向下反转。这就是植物对光刺激的应激性。

模式与之适应。他一直尝试去探索一种新的观察问题的途径和分析方法——为自然中的人做一简单规划[21]。瑞典建筑师拉尔夫•厄斯金（Ralph Erskin）则建立了一套完整的适应寒冷气候特点的城市设计生态策略，并提出气候越特殊就越需要规划设计来反映它[22]；而格兰尼也曾针对不同的气候模式提出了城市设计的适应性对策。

太阳辐射的不均匀分布使整个地球系统处于一种非均衡状态。面对自然界无处不在的自然生物气候条件的梯度变化，城镇建筑环境的规划设计和建设也应建立起与之相适应的机制。人类早期生产力低下，只能被动地适应自然气候。我国古人对此早已积累了一定的认识，东汉时期的王充在《论衡•寒温》篇中就曾提到："夫近水则寒，近火则温，远则渐微。何则？气之所加，远近有差也。"[23]在实践过程中，更是将改善人居环境生物气候条件的努力拓展到更大的空间梯度范畴，从建筑周边绿化的种植到建筑群体的布局，乃至聚落选址，都形成一整套成熟的做法。今天，这些经验经过总结、提炼和发展，对于开展基于生物气候条件的绿色城市设计研究仍然具有重要的借鉴价值。

人类对其生存环境梯度变化的适应能力展现在生活的各个方面，人类居住状态对环境梯度的适应表现得尤为充分。远至古代各个国家和地区的不同民族，近到当代世界各大洲的广大民众，他们通过对自然环境和生物气候条件的"适应"过程，逐渐形成了丰富多彩的聚落形式和居住方式，在最大程度上创造了"适居性"的生存空间。从中东地区广泛存在的适应干热气候条件的生土建筑群落，到美国新墨西哥州大峡谷发现的印第安人部落遗址（图1.6、图1.7），它们与地理环境、生物气候条

图1.6　中东生土建筑群落　　　　图1.7　北美印第安人部落遗址

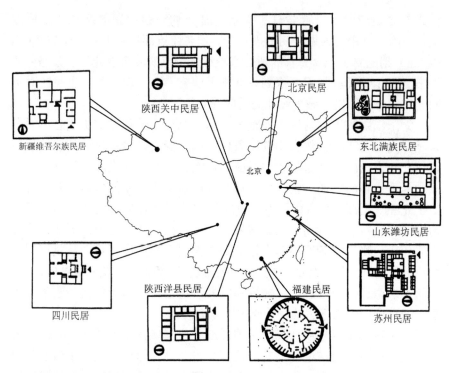

图 1.8　不同气候梯度变化下的院落应变［审图号：GS（2016）1550 号］

件相适应的设计思想也为我们留下了可资借鉴的宝贵实例。

　　国内丰富多变的民居和院落形式，也是对不同地域的生物气候条件和生活习性做出的积极回应。这是因为合院建筑具有显著的"聚气藏风"特征，在冬季，院内气温自上而下逐渐升高，而夏季则相反，从而成为整个建筑的气候缓冲区和阻尼区。从图 1.8 不难发现，在我国东北、华北地区，由于纬度较高，太阳入射角低，气候寒冷，为了争取更多的日照，建筑之间的间距通常较大，院落比较开阔。由北向南，随着纬度的降低，气候逐渐变的湿润多雨，此时，对日照的需求逐渐让位于通风、遮阳和避雨，建筑间的距离拉近，院落变小，在局部地区甚至演变为仅用于通风的天井。

　　梯度是自然界普遍存在的自然现象，适应是生物体对复杂梯度变化的积极反应。对于城市设计和建设而言，其关键在于如何适应自然规律，建立起全方位的与生物气候条件和时空位置相适应的自然梯度关系和空间梯度关系，这对于保护环境、节能节地、提高人们生活水准具有重要意义。

1.3.4　技术适宜性原理

　　人类设计、营造城市，使之更和谐地适应宏观气候，并利用各种技术手段创造出舒适的局地微气候是研究城市环境与生物气候关系的起点。

由于地理环境、生物气候条件千差万别，技术水平参差不齐，文化背景丰富多彩，21世纪注定是一个多种技术并存的时代，这就要求我们在城市设计和建设过程中，建立多元的技术观，采用多种技术手段与之适应。

从建筑技术所具有的层次属性来看，大体可分为传统技术、适宜技术和高技术三个层次。传统技术大多"因地制宜"，强调地方性和传统性；适宜技术则反映了一个地区的整体技术水平；而高技术则具有成本高、效益高、技术导向性强等特征。在实践中，各种技术满足了不同层次的需求，在城市建设中均有一席用武之地。

1）传统技术的影响

在通常意义下，传统技术往往被认为与低造价、低层次联系在一起，但这种观念现在已大有改观。工业社会前，人类尊重周边的生物气候条件，依赖自然资源、能源和可以获得的地方材料，按照自身的需求以及对人体舒适性的理解营造家园。从传统中沿袭了千百年的地方技术，尽管其中不少适于地域和生物气候条件的设计策略未经科学验证，仅是源自数代人不断试错基础上的经验总结，但仍闪烁着真理的光辉。

在能源匮乏、技术低下的社会，人们可以通过不同的传统技术和手段来实现适应地方生物气候条件的采暖、降温需求。对于特定的自然要素，如地理环境、生物气候、资源等的重视与回应，是传统技术方法最重要的特征之一。埃及的乡村和其他国家的一些地区通过传统的水冷却与净化系统来冷藏果汁和其他易腐败的食物；巴基斯坦西部一些地区的居民充分利用沙洲区所形成的天然空调系统，在屋顶设置风斗将主导风引入室内；伊朗人则将一些村庄组织在水流的周围，并使溪流流经房屋和内院，通过水汽蒸发降低温度并提高空气湿度；在非洲地中海沿岸的城市，其街道大都与海岸垂直，以引导海风进入市区；在炎热的地中海地区的城镇建筑形式，经常以庭院住宅为基础密集布局，道路狭窄以增强遮阴效果（图1.9）。而在一些严寒地区，传统的圆顶小屋具有最大的容量和

图1.9 地中海的院落式布局与局部

最小的热损耗表面积，在最艰难的状况下创造出一个可居住的环境。

2）技术的多元整合

无论是早期的乡土建筑（传统技术），还是 20 世纪的现代建筑，包括生物气候在内的一些自然因素对城市与建筑的影响一直是设计所考虑的主要因素，即使是现在看来这种认识也具有很大的科学性。只不过随着现代科学技术的发展，现代城市与建筑应用的技术已远远突破原有的局限，来自新技术、新材料以及信息、环境、能源等因素的影响越来越大。用高技术回应自然环境的设计并非简单地利用现代技术和新材料去模仿传统聚落的外在形式，而是运用绿色城市设计的原理以及信息技术、计算机模拟技术，更加强调高效、低耗，高技术、低污染，高附加值、低运行成本，以人为本，贴近自然，环境友善，舒适健康，为人们创造一种协调、平衡的人工生态系统，为可持续发展提供技术支持。

也许以往的高技术在人类日益恶化的生态环境破坏中起了推波助澜的作用，但是我们也应该认识到技术本身没有错，错在人类对它的应用观念和使用方式上。福斯特认为，设计者决定使用某些技术时，应根据本地或地区条件来判断，而不论其是否"先进"。罗杰斯的表述更为直白，他认为技术不一定是高级或低级，而应当是合适的技术，技术要由环境来决定，"我们总是在最有必要的地方使用复杂技术"[24]。"高技派"对生物气候因素的态度并非全然拒绝，他们也认识到生物气候的复杂性和多样性，有时也从地方乡土建筑中汲取养分作为"它山之石"。但对于他们而言，"关注人类及其生活质量……这才是真正的推动力，风格形式都是处于第二位的"[24]。皮阿诺在新喀里多尼亚设计的特吉巴奥文化中心体现了传统文化的高技化再生，它反映了村落布局临水而建的特色，巧妙地将造型和自然通风完美结合，被美国《时代周刊》评为 1998 年十佳设计之一（图 1.10）[25]。

图 1.10 特吉巴奥文化中心全景

因此，在基于生物气候条件的绿色城市设计具体技术方法处理时，我们可以综合运用高科技与传统技术的整合或者通过传统技术的改进来创造舒适的城镇建筑环境，并要求每一设计项目都必须根据实际情况选择适宜技术路线，避免将技术作为纯粹抽象的"技术"因素加以盲目崇拜或从形式的目的出发随意抄袭的问题。通过提炼传统技术中一些至今仍然适用的因素，融入现代城市设计方法，以创造新的乡土技术和适宜技术；或者在一些具体地段设计时，将传统与高技并置，同时采用传统技术与高技术、乡土材料与现代材料，并且从视觉上和技术上将二者结合起来。例如，由保罗•索勒里设计的阿科桑底城利用高新技术和传统乡土技术相结合的近似"仿生"的手法，在技术层面上模拟生物在不断完善自身性能与组织的进化过程中所获得的高效低耗、自觉应变、肌体完整的保障系统的内在机理以及生态规律，赋予其某些"生物特性"，并使之成为整个自然环境的有机组成，为实现城镇建筑环境的生态化与可持续发展开辟了新的建设途径[26]。

1.3.5　人类需求适宜性原理

　　特定的城市环境对人体会产生特定的物理刺激，该刺激是积极的还是消极的将决定一个环境的舒适性，这是衡量城市环境优劣的基本准则。在大多数文化语境中，"伊甸园"表达了人类对生存与舒适环境的最高追求。尽管对于伊甸园目前尚无清晰的、统一的定义，但是大多数人仍会心存这样的图景：人类创造的城镇建筑环境必须能够提供最大程度的实用性、满意度以及合适的激励，在质量上不容许有任何瑕疵。以最少的能量获得最大的热舒适性，这种挑战将是未来基于生物气候条件的绿色城市设计的主要目标之一，它实际上包含了生理和社会两方面的需求。

　　1）生理需求

　　人们对环境的评价实际是一种综合反映，它包括由城市与建筑的功能、形态、尺度、色彩等所构成的美感和由声音、温度、湿度、光线、空气质量等所构成的舒适感组成。谈及城镇建筑环境设计离不开对人类需求的认识，也就必须涉及人的需求层次结构，我们很容易就联想到人本主义心理学家马斯洛的需求层次理论。马斯洛认为人的基本需求有五个层次，即生理需求、安全需求、社交需求、尊重需求、自我实现需求（图1.11）[27]。同样，马克思也从哲学的高度提出了人的需求层次结构：生存需求、享受需求及发展需求。吴博任的观点更为直观，他认为城市化对于发展经济和控制人口自然增长率有积极意义，人是城市生态系统的主体，城市生态必须满足人类生活的基本需要——方便、健康和舒适，特别是健康的需要[28]。人作为一个有生命的生物体，从开始就有两种需求——生物需求和社会需求。只有当人的生物需求（包含对空气、水、阳光等的需求）得以满足时，才有可能追求更高层次的需求。

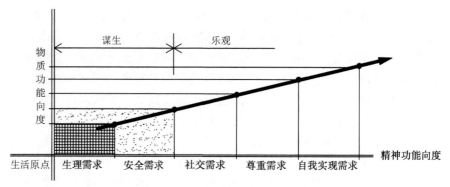

图 1.11　空间发展与需求的关系示意图

环境评价的另一重要指标是热舒适性，它是指在不特意采取任何防寒保暖或防暑降温措施的前提下，人们在自然环境中是否感觉舒适以及怎样一种程度的具体描述[29]。通常，人体与外界的热交换方式主要有传导、对流、辐射和蒸发，而人体的热平衡和热舒适性会受到多种因素影响，一般分为"风寒指数"和"炎热指数"，其中周边环境中的气温是影响人体热量平衡的主要因素。

人体与自然环境相互联系、相互作用处在统一体中，人类生活与自然世界须臾不能分开。气候，作为基本的设计参数，热舒适性是它的一个关键问题，其合理方法应将热舒适性作为一个动态参量，随着文化背景和地理位置的不同而变化。

人类的感官以一种复杂方式反应于外界刺激，理想状态是在过少或过多刺激中保持一种平衡状态。舒适感习惯上与"热舒适性"有关，而不是字面真实感觉上的"人体舒适"。真正的舒适更多的是心理学上的，而不是生理意义上的。

高质量环境设计的困难在于人们有不同的期望值和需求。个体之间的差异要远远大于不同人群间的差异。我们的目标是为尽可能多的人提供理想的舒适环境，但也要基于对环境的全面认识和理解。心理学参数过于复杂难以评价，它们不仅在时间上是独立的，而且与个人背景和地点紧密相关。如对于温带气候舒适性的合理界定，并不等同于极地或是热带气候。这是因为人类文明起源于温和气候带，相对于寒带和热带地区而言，温带地区四季分明，春秋温和，冬冷夏热。人类在长期进化过程中，早已习惯了以温和的中间状态作为舒适，因而，也希望自己生存的城镇建筑环境处于一种温和的中间状态。

对此，奥戈雅指出设计的出发点是特定场地的气候条件和热舒适性要求，它基于一种"生物气候图"，即与周围的空气温度、湿度、平均辐射温度、风速、太阳辐射强度以及蒸发散热等因素有关的人体舒适区（图 1.12）。通过将某一地区的气候条件输入该"生物气候图"，并据此进行分析，以了解该地区大致的"人体舒适区"；同时，针对当地气候条

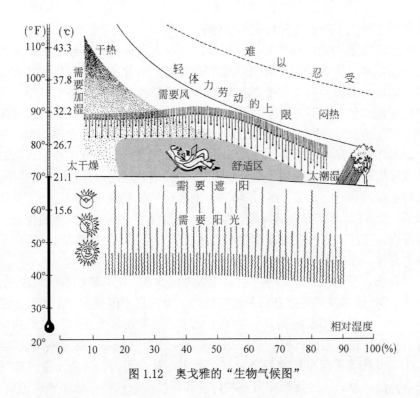

图 1.12 奥戈雅的"生物气候图"

件提出满足热舒适性的应对策略，充分利用自然资源，在"过热期"采取遮阳、通风等措施，而在"低热期"则增加日照和遮挡寒风，以达到节能减耗的目的。

2）社会需求

人与自然的和谐是未来社会价值体系的核心概念。它将超越人类中心主义，促使人类重新反思和自省，重新评估历史和定义幸福。人类命运的终极目标不仅仅在于发展经济和扩充财富，而是在于人性的进化，即人与自然的融合。这种融合必然促进人与人的和谐，而人与人的和谐必然促进人与社会的和谐，社会和谐才能促进社会公平。

公平性是指人与人之间对环境资源、公共服务、公共设施和信息的选择或享有机会的平等性。追求公平性，实现社会的正义、和睦与稳定对建立一个文明进步、和谐发展的城市具有重要意义。《人居议程》第二章中指出，"在公平的人类住区中，所有人——不分种族、肤色、性别、语言、宗教、政治或其他观点、国籍或社会出身、财产、出生或其他地位——均有平等享有住房、基础设施、保健服务、充足的食物和水、教育和空地的机会。此外，这种人类住区还为富有成效、自由选择的生活提供平等机会；在这种人类住区中，能够平等取得经济资源，包括继承权、土地和其他财产所有权、信贷、自然资源和适用技术；能够获得个人、精神、宗教、文化和社会发展的平等机会；能够获得参与公共决策的平等机会；能够获得保护和使用自然与文化资源的平等权利和义务；而且，能够平等使用各种机制确保各种权利不受侵犯。"①

经济发展不能以牺牲环境为代价。传统的发展模式导致了一些人的先富而牺牲了大多数人的环境，城市的发展也牺牲了广大乡村的基本利益。例如，我国目前大多数的污染治理费用都被投入到工业和城市，而农村有近 3 亿人喝不上干净的水，1.5 亿亩（1 亩≈666.7 m^2）耕地遭受污染，每年 1.2 亿 t 的农村生活垃圾露天堆放，农村环保设施几乎为零。时任国家环保总局副局长潘岳在《环境保护与社会公平》一文中指出，目前，城市环境的改善是以牺牲农村环境为代价的，通过截污，城区水质改善了，农村水质却恶化了；通过促二转三，城区空气质量改善了，近郊污染加重了；通过简单填埋生活垃圾，城区面貌改善了，城乡结合部的垃圾二次污染加重了。农村在为城市装满"米袋子""菜篮子"的同时，出现了地力衰竭、生态退化和农业环境污染[30]。

现在，我们亟须建立一种新的绩效考核体系，树立新的科学发展观。绿色 GDP 核算体系的建立将是战略性的一步，它不但反映一个地区的经济指标，而且能够反映其背后的环境成本和真实发展水平，为政府决策提供判断依据。与此同时，也应加快实施生态补偿机制，综合利用计划、立法、市场等手段来解决经济发展过程中的社会不公、环境不公，谁受益谁补偿。总之，应逐渐完善环境付费和环境税收政策，让那些高污染、高能耗企业拿出更多的收益改善环境，最大化实现环境的社会公平。

3）适宜性与人类需求

人类需求具有自然属性和社会属性。自然属性是人的动物本能，如同昆虫的"趋光性"本能一样，人也有接近自然的天性；社会属性的本质是精神性的，是利己和利他的高度统一。满足人体基本需求、为人类生存提供基本保障是城镇建筑环境设计的根本目的。但就目前而言，空气污染、噪声污染、阳光缺失等负面报道屡见不鲜，大多数房地产开发商只重视经济上的投入和产出，很少考虑资源的持续利用以及环境的生态保护，从而导致城市开发中的经济短效行为和城市长远效益与公共利益的缺失。因此，亟待建立一套完整的评价体系和指标体系，在"城市—人—自然"之间达成一种平衡。

从人类需求的自然属性来看，舒适不等于健康。现代空调技术带给人类舒适的同时，也常导致人体抵抗力下降，引发各种"空调病"。这是因为人类生理进化时间的跨度很大，千万年来已经适应了在自然气候条件下生存，一下子难以在如此短的时间内适应与自然气候完全屏蔽的、人工调节的微气候环境。居住者的控制能力（也即改变、调整环境参数作用于舒适度的能力）对于人类的满意程度而言是十分重要的，这种控制行为比其他任何实际的舒适条件都重要。要想对所有个体空间感觉施加影响，唯有通过赋予人们选择的自由以及个人控制的机制才行。

上述想法与设计过程、空间组织和建筑系统也有较大关联，它要求使用者与环境互动，追求一种纯粹的自然舒适感："溪流的喧哗声，或是树丛中的风声，通过树顶漫射的光线都是人类刺激的复杂来源，它们以一种最令人愉快的方式周而复始。虽然外界生活发展了我们的知觉，但我们已经形成的知觉并不会改变。没有什么光线会比阳光好，也没有什么气体能比新鲜空气好，因此我们应该尽量使用外界能力来获得舒适感。"[31]

自然刺激下的舒适环境不仅对人类的健康有利，而且还可以节约能源，那种完全与世隔绝的恒温恒湿的环境显然并非我们与生俱来追求的理想模式。我们应在建筑和城市设计中通过自然和人工要素的合理组织，改善城市微气候环境设计参数，最大限度地在使用自然可用的舒适条件和通过设备获得额外人工舒适度之间保持平衡，这将有助于保持城镇建筑环境低廉而高效的能源效率。

综上所述，可以认为生物气候条件对于城市设计而言是一种制约，同时也是创作灵感的源泉。以最少的能量消耗获取更多的舒适性，这种挑战将是未来基于生物气候条件的绿色城市设计的最终目标。这远远超越了单纯节能的层次，不是一种简单以量化来评估的生态设计方法，而是在宏观的时空背景下，利用当地生物气候条件进行生态调节和优化，以提高城市空间环境的综合质量，适应市民的生理和心理特性，满足市民对环境舒适性的要求，从而创造出健康舒适的城镇建筑环境。作为绿色城市设计的核心和基础，为城市可持续发展提供了新的选择途径。

与传统的城市设计模式相比，基于生物气候条件的绿色城市设计具有独特的个性和内涵特征，其内在结构和基本原理，亦即整体关联原理、系统层级原理、自然梯度原理、技术适宜性原理和人类需求适宜性原理等，对我们理解和把握其本质与运行规律有着重要作用，也是本书后半部分进行城市设计生态策略研究的纲要和指南。

注释

① 《人居议程》，第二章，第27款。

参考文献

[1] Anon. Declaration of the United Nations Conference on the Human Environment[EB/OL].(1972-09-03)[2018-10-22]. http://www.unep.org.

[2] 徐小东,王建国.基于生物气候条件的城市设计生态策略研究——以湿热地区为例[J]. 建筑学报,2007(3):64-67.

[3] 澳大利亚视觉出版集团(Images公司).T. R. 哈姆扎和杨经文建筑师事务所[M].宋晔皓,译.北京:中国建筑工业出版社,2001:8,13.

[4] 黄光宇,陈勇.生态城市理论与规划设计方法[M]. 北京:科学出版社,2002:43.

[5] 王仁凯.论园林城市与城市设计[J].城市发展研究,1998(6):41-42.

[6] 傅礼铭.山水城市研究[M]. 武汉:湖北科学技术出版社,2004:90.

[7] 董宪军.生态城市论[M]. 北京:中国社会科学出版社,2002.

[8] 徐小东,虞刚.互通性与分类矩阵——《绿色摩天楼》和杨经文生态设计思想综述

［J］.新建筑,2004(6):58-61.

［9］ 第20届国际建筑师协会(UIA)北京大会科学委员会编委会.面向二十一世纪的建筑学[Z].北京,1999:3,33-35.

［10］ 吕爱民.应变建筑观的建构[D]:[博士学位论文].南京:东南大学,2001:10.

［11］ 欧•奥尔特曼,马•切默斯.文化与环境[M].骆林生,王静,译.北京:东方出版社,1991:453.

［12］ Edward N L. Predictability:Does the Flap of a Butterfly's Wings in Brazil Set off a Tornado in Texas?[J].Copenhagen:L&R Uddannelse,1972.

［13］ 勃罗德彭特•G.建筑设计与人文科学[M].张韦,译.北京:中国建筑工业出版社,1990:371.

［14］ 胡京.存在与进化——可持续发展的建筑之模型研究[D]:[博士学位论文].南京:东南大学,1998:35-42.

［15］ Norma S.Design for a Limited Planet—Living with Natural Energy[M].New York:Ballantine Books,1977.

［16］ James L.Gaia:A New Look at Life on Earth[M].Oxford:Oxford Landmark Science,1987.

［17］ 宋德萱.建筑环境控制学[M].南京:东南大学出版社,2003:138.

［18］ 王兵,戴正农.自然辩证法教程[M].南京:东南大学出版社,1997:20-34.

［19］ Ivor R. T. R. Hamzah & Yeang:Ecology of the Sky[M].Melbourne:The Images Publishing Group Pty Ltd.,2001.

［20］ 金观涛.整体的哲学[M].成都:四川人民出版社,1987:11.

［21］ 伊恩•伦诺克斯•麦克哈格.设计结合自然[M].芮经纬,译.天津:天津大学出版社,2006.

［22］ Mats E.Ralph Erskine:The Humane Architect[J].Architectural Design,1977(6):333.

［23］ 申甲先.探索热的本质[M].北京:北京出版社,1985:62.

［24］ 王鹏.诺曼•福斯特的普罗旺斯情缘——兼论"高技派"的气候观[J].世界建筑,2000(4):30-33.

［25］ 周浩明,张晓东.生态建筑——面向未来的建筑[M].南京:东南大学出版社,2002.

［26］ Anon. Inside Arcosanti:Paolo Soleri's Experimental Town in the Arizona Desert[EB/OL].(2016-05-19)[2018-10-22].https://www.designboom.com.

［27］ Maslow A H. A Theory of Human Motivation[J].Psychological Review,1943,50(4):370-396.

［28］ 吴博任.试论城市化进程中的生态建设[J].生态科学,2002,21(2):187-190.

［29］ 宋德萱.建筑环境控制学[M].南京:东南大学出版社,2003:84.

［30］ 潘岳.环境保护与社会公平[EB/OL].(2004-10-28)[2018-10-22].http://finance.sina.com.cn.

［31］ Sophia B,Stefan B. Sol Power—The Evolution of Solar Architecture[M].Munich:Prestel,1996:233.

图表来源

图 1.1 源自:笔者绘制.

图 1.2 源自:席慕谊.城市生态学与城市环境[M].北京:中国计量出版社,1997.

图 1.3、图 1.4 源自:Ivor R. T. R. Hamzah & Yeang:Ecology of the Sky[M].Melbourne:

The Images Publishing Group Pty Ltd.,2001.

图 1.5 源自:Sophia B,Stefan B. Sol Power——The Evolution of Solar Architecture[M].
Munich:Prestel,1996.

图 1.6 源自:原广司.世界聚落的教示100[M].于天祎,刘淑梅,马千里,译.北京:中国
建筑工业出版社,2003.

图 1.7 源自:周曦,李湛东.生态设计新论——对生态设计的反思和再认识[M].南京:
东南大学出版社,2003.

图 1.8 源自:佟裕哲.自然—空间—人类系统合一——对生态建筑与山水城市的展望
[M]//毛刚.生态视野　西南高海拔山区聚落与建筑.南京:东南大学出版社,2003.

图 1.9 源自:贝纳沃罗•L.世界城市史[M].薛钟灵,葛明义,岳青,等译.北京:科学出版
社,2000.

图 1.10 源自:https://www.arch2o.com.

图 1.11 源自:笔者根据刘永德.建筑空间的形态•结构•涵义•组合[M].天津:天津科学
技术出版社,1998绘制.

图 1.12 源自:宋德萱.建筑环境控制学[M].南京:东南大学出版社,2003.

表 1.1 源自:澳大利亚视觉出版集团(Images)公司.T. R. 哈姆扎和杨经文建筑师事务所
[M].宋晔皓,译.北京:中国建筑工业出版社,2001.

表 1.2 源自:清华大学建筑学院,清华大学建筑设计研究院.建筑设计的生态策略[M].
北京:中国计划出版社,2001.

2 基于生物气候条件的绿色城市设计的思想渊源与历史演进

迄今为止，城市是人类营造的最为复杂的工程。它是一个活的有机体，在很多情况下，都处于我们力所能及的范围之外生长着。怀着对当代先进技术近乎宗教般的信仰，作为规划和设计者，我们经常将祖先已经取得的成就和他们遗留下来的整个社区赖以生存的社会价值观念置之不理。显然，我们所面临的挑战不是技术——我们已经能够把人送上月球——而是对于先辈们建立与环境相互平衡的社会凝聚力的重要程度的理解。……没有对历史的研究和理解就难以有效地规划未来，社会环境、经济环境、物质环境和自然环境均适用于此，概莫能外[1]。

——格兰尼（Gideon S. Golany）

城市的出现是社会生产力发展到一定阶段的产物。在城市发展史上主要有"自下而上"和"自上而下"两类城市设计和建设模式，除了受到当时人们的思想观念影响外，大多数时段尤其是农耕时期主要还是受到自然地理、生物气候条件以及当时经济、技术条件的限制。人类自诞生以来就没有停止过与气候的抗争。翻开人类城市建设的历史，随处可见结合地形、水文、植被，利用生物气候条件的迹象，其所蕴含的真知灼见和朴素的生态思想，对今天我们推进基于生物气候条件的绿色城市设计研究仍具有重要的借鉴和参考作用。

回溯城市建设与发展的历程，基本上与人类社会的发展阶段相符，大致经历三个阶段，即古代农耕社会时期、现代工业化社会时期以及当代后工业化社会时期[2]，其主要特点如表2.1所示。本书将基本按照上述的城市发展主线，对各个时期的典型案例、理论著作、思想流派等资料加以比较甄别，并进一步综合整理，以期梳理出基于生物气候条件的城市设计的演进历程和发展趋向，把对城市未来的思考建立在深厚的历史和现实基础之上。

表 2.1　城市发展不同阶段的主要特点

文明类型	农耕社会	工业化社会	后工业化社会
主要时段	原始社会后期、奴隶社会、封建社会与资本主义社会之前	资本主义社会建立至1970年代	1970年代至今

文明类型	农耕社会	工业化社会	后工业化社会
人口聚集	相对缓慢	初期人口绝对集中，成熟期人口相对集中	人口"相对分散"
城市化进程	城市发展缓慢	快速城市化时期	城市化发展成熟期
环境问题	森林砍伐、地力下降、水土流失	从地区灾害到全球性公害，大气污染、温室效应	新的伦理技术观，全球性公害与灾难逐步得以解决
对自然的态度	尊重、顺应自然	征服、控制自然	保护利用自然、协调共生
生态意识	生态自觉	生态失落	生态觉醒与生态自为

2.1 农耕时期基于生物气候条件的城市建设思想

2.1.1 农耕时期城市建设思想产生的背景

据考古发现，人类最早的城市出现在公元前 3000 年左右，也即从原始社会向奴隶社会的过渡时期。这一时期，对太阳、风和水等自然条件的尊重和适应一度被作为当时城市设计和建设的重要准则。与工业革命的技术进步曾推动了城市形式与功能的分散不同，促使早期文明发展的创新活动导致了人类活动的内聚与联系。因此，这种城市能够将当时还没有组织起来、分布散落在不同地区的人类活动聚集起来，更好地促进了人们的交往，并使得社会生活的各个部分处于生机蓬勃且日趋稳定舒适的环境中。

在漫长的农业社会中，人类文明的发展极不平衡，这与气候条件有着很大关系。早期城市形成的核心内容是农业的发展，与之相关的三大要素——水、耕地和能源供给方面对气候和自然环境有着较强的依赖性，这一点可以从那些古老文明的地理分布找到佐证（图 2.1）。首先，这些城市均出现在自然条件相对优越的区域，即北回归线和北

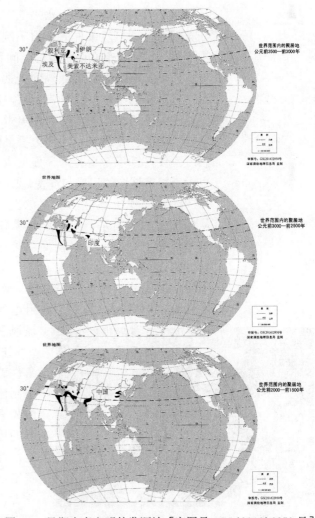

图 2.1 早期古老文明的发源地 ［审图号：GS（2016）2950 号］

纬 30°之间，气候和土壤适合动植物生长、雨水充沛、建筑取材方便。其次，城市区位邻近较大的河流也非常重要，因为那样能够为饮用水、灌溉和运输提供便利，并使人类可以在肥沃的洪泛平原上从事农业活动。底格里斯河与幼发拉底河（美索不达米亚）、尼罗河（埃及）、印度河（印度）以及黄河（中国）等河流与水系为早期城市与古老文明的建立提供了理想的自然禀赋[3]。

用今天的眼光来看，这些做法恰好印证了现代生态学所论及的"边缘效应"，即在两种或多种生态系统交接重合的地带，通常生物群落比较复杂，某些物种特别活跃，出现不同生态环境的生物共生现象，生存力和繁殖力也更强。因而，人类早期的文明及其聚居地大都从沿海、沿河或滨湖等水陆生态系统交界重合地带形成、繁衍和壮大起来。

2.1.2　农耕时期城市建设思想的发展沿革

由于人类早期生产力水平低下，经济技术条件落后，城市规模及其分布规律受到自然条件的强烈限制。世界各地由于自然地理、气候条件的不同，早期城市文明孕育的时间和水平呈现出明显的地域差异。

人类文明最早应该回溯到美索不达米亚和埃及，该地带的城市发展与这一时期的气候变化非常一致，即沼泽和草原干涸、干热草原和沙漠日益成为环境类型的主导。在美索不达米亚地区，基于建设和维护灌溉系统方面的合作需求，为更大型社区的形成提供了促媒和催化剂。运河系统不仅有助于粮食生产，促使太阳能向食物能量转化，同时，其自身也融入城市结构的形成与演变之中。

在古巴比伦地区，著名的空中花园建立在一系列升起的台地上，从幼发拉底河引水，借助泵压系统进行灌溉。空中花园成功地将自然与建筑相结合，创造出世界上第一个壮观的太阳能设计案例。古巴比伦城清晰地表明太阳朝向对城市形式的重要影响，其街道的安排有利于城市居民从气候条件中获益，如日照和通风；同时，还能防止其他不利因素对居民的影响，利用遮蔽阻隔恶劣的西南风，并提供适宜的通风和遮阴措施（图 2.2）。

古埃及卡洪城（Kahun）抵御恶劣气候条件的处理方法表明，当时劳动分工和奴隶制已经实行，社会分化愈发明显。"全城内外有砖砌城墙数道，设防严密。城中用厚的墙划分为东西两区，西区为奴隶居住区，拥挤简陋；东区大道以北是王公贵族院宅，宽敞豪华，大道以南是商人、手工业者、小官吏等城市生产阶层的住宅。"[4]在卡洪城中，奴隶们住在多风的城市西部

图 2.2　古代巴比伦城的空中花园

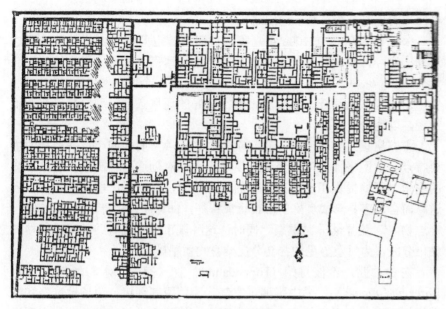

图2.3　卡洪城总平面

角落，形成缓冲区域阻挡了来自大漠的沙尘暴，从而保护了东区的富裕居民；而达官贵族则占据了最好的地势和位置，充分迎取北向和煦凉爽的微风（图2.3）。再如伊拉克的巴格达地区，仆人和牲畜通常被安置在条件最差的城市地段。

在古代城市发展的鼎盛期，印度河流域支撑着大量的大型居民点，其中最大的为哈拉帕（Harappa）和摩亨佐·达罗（Mohenjo Daro，公元前3000—前2000年）。这些城市有着高水平的管理制度和严格的社会规章，它们以一种近似方格网的结构为基础进行高密度建设，并根据太阳方位形

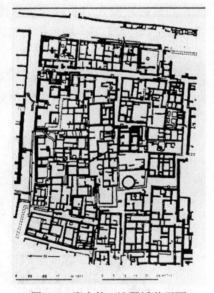

图2.4　摩亨佐·达罗城总平面

成街巷肌理。城市中心区域的城堡有一个有趣的特征，即城堡中不仅具备圣地和市政空间，甚至还包括粮仓等。显然，城市能源，即食物供给的安全对于人类而言，具有极为重要的意义。摩亨佐·达罗城，位于今天巴基斯坦信德境内，总面积为7.77 km²，主要由民居、宫殿、庙宇和主次分明的方格形道路网以及完整的上下水系统组成。这是迄今已知的最早的城市，也是最早结合自然气候进行城市建设的例子，其主要街道宽约为10 m（一说7 m），呈南北走向，与主导风向一致，并通过东西向的次要街道连接起来，每个街区约为336 m × 275 m（图2.4），这种方

格网形的道路系统有利于组织通风[5]。

公元前 2000—前 1000 年，我国黄河流域也开始了类似的城市形成过程。迄今，我国发掘的最早的城市遗址是河南偃师的商城，约建于公元前 1600 年，其大致呈长方形，面积约为 2 km²。全城路网采用经纬涂制，各干道均与城门相连，能使城市保持良好的通风条件。城内敷设有排水系统，以免雨季内涝。

方网格模式的运用和重视建筑朝向是后续文明中城市形态选择的主要特点。由网格提供的严谨框架反映出人们对创造一种高效、有序社会的渴求。网格提供了一种高水平的语法逻辑，对于居民们徒步行走寻找道路而言，容易形成良好的城市意象特征，即道路、边界、区域、节点、标志物[6]，这显然非常重要。同时，这种城市形式还有助于形成严格的城市分区，为日益显见的社会分层孕育物质基础。

在古希腊，希波丹姆（Hippodamus）在《空气、水与场地》（*Air, Water and Places*）一书中强调了空气、土壤及其环境，为场地选择和城乡规划列出公共卫生的要点和生态观念，他还将类似的网格骨架应用于城市规划中。哲人苏格拉底也提出了凭借太阳能维护房屋冬暖夏凉的设想，当时的希腊人借助这一设想在奥林萨斯（Olynthus）①建造了一座名为"北丘"的太阳城。城市街巷布局利用地形，方整划一，主干道为南北向，次干道为东西向，每个街区大约为 90 m 宽、35 m 长，所有住宅都围绕中央天井布置，从而保证所有的主要房间均能获得南向阳光（图 2.5）。

与奥林萨斯相类似，小亚细亚沿岸的普里埃内（Priene）也采取了

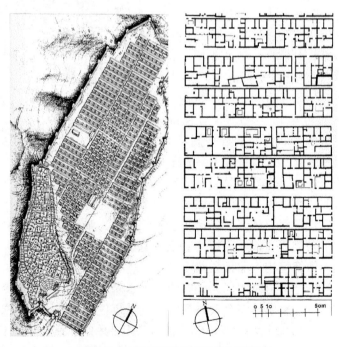

图 2.5　奥林萨斯总平面与组团平面

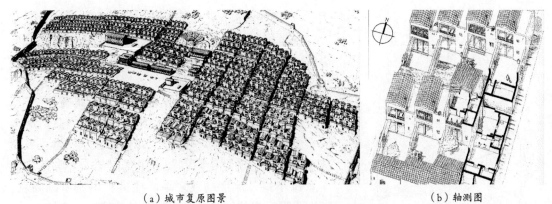

（a）城市复原图景 （b）轴测图

图 2.6　城市总体复原图和局部轴测图

严格的东西向、南北向道路系统。然而，这里地形起伏较大，为了实现网格状道路需付出更大代价，但这样有利于保证每一户均有朝南的机会，在实在无法实现南向的情况下，选择次好的西向，尽管这在夏季将面临严重的西晒问题，但古希腊人已经开始在走廊内使用帘子来遮阳[7]。最近的考古表明几乎所有的普里埃内建筑都有着近乎一致的平面、剖面、立面以及相似的朝向。图 2.6 的总体复原图和局部轴测图显示了其简单的结构，每个单元都围绕庭院组织，北面的房屋用于居住，主要的房间设有南向遮阴门廊[8]。以日照和通风为基本准则建设的古希腊城市，作为一种真正民主社会的象征，代表着一种理想化的太阳能城市。在这个城市中，除公共设施以外，所有的建筑设计都大致相近且能够利用太阳能。

在古希腊人的基础上，古罗马人将对地理环境、气候条件的利用提高到新的水平，其中非常重要的一项进步是在建筑中使用玻璃，这是具有革命性意义的进步。罗马时期理论巨匠维特鲁威的《建筑十书》，总结了希腊和罗马时期建筑设计与城市建设的经验，对城市与建筑选址、街道布置和城市形态提出了精辟见解[9]。

（1）关于城市选址，他认为必须选用高爽地段，不占用沼泽地、病疫滋生之地，应有利于避浓雾、强风和酷热；要有良好的水源供应，有丰富的农产资源以及有便捷的道路或河道通向城市。

（2）关于建筑选址，他探讨了建筑的性质和城市的关系以及建筑周边地段的现状、地形、道路、朝向、阳光、风向、雨水、污染等等。

（3）关于街道布置，他研究了街道与风向的关系以及与公共建筑的关系，并对广场的设计提出了建设性的意见。他还对风能的利用提出了独到的见解：如果审慎地由小巷挡风，那就会是正确的设计。风如果冷便有害，热会使人感到懒惰，含有湿气则要使人致伤。因此，这些弊害必须避免。

（4）在城市形态方面，他继承和发展了苏格拉底、柏拉图和亚里士多德的哲学思想和相关城市规划理论，提出了八角形的理想城市模式，为避

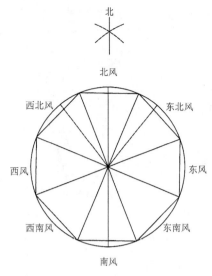

图 2.7 维特鲁威对于城市风向的考虑

强风,他还要求放射形道路不可直接对向城门(图 2.7)。

中世纪早期的城市大都以"渐进主义"方式自发形成,结构形态以环状和放射形为主,城市规划倾向于"描述性",不是一开始就有一个确定目标,而是从实际的生活需要和社会状况出发,不断调整、修正,比较自然。沙里宁曾评价中世纪的城镇是"贴切地镶嵌在大自然的壮丽的环境之中"。例如,从苏格兰多翰镇到意大利的佛罗伦萨和圣吉米尼亚诺城,大都选址于水源丰富、地形高爽之地,注重利用城市制高点、河湖水面和自然风光,从而形成独特的城市个性。

到了文艺复兴时期,欧洲的城市设计越来越注重科学性、规范化,这一时期的数学、地理学科知识对城市发展变化起到了重要作用。此后,出现了巴洛克风格,城市建设更加注重广场、园林等环境建设,注重改善城市公共设施和卫生条件,对美化环境、调节城市与自然的关系起到积极作用。

与西方古代城市思想发展相比,我国古代也积累了丰富的城市规划设计经验。《周礼·考工记》记载"匠人营国,方九里,旁三门,国中九经九纬,经涂九轨……",这是我国最早的城市规划思想,它主要出于维护传统的社会等级和宗教礼法,在城市形制上表现出皇权至上的理念。此外,也出现了以管子为代表的革新思想,总结了一套因地制宜的规划思想,强调"因天时,就地利,故城郭不必中规矩,道路不必中准绳"的自然至上的理念,倡导规划要与气候、地理等自然环境条件相结合。这两种思想再加上后来出现的"风水"理论影响了中国长达数千年的城市形制。

风水是一种独特的文化现象,它是在长期对自然的细致观察和实际生活经验的基础上逐渐形成的一种有关住宅、村落及城镇等人居环境的基地选择和规划学说,在城市环境规划和时空优选上都达到了空前高度。风水理论作为"宇宙生物学的思维模式",选择合适的时间和地点,使人与大地和谐相处,以获取最大的利益、安宁和繁荣,其实质是对在选址方面作为准绳的地质、水文、日照、通风、降雨量以及气候、气象、景观等一系列的自然地理环境因素进行优劣评价和选择,并采取相应的设计方法和措施,从而达到趋吉、避凶、纳福的目的,创造舒适宜人的环境[10]。

我国古代的城市建设一般遵循"天时、地利、人和"的生存之道,强调因地制宜,追求卓越的自然地理位置,善待自然、顺应自然,倡导人与自然的和谐共生,同时遵循象天法地、人与天调、天人合一的朴素自然哲学思想。从秦咸阳都城到北魏洛阳、唐长安再到北宋汴梁、元大都及其后的明、清北京城都是基于上述传统城市设计思想与规划方法运用的例证(图 2.8)。我国历来的城市建设大都以正交的南北向网格为基础,以保证城市建筑享有良好的日照、通风条件; 同时,也注重与自然环境

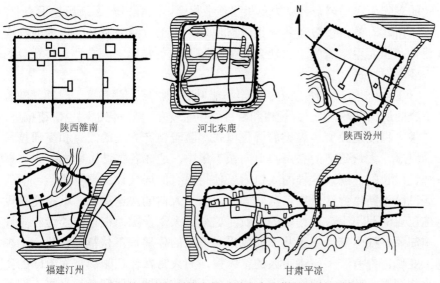

陕西雒南　　　　　　　河北东鹿　　　　　　　陕西汾州

福建汀州　　　　　　　　　　甘肃平凉

图 2.8　管子思想所催生的后世丰富多样的城市形制

的结合，把自然环境要素作为城市环境景观的重要组成部分，并强调城市水系建设和人行步道绿化种植，这对调节气温、美化环境起到很大作用。

　　通过对上述早期城市发展沿革的研究我们不难发现，虽然城市的出现已有 5 000 多年的历史，但在漫长的农业社会，城市发展非常缓慢，其主要作用是政治的而非经济的。这一时期，城市与农业没有完全分离，仅是一种独特的城乡合生体，通常规模较小，接近自然，城市活动对环境影响较小，与自然能够和谐共处。早期城市发展对人类活动和自然环境之间的关联有着明显的依赖性，虽然在城市结构中，人口与活动的聚集使得人们能够在一定程度上摆脱环境不稳定对他们产生的影响，但是人类发展与环境之间极为重要的平衡关系仍需小心维系。农耕时期的城市文明仍需"听天由命""靠天吃饭"，因此保护农业生产的适宜条件至关重要；聚落、城市建设也只能"因天时，就地利"，选择气候和环境适宜的场所营造，这一时期地理环境、生物气候条件对于人类而言无疑是最为关键和最具决定性的。

2.2　工业化时期基于生物气候条件的绿色城市设计思想

2.2.1　工业化时期城市设计思想产生的背景

　　从 18 世纪开始，人类社会经历了一个从农业经济向工业经济、从封建社会向资本主义社会转型的过程，工业化带来生产力的空前高涨，并对城市化进程产生巨大的推动作用：首先是"农村的推力"，工业技术促使劳动生产力得到前所未有的提高，不仅满足了日益增长的人类基本需求，同时也导致日益增多的农村剩余劳动力；其次是"城市的推力"，工业的兴起为农村剩余劳动力提供了就业机会，工业规模逐渐超越了农业，城市所具有的规模效益和聚集效益使之成为工业经济所必须依赖的物质载体，因而也就成为工业社会人类聚居地的主要形式，成为人类社会的主要空间形态[11]。

工业化生产从18世纪初期至下半叶逐步扩展，就在这一时期，随着资金的快速循环，生产力规模和特性发生了变革，城市化进程也快速推进，在很大程度上改变了人类的居住模式。随着生产方式的改进和交通技术的发展，大量破产的农民被迫向城市集中，造成各类城市都面临人口爆炸性增长的问题。这样的人口增长使得原有的居住设施严重匮乏，旧的居民区不断沦为贫民窟。与此同时，由于人口的快速集聚，城市交通设施已逐渐跟不上人口增长的步伐，这就给大量投机商在市区建造一些设施简陋、根本满足不了基本通风采光需求的住房埋下伏笔。当时，不少工业城市都有若干挤满工人的贫民窟，穷人常常住在紧邻富人府邸的狭小胡同里。政府给他们划定一块完全孤立的区域，他们必须在富人们所看不到的地方努力挣扎着活下去……这些地区卫生条件极差，疾病、瘟疫流行，并造成更为严重的社会问题。据英国社会活动家爱德温·查德威克的调查研究，维多利亚时代初期，在伦敦东部的一些工人聚集区，中产阶级的死亡年龄大约为45岁，商人平均27岁，而那些体力劳动者平均死亡年龄仅为22岁；在利物浦和其他一些城市，形势更为严峻[12]。

面对工业化发展所带来的日益严峻的环境问题和社会问题，人们认识到城市发展不仅要适应工业化生产，也要逐步解决由此产生的种种弊端，一些有良知的人道主义者提出基于公共卫生的社会改革。1848年，英国通过了第一部《公共卫生法案》，并得到不断补充与完善，到了1875年，该法案已包括涉及住房通风、饮水供应、污水排放、阻挠行为、危险性贸易、传染性疾病以及其他许多公共问题，并成为当时世界上最有效、最广泛的公共卫生法规系统[2]。该法案不仅对公共卫生提出了要求，还对街道的宽度和建筑物之间的空间距离提出了要求，以保证具备新鲜的空气和良好的日照条件，这对城市住区结构和房屋格局的改良形成重大影响。

与此同时，在城市设计领域，一些社会改良家、规划师、设计师也纷纷针对当时城市存在的种种弊端进行探索，试图通过改造大城市的物质空间环境来解决社会问题、缓和社会矛盾，从而建立一个和谐、高效、新颖的社会。这些讨论和设想在很大程度上是"对过去城市发展讨论的延续，同时又开拓了新的领域和研究方向，为现代城市设计的形成和发展在理论上、思想上和制度上都做了充分的准备"[2]。

2.2.2 工业化时期城市设计思想的发展沿革及主要理论

1）西方近代城市设计思想

工业革命带来的新技术使建筑师、设计师和城市建设者的视野逐渐扩大。确实，城市建设正日益表达一种对技术本身的驾驭力，而不只是将其作为一种建造的工具。由于技术的发展，城墙已逐渐失去防御功能，再加上城市功能的日益复杂和分化，以及新颖交通和通讯工具的发明和运用，近现代城市的规模尺度和形体环境发生了很大变化，城市社会日具开放性[13]。通过对这一时期城镇居民生活的解读和研究，可以发现贫穷、高密度、疾病曾经是当时城市居住生活中很普遍的问题，但是工业进步的确让一部分人的生活标准有了很大提高，不仅是那些带有绿色开放空间的居住建筑质量有了提高，而且新建造的住区通过学校、医院、救济院等设施促进了教育和卫生方面的改革。这样的住区标志着人们越来越关心城市环境质量，越来越希望逃离城市，居住到环境更卫生、空间更宽敞的乡村去，从而导致绿色住区的出现和一系列新的城市设计思想的诞生。

在这一阶段城市规划设计和建设取得了丰硕成果。从莫尔的"乌托邦"概念开始，到欧文和傅立叶提出的"协和村"和"法郎吉"社区理论与实践，他们都期望通过对理想社会组织结构方面的改革来改变他们认为是不合理的社会。同样具有影响力的还有威廉·莫里斯和琼·拉斯金，他们提倡人们应该更多地回归乡村这样的生活方式，他们提出的社区观念是基于工艺美术运动的主导思想[14]。

1853年，奥斯曼领导的巴黎改建规定了住房平面布局的标准方式和街道设施，有效整治了城市街景，并在城市中修建了两个森林公园和大面积的开放空间，大大提高了城市的日照、通风和卫生条件，从而成为当时欧美城市改建的样板[15]。同时期，代表性的事件还有朗方主持的华盛顿规划设计、阿姆斯特丹旧城改造以及克里斯多弗·仑主持的伦敦重建规划[16]。此外，值得一提的是19世纪后半叶在美国掀起的旨在保护自然、建设绿地的公园系统运动，力求打破市区高密度的旧有空间概念，从建设公园开始进而发展到利用绿地系统分隔城市组团空间，并逐渐形成一种新的城市空间。奥姆斯特德（F. L. Olmsted）是这一时期的杰出代表，他的著作《公园与城市扩建》提出要为后人考虑，给城市留出呼吸空间，并在纽约中央公园"绿肺"建设中实践了这一设想[17]。

1880—1890年代，欧洲和北美一些大城市开始出现轨道交通设施，使得中产阶级能够居住到脏乱的内城以外的其他地方。考虑到恶劣的城市环境与工人们的身心健康，慈善家们提议创造一种新的居住模式，在这种新的居住模式中，一种更加健康的生活与社会变革同步发展。工业社会的慈善家们希望通过改善人们的生活和工作环境来实现社会变革的理想，这时候人们已清晰地认识到居住状况与身心健康的重要关系。乔治·帕尔曼于1880年代在芝加哥南边建造了他自己的理想城，该城镇采用方格网道路形式，有着均匀分布的绿地，日照、通风良好。这一居住区包括了紧邻工厂"就近规划"的工人公寓，并提供了许多公共设施（图2.9）[18]。1888年，利佛勋爵也在毗邻他的化工厂的建筑综合体

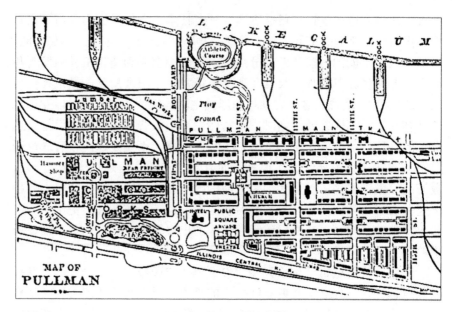

图 2.9　帕尔曼式理想城

的地方建造了类似的阳光港城（图 2.10）。

　　工业革命以后城市环境问题一直成为人们关注的焦点，旧有的城市规划建设思想已不能完全适应发展的需要，亟待探索新的理论和进行新的实践。1882 年，阿尔图罗·索里亚·伊·马塔（Arturo Soria Y. Mata）提出的城市模式呈现为一种线性结构。他在杂志《进步》（LE Progress）中提出的方案是要建立一个环绕马德里的线性城市，就像是串了很多珠子的项链。从抽象形式上来看，线性城市扮演的是"运动脊椎"的角色，将现有的城市网络沿着交通要道连接起来。这条街道不仅将城市交通和其他服务设施整合在一起，而且可以继续延伸，并与现有的城市中心相连（图 2.11）。这种线性发展的城市模式虽然占地较多，交通流线过长，却有利于城市空间与绿色开放空间的接触和融合，能为市区提供相对较好的生物气候条件[19]。

　　这一时期对城市规划思想最有影响力的要数霍华德在 1898 年提出的一个没有贫民窟、没有烟尘的田园城市理想。他想建立一种环形田园城市，这种模式综合了城市生活和农村生活两者的优点。田园城市思想主要是通过控制城市规模的方法来达到城市生活和自然保持密切联系的目的，通过分散于大范围绿色环境中的城镇群之间的协调，避免大城市发展带来的拥挤、混乱和嘈杂，让居民远离城市、亲近自然。在霍华德的"三块磁石"里，城市中负面的环境条件，如污秽的空气、雾与干旱以及阴暗的天空，变成了郊区清新的空气和明媚的阳光。每个田园城市由一个 58 000 人的中心城和 6 个容纳 32 000 人的卫星城镇所组成（图 2.12）[20]。

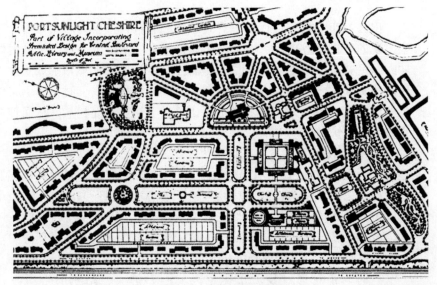

图 2.10　阳光港城平面

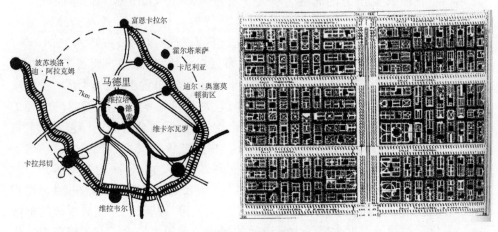

图 2.11　带形城市

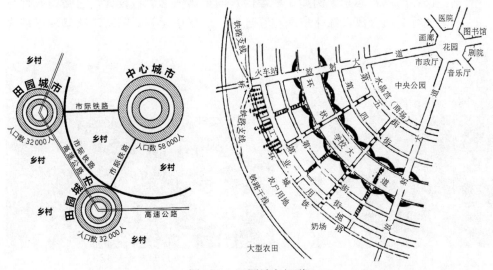

图 2.12　田园城市组群

田园城市理论对现代城市规划思想起着极为重要的启蒙作用，对后来出现的有机疏散理论、卫星城镇理论颇有影响，也是基于生物气候条件的绿色城市设计最重要的思想渊源之一。"随着田园城市的成长，大自然的免费馈赠——新鲜空气、阳光、呼吸空间和游戏空间——仍将保留足够的数量；在使用现代科学成果上使技艺可以补充自然，从而使生活变得永远愉快幸福。"[20]

2）现代城市设计的生态思想[3]

在两次世界大战之间，现代主义在人类发展和社会组织新形式的关系中确定了基本信念，并成功地跨越了政治和意识形态的隔阂。城市规划以及其他不同的文化领域都在致力于表达新的时代特征。其中，一些人热衷于反城市化和回归自然；同时，也有不少人则热衷于倡导科学和理性，反对个人主义和浪漫主义。

当时，那种通过反城市化使人们回归健康、阳光的生活方式是一种颇具竞争力的思潮。托尼·戛涅（Tony Garnier）倡导的社会主义"工业城市"是这一时期的典型代表。该城市模式与当地环境密切联系，最终形成了绿树成行的居住区和低密度的城市形态。1917年，他在"工业城"的方案中将居住区布置在一块日照、通风良好的山坡上，并根据生产需要将大量工业部门集中在一起布置于河口附近，且首次将不同的工业企业组织成若干群体，对环境影响较大的工业，如高炉等尽可能使其远离居住区，而让纺织厂靠近居住区[21]。这一方案将不同功能的用地划分得相当明确，并使之各得其所（图2.13）。这一朴素的城市设计思想已初步具备了现代城市功能分区的基本雏形。

尽管田园城市的发展主要集中在大城市的边缘郊区，但在20世纪初的英国，田园城市思想还是得到了广泛认可，基于公共交通系统的郊区化运动曾经一度主宰了大都市区的形成。美国也提出了有关城市郊区化设计的革新思想。例如，新泽西州的雷德伯恩新城设计，它强调人行与车行交通分离，绿化空间相互连接，房屋单元簇群围绕道路呈现尽端式

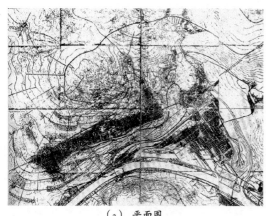
（a）平面图

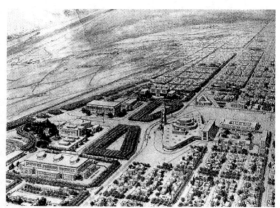
（b）城市总体形象

图2.13　工业城

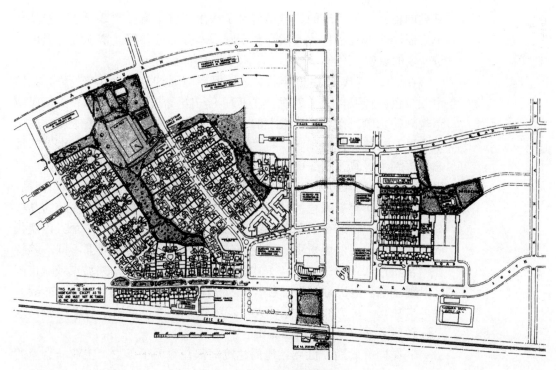

图 2.14　雷德伯恩新城规划

空间布置（图 2.14）[3]。同一时期，最抽象、最具有理论高度的思想是由米柳京于 1930 年提出的，他的理论概括起来就是要将线形城市按功能分成六个平行的地带。莫赛·金兹堡（Ginzburg）和米亥尔·巴奇（Barshch）为莫斯科扩建而考虑的绿色城市，则以另一种特殊的结构形式表达了相同的原则[3]。

　　工业化时期，这是一个属于英雄主义的光辉时代，它始于吉迪恩（S. Giedion）于 1929 年出版的《居住的解放》一书，书中倡导将"阳光、空气和开敞性"作为新的生活准则[22]。与此相似的是，理查德·诺依特拉（Richard Neutra）认为设计与其使用者的身心健康具有某种关联。他在 1954 年出版的《生存贯穿设计》（*Survival Through Design*）一书中写道："现在越来越紧要的是，设计物质环境时应有意识地增加对人生存的基本问题的研究。"②

　　作为先行者，美国设计师巴克敏斯特·富勒（Buckminster Fuller）具有丰富的想象力，他在居住模式中同样表达了生存的新概念，涉猎范围从超轻量设计直到空气动力学的形式，其目的在于改善居住环境的绝热、抗风压、通风等性能。他倡导了实用导向的城市所需的弹性设计——利用"人工气候"发挥细分空间层次的自由。在这类案例中，最为惊人的就是"他在 1962 年的提案（图 2.15），那是一个以大地测量为基础的圆顶，目的在于防止曼哈顿受到空气污染；在这个末世的景观中，覆盖的结构不过是一层表皮，它包住了都市生活，使其免于外界恶劣气候的侵扰；

富勒的提案已将建筑的领域推展到了极限，整个方案侧重于建筑的某一个方面，即抵抗不良的气候，至于圆顶本身如何使用，富勒没有提出更进一步的说明"[23]。

在 1920 年代和 1930 年代，勒·柯布西耶这位现代建筑巨匠，在城市领域也同样取得突出成就，在其理论与实践中非常关心风和太阳对城市规划的影响。在"光明城"的方案中，他首先提出了将整个城市底层架空以及立体绿化的观念，将"底层架空"和"垂直的花园城市"的理念发挥到了极致（图 2.16）[24]。特别是在《当代城市》里，柯布西耶提出了绿色城市的概念，指出诸如交通堵塞、高密度和大气污染等城市问题，并设想了一个有着绿色的肺、有着连接高效公路网络的拔地而起的高楼林立的城市。当柯布西耶在总结自己战后的方向时宣称：一个人以现代的方式建造，会发现景观、气候与传统的和谐。与柯布西耶不同，赖特在广亩城市（1928—1963 年）中提出了一种低密度的未来城市或城市郊区景观模型，他认为每个住宅单元应占地一英亩（1 英亩≈4 046.856 m²），并各自独立，每户都可根据各人喜好选择不同的生活方式（图 2.17），这是一种城乡合生型的"田园城市"[25]。

就在同一时期，世界各地的建筑师都在致力于寻求"工业社会里的适宜生活方式"，都在探寻城市和建筑形态的优化，以使每位居住者都能最大限度地获得阳光、空气和健康的生活空间。亚历山大·克莱因是这方面的先驱，他努力使土地使用、密度、隔热、房间通风等达到优化，并引发人们对城市几何构成和住宅范型的浓厚兴趣。W. 格罗皮乌斯（W. Gropius）对生物气候要素中的太阳辐射给予了较大关注，他认为气候是设计基本概念中的首要因素，在他的许

图 2.15　曼哈顿上空以大地测量为基础的圆顶

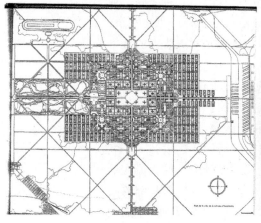

图 2.16　"伏瓦生"规划总图与整体模型

多住宅设计和规划方案中，都以太阳照射角度的选择为设计准则[26]。

图 2.17 广亩城市

1933 年的《雅典宪章》提出城市有三个基本要素，即阳光、空气和绿化，并制定了一系列城市规划原则，包括城市由绿地分割的功能分区，城市里每座建筑表面能接受到的热量和时间以及阳光的最优获取等都基于每公顷一千人这样一个密度等。在此基础上，由七位年轻建筑师完成的苏黎世城郊的诺依希尔（Neuhiihl）规划，是一个很成功的阳光住区范例。该住区位于斜坡上，建筑顺应地形变化并按照人体尺度成组群式布置，基本为东南朝向，能够很好地满足环境舒适性要求[27]。

第二次世界大战后，有关阳光住区规划的看法出现了分歧。一方面，高密度的、以绿色开放空间环绕的、基于 CIAM（国际现代派建筑师的国际组织）原则建设的现代街区在旧城更新和城市周边住宅开发中得到认可；另一方面，人口扩散和人口郊区化步伐进一步加快。在美国，生产力和技术革新重新被用来创造新的生活和居住模式，在城市中心区，玻璃幕墙塔楼建筑在不断改进的技术促进下日臻完善。而在欧洲的战后重建和新城建设中，则通过制定新城计划来鼓励低密度建设，注重城市功能结构的完善和绿化环境的建设。事实上，当时所采纳的许多指导原则早在 50 年前的田园城市思想中就已经提出。1942 年，由艾伯克龙比（P. Abercrombie）主持编制的大伦敦规划在吸取霍华德和盖迪斯等先驱者思想的基础上，将生态学原理应用到城市规划中来，采用地域圈层手法，将大伦敦地区划分为内圈、近郊圈、绿带圈和外圈，其中绿带圈为 8 km 宽的绿化带，以阻止城市向外蔓延，改善城市环境[28]。此后，希腊学者道萨迪亚斯建立的人类聚居学学科（1963 年）、美国麦克哈格教授"设计结合自然"的学说（1969 年）以及莫斯科总体规划（1971 年）等，分别从理论上和方法上对城市生态思想进行了深入探索，这些在城市建设史上有着重要意义。

2.2.3 工业文明的悖论

第二次世界大战在一定程度上改写了人类文明的发展进程，由此所激发的先进技术的发展所造成的影响直接波及战后人们生活的各个层面，其中，尤以汽车等新型交通工具和空调的使用对城镇建筑环境的影响最大。

首先，整个 20 世纪，汽车、铁路等新型交通网络的日益普及对城市景观格局的形成和改变产生了深远影响。当城市铁路、电车及有轨电车等新型交通工具出现后，人们不必居住在离他们工作地点很近的范围内，可以居住到令他满意的发展中的郊区。上述郊区化所造成的城市空间扩张，打破了城市旧有的发展模式，将导致城市无序蔓延。

其次，第二次世界大战之后空调的使用更加普遍，人类已由早期的被动适应气候步入"人工调控"微气候的时代。建筑逐渐摆脱作为人类"庇护所"和气候"过滤器"的束缚，人工环境设计中无视地理环境、气候条件的城市和建筑设计屡见不鲜。然而，令人感到荒诞不经的是，人们一边在承受漠视气候设计的惩罚，一边又在为"人工调节"气候付出高昂的能源代价和忍受"空调综合征"的折磨。

总体看来，工业化时期城市发展没有能够摆脱无序扩张和滥用技术的痼疾，其背离自然环境、生物气候条件和依赖汽车交通的模式使人类不得不付出巨大的经济和能源代价，也在一定程度上削减了城市、建筑和人类生活环境的多样性和舒适性。随着城市问题的不断积累和恶化，原有的城市理论、方法和模式已无法提供有效的解决方案，原先建立在工业文明基础上的思想、手段也无力解决这些沉疴，这就要求我们在后工业文明的基础上重新进行思考与探索。

2.3 后工业化时期基于生物气候条件的绿色城市设计思想

相对于工业化时期的人类中心论，后工业时代"可持续发展"思想的提出是人类社会对自身发展认识的一次深刻反思与超越。"可持续发展"要求人类重新回归自然，合理利用生物气候能源和其他资源，防止资源赤字，建立"自然—人—城市"融合、共生的绿色文明。这种新的资源观、技术观和环境伦理观将在很大程度上决定城市未来的走向和发展道路，同时也为绿色城市、生态城市的出现做了思想上和技术上的准备。

2.3.1 资源——城市发展亟待逾越的"门槛"

1970年代初，罗马俱乐部的研究报告改变了人们对有限自然资源及其滥用对环境所产生的影响的思维方式。同一时间，二氧化碳排放及其导致的全球变暖同样被人们所关注。人类的消费方式不仅会对大气层产生不可逆转的影响，而且会危及人类自身的生存环境。

1973年，全球能源危机给世界各国尤其是发达国家敲响了警钟。高昂的油价和紧缺的能源供给迫使欧美发达国家开始关注城市与建筑采暖、通风等与能耗相关的方式，寻找替代性能源成为当下最紧迫的课题之一。能源危机促使人们开始反省人类自身的生产、生活和能源消耗方式，太阳能的应用在这一时期得到前所未有的重视和发展。以美国为例，在能源危机之后，政府用于太阳能研究的预算增加了十几倍，很快，这股浪潮又席卷欧洲大地，一座座太阳能建筑、太阳能村庄和太阳能城镇如雨后春笋般涌现。

这一时期，引起广泛关注的利用太阳能的案例是保罗·索勒里设计的阿科桑底城。它位于临近亚利桑那州首府凤凰城近郊的玄武岩山麓，从1971年开始动工兴建，目前可容纳近5 000人。这是一个按照三维空间堆积的、高度密集的城市结构类型，可以加强人口、资源和城市各种功能之间的相互关联，并能充分发挥自然资源如太阳能等的效用，从而促使城市效益最大化以及能源耗费和土地占用最小化，提高能源利用效率，消除因城市空间扩张而产生的各种负面影响。作为城市生态建筑学研究的典型案例，在这座城市中有很多系统在共同运作，如高效率的人流循环和资源循环，以及太阳能在采光、供暖和制冷方面的运用等[29]。

阿科桑底城实际上是各种类型的大型温室建筑的组合。温室是整个城市的"能源围裙"，屋顶倾斜朝向南方，温室设计的目的比较复杂，不仅生产食品，而且担负着冬季采暖和夏季制冷的能源供应重任。此外，大尺度的太阳能温室也利于城市居民与乡村自然景观保持密切联系。阿科桑底城试验直接推动了第二代即"两个太阳"的城市建筑生态学理论的产生，其中一个太阳是物质的，是生命、能源的源泉，而另一个太阳表示人类的精神和不断进化的意识，它们共同利用四种无机效应（温室效应、烟囱效应、半圆顶效应和蓄热效应）以及两种有机效应（园艺效应和城市效应）服务于新城建设（图2.18）[30]。尽管阿科桑底城的普遍适用性一直受到质疑，但索勒里对地方生物气候条件的利用和节能、节地的自觉绿色思想对能源和资源危机时代的城市设计和建设产生了深远影响。

与此同时，城市设计与当地风力资源相结合的探索也开始崭露头角，风力可以由建筑物自身通过集成化的涡轮机或其他集风装置加以利用。一种新的看法是将诸如风车这样的技术设计改良，并使之成为我们环境

图2.18　阿科桑底城

图 2.19　新疆达坂城风力装置　　　　　图 2.20　太阳能风车工作原理

中的一部分（图 2.19）。汉斯·希尔所设计的太阳能风车将太阳能和风能的利用完美结合（图 2.20），其工作原理是，太阳能风车平台下面空腔中的空气经太阳加热后，上升到风车的中心风道，上升气流驱动中部的涡轮机来发电[31]。

2.3.2　技术——城市发展的"双刃剑"

技术和工业的进步，推动着城市和建筑的现代化进程。长期以来，人们习惯上认为改革创新和技术发展可以克服人类社会发展中的一切困难。但到了 1960 年代，这一信念开始受到质疑，人们逐渐发现现代主义的普遍化、理性化和标准化并不是提高人类生活水准的唯一基础。

科学推理在同时期的环境辩论中处于一种非常尴尬的境地。一方面，对知识的理性和客观性的质疑损害了真理和推论的观念；另一方面，科学观察和分析技术的提高使得人们能更好地理解环境是如何运转的。因此，科技的进步提供了更多的方法和模式来解释人类活动对环境所造成的负面影响。人们认为那些用来克服这些负面影响的传统技术形式现在已经不再起作用。即使时至今日，我们同自然的关系仍然处于不断的试错之中[3]。正如理查德·罗杰斯所言：今天的城市问题不是因为技术的飞速发展所造成的，而是对技术疯狂地、错误地运用的结果。

索菲亚·贝林和斯蒂芬·贝林认为，一种伦理的观点认为技术不再假设为能够提供解决方法，相反，问题的关键在于要对我们的生活模式和生产消费实践重新加以审视。这种决策要求改变我们的生活模式，在现行经济结构中也需要依赖新的组织模式。尽管如此，技术的地位仍然难以撼动，人们对环境认知与技术之间的辩证关系在未来将成为基于生物气候条件的绿色城市设计的时代要求。科技进步可以使人们对自然现象诸如气候等的形成机理和组织结构进行持续深入研究，更为准确地认识到地球环境系统的复杂性。更大的挑战在于如何以此推进未来的革新，并引领未来的方向。

对人类和城市与建筑相关性的准确理解和把握，以及对复杂的计算机模拟技术的应用，都是绿色城市设计能否成功的关键。风洞试验、计算机辅助设计、虚拟现实技术、流体动力学、日照模型等领域的发展都使得原本不可见的理论日益具象和可视化。这可以帮助我们在城市和建筑设计中获得更高的环境性能和能源效率，有助于我们清楚地理解在不同生物气候条件下城市与建筑运作的差异性，无论它产生于外部压力还是内部需求。

目前，以"3S"为代表的空间信息技术已经广泛应用于城市总体设计阶段的环境分析中；计算机模拟技术则可以模拟城镇建筑环境中的日照、通风和声场分布情况，可以方便地预测和模拟城市设计方案阶段物理环境的优劣，提出修改意见，帮助设计者改进他们的设计。现在，可用的典型计算机模拟工具主要包括：计算流体力学（CFD）、日光／人工光照模拟、集总参数（CTTC）模型结合 CFD 的城市热环境模拟技术、城市声环境分析技术以及风洞实验等。基于大数据分析和算法的城市环境气候图（UCMap）[32]、城市建筑能源系统（CityBES）[33] 等正逐渐成为国内外研究的前沿领域。

2.3.3 环境伦理学——为"可持续发展"而改变的生活模式

20 世纪下半叶相继爆发的能源危机说明工业化国家要想维持它们目前的生活方式，需要消耗大量的能源。日益形成的环境意识使人们逐渐认识到空气污染、酸雨以及臭氧层破坏等将会对子孙后代产生长远的不利影响，而且情况会变得更为严峻。因此，需要在此基础上进一步转变为对可持续发展模式的支持：主张发展应在环境可以承载的范围内而不是去征服和破坏它们。目前，争论的焦点主要集中于对城市形态与功能、当代工业化实践和发展阶段的重新认识与评估上。为此，需要对以下问题加以积极关注和重视：城市形态与生物气候条件的关联性、城市密度与能源效率的相互作用、对环境的关注以及城市和建筑群体布局结合生物气候设计的意义等。

柯里亚认为要在利用生物气候条件上有创造性，就必须在生活方式上有所创造。通常，普通公众对环境问题的支持比较高调，但实际上要将这些观念转变为对生活方式的改变还是相当困难的，关键是去充分理解改变的动机：个人的决定如何才能有价值？当占主导地位的经济以自由市场为原则时，个人对待价值的尺度，如对环境的判断力，即对所谓的公众利益的理解是相当复杂的。这里进一步介绍我们在未来所面临的矛盾：尽管大家已经认识到全球环境问题的重要性，然而这些问题只能在地方层面上才能得以落实，而这种能力的获得是基于人们对社会价值与社会原则进行重新评价。环境问题是公众普遍关注的焦点，也必须如此才能真正解决[3]。

当前人类和城市社会的种种危机其实质表现为人与人、人与社会以及人与自然的全面冲突。这就要求我们采用一种整体的设计方法，把握好研究对象的整体相关性，促使建筑、城市与环境以及世界万物之间保持一种互惠共生的关系。因为人们确定了高效能的目标，所以今天的环境控制是对建筑和城市设计的巨大挑战，这就要求相关团队应加强合作并综合运用整体的城市设计方法。

当可持续发展成为我们的目标时，建筑外部能量的性能标准就应完全建立在人们对社会和环境的责任之上。最终，建筑和城市应该处于一种积极的全寿命的能量平衡状态，这包括在材料中消耗的具体能源（从开始到毁损）以及翻新、再循环或者再利用，当然还有实际建造中所消耗的能量。只有当所有有益的能源和可再生能源被使用、保存并充分发挥其潜能时，这些设想才会变成可能。尽管到目前为止，这还只是一个远景，但可以肯定的是，我们将会经历一次史无前例的效率革命，城市的性能及其体系和构成都将受到气候与效率的重新评估[3]。

首先，也是最基本的是，不可限制那些有益的以及能够利用的可再生的外部资源，未来的设计者需要从自然结构、处理生物气候资源的方法中获取启发，并研究形式是如何追随气候的。另外一些能够产生灵感的丰富领域是那些进化发展了数千年的构筑物：无论是乡土类型的，还是城市类型的，我们必须研究其设计和形态发展过程同技术变化的关系。

其次，未来基于生物气候条件的绿色城市设计面临的挑战涉及众多的知识领域和职能部门，这就需要新的组织形式来共同运作一个由众人参加的团队。城市设计者不再是孤立地工作，而应依靠大量的其他专业机构和公众参与。随着城市设计复杂性的不断增加，设计师们还要同城市规划机构、环境组织、气象专家、社会学家、地理学家等紧密合作。除了专业知识外，设计师还应与当地公众时刻保持联系，同时，也需将其以某种形式融入整个设计过程中去。

通过对上述基于生物气候条件的绿色城市设计历史演进的回溯，我们已经初步了解了不同思想、理论的发展历程。据此，我们可以对已有的知识体系和经验进行分析、总结和提高，以达到综合过去、明察现在和预示未来之效用。面对纷繁芜杂的城市建设思想，本章以时间为主线，对农耕时期、工业化时期与后工业化时期三个时段基于生物气候条件的城市设计思想、方法和类型加以阐述，初步勾画出其发展脉络和基本趋向，力求从城市发展演变中寻求基于生物气候条件的绿色城市设计的内在规律。

（1）从人类城市建设发展的历史角度，本章总结了城市建设生态思想变迁的历史进程,即从对自然生物气候条件的自发被动适应(农耕时期)到矛盾对立(工业化时期)再到自觉回归和应用(后工业化时期)的演变规律。这实际上是对人与自然关系由尊重、顺应到对立、征服再到和谐发展过程的反映,也是人类认识自然、利用自然和改造自然的螺旋式上升与发展。这种演进反映了人与自然在更高层次上的协同,是人类获得改造世界的巨大能力的同时对更美好生存环境的追求,而不是简单地回归和被动地适应。

(2)人类早期的城市建设活动大都能够尊重自然,适应自然环境。传统的基于生物气候条件的城市设计方法,它是人类历经数千年的不断试错,在与自然长期适应、抗争以及在城市建设实践过程中不断概括总结的结果,也是与当时的生产力水平和社会经济条件相适应的结果,其所蕴含的朴素的生态思想对我们今天的城市设计和建设仍具有重要的启发和借鉴意义。

(3)工业革命带来的科技进步和跨越式发展,使人类与自然的关系渐行渐远。人类对自然环境的依赖逐渐减弱,从屈从自然的地位发展到征服和统治自然的地位。人类对自然的尊崇日渐淡薄并反映到城市建设中来,从而导致日益严重的环境危机。工业化时期出现的一些朴素的绿色城市设计思想,与其说是对自然的重视,还不如说是痛定之后的反思,其中一些思想至今仍在发挥重大作用。

(4)城市建设的发展过程也是人类对理想人居环境的探求过程,体现了人类所处的社会发展阶段的价值观念和价值取向。人类对待自然的观念转变反映了社会发展的深层价值观的改变。在经历了工业社会狂飙式的发展和自然对人类的无情报复之后,为了"我们共同的未来",在后工业时期,随着新的能源观、技术观和伦理观的形成和发展,一种新的谋求人类可持续发展的思想随之产生——自然、生物气候因素与文化、技术、伦理将更加错综复杂地交织在一起,城市设计也与交替变更的生活方式更加密切关联。

综上所述,基于生物气候条件的绿色城市设计,它建立在对未来社会、经济和技术可行性基础之上,是理想与现实的结合,也为未来绿色城市设计提供了切实可行的方法和途径。这是现代能源危机的现实后果,也是一次机遇,眼下空前的城市建设活动为我们提供了前所未有的机遇和挑战。

注释
① 奥林萨斯是希腊东北部马其顿区的一座海滨古城,公元前 5 世纪曾经与雅典和斯巴达相抗争,并先后被二者征服,公元前 348 年毁于战争。
② 理查德·诺依特拉(Richard Neutra)在《生存贯穿设计》(*Survival Through Design*)一文中认为设计与其使用者的身心健康具有某种关联。

参考文献

[1] Gideon S G. Ethics and Urban Design: Culture, Form, and Environment [M].New York: John Wiley & Sons, Inc., 1995: 3.

[2] 全国城市规划执业制度管理委员会.城市规划原理[M].北京:中国建筑工业出版社,2000:8,15-16,39.

[3] Sophia B, Stefan B . Sol Power——The Evolution of Solar Architecture[M]. Munich: Prestel, 1996: 16-17; 78,128-129,156-186,191-202.

[4] 陈志华.外国建筑史(十九世纪末叶以前)[M].北京:中国建筑工业出版社,1979:57.

[5] Dani A H. Critical Assessment of Recent Evidence on Mohenjo-Daro [R].Mohenjo-Daro: Second International Symposium, 1992.

[6] 凯文•林奇.城市意象[M].方益萍,何晓军,译.北京:华夏出版社,2001:35-36.

[7] Frank R. Priene: A Guide to the Pompeii of Asia Minor [M]. Turkey: Ege Yayinlari, 1998.

[8] 董卫,王建国.可持续发展的城市与建筑设计[M].南京:东南大学出版社,1999:32.

[9] 维特鲁威.建筑十书[M].高履泰,译.北京:知识产权出版社,2001.

[10] 曹伟.城市生态安全及其环境要素影响探讨[D]:[博士学位论文].南京:东南大学,2003:37-47.

[11] 全国城市规划执业制度管理委员会.城市规划原理[M].北京:中国建筑工业出版社,2000:1-2,15-16,39.

[12] Theodore M B E. The Public Health Act of 1848 [J]. Bulletin of the World Health Organization, 2005, 83(11): 866-867.

[13] 王建国.城市设计[M].2版.南京:东南大学出版社,2004:27.

[14] Elizabeth C, Wendy K.Arts & Crafts Movement [M]. London: Thames & Hudson, 1991.

[15] David P J. Haussmann and Haussmanisation: The Legacy for Paris [J]. French Historical Studies , 2004, 27(1): 87-113.

[16] Julienne H.Order and Structure in Urban Design: The Plans for the Rebuilding of London after the Great Fire of 1666[J]. Ekistics, 1989, 56: 334-335.

[17] Frederick L O. Public Parks and the Enlargement of Towns [M].Cambridge, MA: The Riverside Press, 1991.

[18] John O'Connor. Chicago District Evokes Blue-Collar History [M].New York: Associated Press, 2008.

[19] Anon.Linear City[EB/OL].[2018-10-25]. https://en.wikipedia.org.

[20] 埃比尼泽•霍华德.明日的田园城市[M].金经元,译.北京:商务印书馆,2000:8,96.

[21] Wiebenson D . Utopian Aspects of Tony Garnier's Cité Industrielle [J].Journal of the Society of Architectural Historians, 1960, 19(1): 16-24.

[22] Befreites W G. Orell Füssli Verlag Zürich[Z]. Switzerland, 1929.

[23] 伯纳德•卢本,克里斯多夫•葛拉富,妮可拉•柯尼格,等.设计与分析[M].林尹星,薛皓东,译.台北:惠彰企业有限公司,2001:98-99.

[24] 肯尼思•弗兰姆普敦.现代建筑:一部批判的历史[M].原山,译.北京:中国建筑工业出版社,1988:187,218.

[25] 项秉仁.赖特[M].北京:中国建筑工业出版社,1992.

[26] 窦以德.诺曼•福斯特[M]. 北京:中国建筑工业出版社,1997.

[27] Sima I. ABC: International Constructivist Architecture, 1922—1939[M].Cambridge,

MA：MIT Press，1994.

[28] Forshaw J H，Patrick A. County of London Plan[M]. New York：Macmillan，1943.

[29] Paolo S. Arcosanti：An Urban Laboratory [M].Arizona：Cosanti Press，1994.

[30] 宋晔皓.结合自然　整体设计——注重生态的建筑设计研究[M].北京：中国建筑工业出版社，2000：256-257.

[31] 周浩明，张晓东.生态建筑——面向未来的建筑[M].南京：东南大学出版社，2002.

[32] 任超，吴恩融，鲁茨（Katzschner Lutz），等.城市环境气候图的发展及其应用现状[J].应用气象学报，2012，23（5）：593-603.

[33] Tianzhen H，Yixing C，Sang H L，et al.CityBES：A Web-Based Platform to Support City-Scale Building Energy Efficiency[Z]. Urban Computing，2016.

图表来源

图2.1 源自：笔者在中华人民共和国自然资源部测绘地理信息网站标准地图[审图号为GS（2016）2950号]基础上绘制.

图2.2 源自：田银生，刘韶军.建筑设计与城市空间[M].天津：天津大学出版社，2000.

图2.3 源自：Raymnd U.Town Planning in Practice：An Introduction to the Art of Designing Cities and Suburbs[M].London：T. F. Unwin，1909.

图2.4 源自：贝纳沃罗•L.世界城市史[M].薛钟灵，葛明义，岳青，等译. 北京：科学出版社，2000.

图2.5、图2.6 源自：Sophia B，Stefan B. Sol Power—The Evolution of Solar Architecture [M]. Munich：Prestel，1996.

图2.7 源自：维特鲁威.建筑十书[M].高履泰，译.北京：知识产权出版社，2001.

图2.8 源自：洪亮平.城市设计历程[M].北京：中国建筑工业出版社，2002.

图2.9、图2.10 源自：Sophia B，Stefan B. Sol Power—The Evolution of Solar Architecture [M]. Munich：Prestel，1996.

图2.11 源自：洪亮平.城市设计历程[M].北京：中国建筑工业出版社，2002.

图2.12 源自：埃比尼泽•霍华德.明日的田园城市 [M].金经元，译.北京：商务印书馆，2000.

图2.13 源自：洪亮平.城市设计历程 [M].北京：中国建筑工业出版社，2002；Robert V B. Green Architecture—Design for a Sustainable Future [M].London：Thames and Hudson，1996.

图2.14 源自：Donald W F，Alan P，et al. Time-Saver Standards for Urban Design[M]. New York：McGraw-Hill，2001.

图2.15 源自：Robert V B. Green Architecture—Design for a Sustainable Future[M].London：Thames and Hudson，1996.

图2.16 源自：洪亮平.城市设计历程[M].北京：中国建筑工业出版社，2002.

图2.17 源自：Robert V B. Green Architecture—Design for a Sustainable Future[M]. London：Thames and Hudson，1996.

图2.18 源自：宋晔皓. 鲍罗•索勒里的城市建筑生态学[J].世界建筑，1999（2）：62-67.

图2.19 源自：周立拍摄.

图2.20 源自：周浩明，张晓东.生态建筑——面向未来的建筑 [M].南京：东南大学出版社，2002.

表2.1 源自：笔者绘制.

3 城市环境的影响因素及其城市设计应对原则

独特的当地环境、现存的植被状况和建筑肌理、气候以及地形因素、资源的生态可持续形式的范围和可行性以及同它们使用时的持久性和强度的关系，还有当地的限制条件，这些在每一个设计中都应被分析评估并被作为设计的基础[1]。

——托马斯·赫佐格

城市是自然演进和人工建设及其互动的综合产物，其中自然要素又是城市人居环境体系赖以生存和发展的基础，在一定程度上对城市发展起着支配和限制性的作用。城市设计是自然环境和人工环境的综合。正确认识城市建成环境的自然要素（包括环境要素和气候要素）和人工要素的时空分布规律及其对城市环境的影响机理，对于合理进行城市规划设计和建设、改善城市生态环境、走可持续发展的道路具有十分重要的意义。

基于生物气候条件的绿色城市设计以满足人体舒适性、节约能源和环境友好为出发点，这就要求我们从整体关联出发，将城市纳入系统范畴，充分考虑城市与周边环境之间的物质和能量平衡，在此基础上对与城市环境相关的影响因素加以归类和分析，并对各种因素的作用方式、形成机理进行剖析和比较，其目的是在遵循环境热力学原理和生物气候设计原理的基础上，突破传统的基于形式美学和视觉因素的设计原则，通过生物气候要素、自然环境要素和人工环境要素的整合来研究城市空间形态与环境物理性能、环境舒适性之间的内在关联，引导城市环境良性发展，并提出有指导意义的原则和建议（图3.1）。诚如霍夫（M. Hough）所言："气候的力量形成影响所有自然和人文作用的共同条理……要能促成生态健全且良好生活品质的都市，须整合自然和人文系统，并将重要的元素相互关联。"[2]

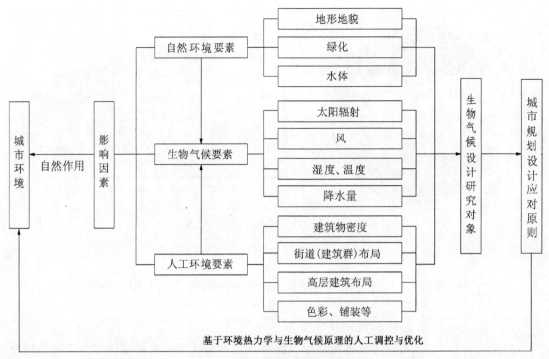

图 3.1　城市环境及其影响因素

3.1　气候的成因、分类与组成要素及其城市设计应对原则

3.1.1　全球气候的成因

气候系指地球上某一地区多年的天气和大气活动的综合情况。气候的形成和变化原因复杂，受多种因素制约，太阳辐射、大气环流和地理环境是影响全球气候的主要因素，其中太阳辐射是全球气候的基本原动力，大气环流则是导致区域气候差异的重要因素，它使得热量和水分得以超越区域地理环境的局限，在更大范围内进行交换，而地理环境则是形成地方性气候的根本原因所在。

1）太阳辐射

阳光是万物之本，太阳辐射主要通过短波辐射的形式向地球输送能量，它几乎是地球上全部能量的来源。太阳辐射直接决定了地表气温的变化，也近乎主导了地球上所有的气候现象，是诸多气候因素中最为核心的一个。同时，地球围绕太阳公转，使得太阳直射点在南北回归线之间做周期性的移动，从而形成四季更替。

太阳辐射到达地球时，大约有70%的能量被地表和大气层吸收，其余则被大气层反射或散射回太空；即使是进入大气层的太阳辐射，地表最终也只能吸收其中的47%。到达地面的太阳辐射量会随纬度、季节、

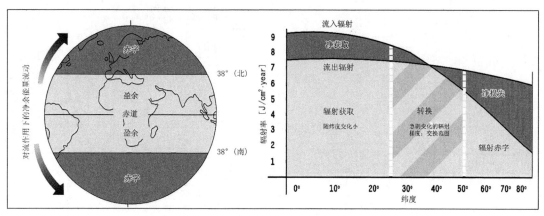

图 3.2　全球能量平衡与流动示意图

时间、天气变化而差别很大，它主要取决于太阳辐射角度、天空云量、大气成分以及地面反射率的影响。

2）大气环流

大气环流是指地球上各种规模和形式的空气运动的综合情况。地表接受太阳辐射的不均匀造成从赤道到两极热量得失的不平衡，作为调节这一失衡状态的热量流动正是大气环流形成的原动力，它对于全球热量平衡、水分平衡的调节具有直接而重要的影响（图 3.2）。

赤道和极地之间存在的温差形成赤道低气压和极地高气压，由于气压带的存在，高压带空气向低压带流动，从而形成全球不同的气压带和三圈环流模式。大气环流中有一种气候现象非常值得关注，它就是季风，即在一年内，大范围地区的盛行风随季节的变化而显著改变的现象。季风的主要成因是海陆间存在的热力差和季节变化。大陆冬冷夏热，海洋冬暖夏凉，因此，冬季气流从大陆流向海洋，夏季气流从海洋流向大陆。亚洲东部季风现象最为突出，一年中当冬季风盛行时，气候寒冷、干燥、少雨；当夏季风盛行时，气候炎热、湿润、多雨。

3）地理环境

气候与地域性总是联系在一起，地理环境的复杂性决定了气候因素的多样性。不同纬度、不同下垫面性质以及地形、洋流等因素与太阳辐射、大气环流相互作用，共同形成了千差万别的气候类型。

纬度是影响地表太阳辐射量和大气环流的最根本和最重要的因素，而地表下垫面的差异对气候的形成也有显著影响。由于海陆差异而形成各具特色的海洋性气候和大陆性气候，一般而言，越靠近内陆，气候的海洋性越弱，大陆性越强。其次，冷暖洋流对于滨海地区的气候有着较大的调节作用，从而导致全球气候分布并不完全遵循纬度地带性。此外，海拔高度、山脉走向、长度、坡度、坡向等地形因素也会影响地表太阳辐射，形成局地环流。

3.1.2 城市气候的总体特征与类型

1）城市气候的总体特征

城市气候是指某一地区在不同的地理纬度、大气环流、海陆位置和地形所形成的区域气候背景上，在城市特殊下垫面和人类活动的影响下而形成的一种局地微气候。城市气候与周围郊区的气候存在明显差异，表现为气温和风速的不同。这些差异主要是由以下一些因素造成的，如城市空间热辐射平衡的改变、地面和建筑物之间及其上方空气流动的对流热交换以及城市内部产生的热量等[3]。

研究时，首先应确定城市气候组成要素分布的时空范围。根据欧凯（Oke）的建议，应选取城市边界层（Urban Boundary Layer）和城市覆盖层（Urban Canopy Layer）进行分析研究[4]。其中，城市覆盖层的空间范围与人类日常生活最为密切，是城市设计关注的核心。城市边界层系指城市建筑物屋顶向上至积云中部的高度。它受城市大气质量和高低错落的屋顶的热力、动力影响，湍流混合作用显著，与城市覆盖层进行物质和能量交换，并受周围区域气候因子的影响。城市覆盖层则指屋顶向下直至地面这一段空间，其气候变化受人类影响较大。它与城市布局、建筑群体和街道走向、城市密度、建筑物形式、高度、材料、地面铺装、绿化覆盖率、水环境、大气污染以及"人为热"和"人为水汽"排放量等因素密切相关（图3.3）[5]。

（1）城市"五岛"效应

城市气候既受所属区域大的气候背景的影响，也反映了人类生产、生活所产生的影响。尽管不同气候区域的城市气候不尽相同，但也存在着一些共同特征。与郊区相比，集中表现为气温高、湿度低、风速小、太阳辐射弱、降水多、能见度差的特点，也即通常所说的城市"五岛"（热岛、雨岛、干岛、湿岛、混浊岛）效应。其中，能量平衡和水分平衡，是探讨城市气候形成和变化的基本问题（图3.4）[6]。

城市和郊区能量平衡的差异是导致城市热岛形成的物理基础。市区

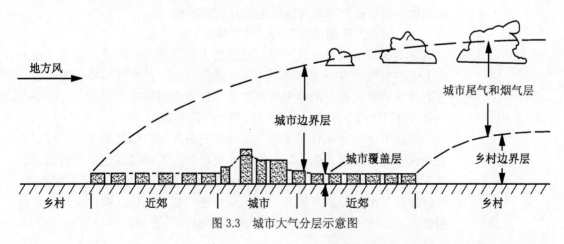

图3.3 城市大气分层示意图

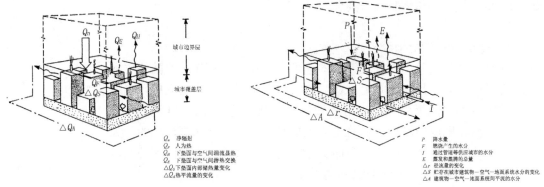

Q_n 净辐射
Q_F 人为热
Q_H 下垫面与空气间湍流显热
Q_E 下垫面与空气间潜热交换
ΔQ_S 下垫面内部储热量变化
ΔQ_A 热流量的变化

P 降水量
F 燃烧产生的水分
I 通过管道等供应城市的水分
E 蒸发和蒸腾的总量
Δr 径流量的变化
ΔS 贮存在城市建筑物—空气—地面系统水分的变化
ΔA 建筑物—空气—地面系统间平流的水分

图 3.4　城市建筑物—空间系统的热量平衡（左）和水分平衡（右）示意图

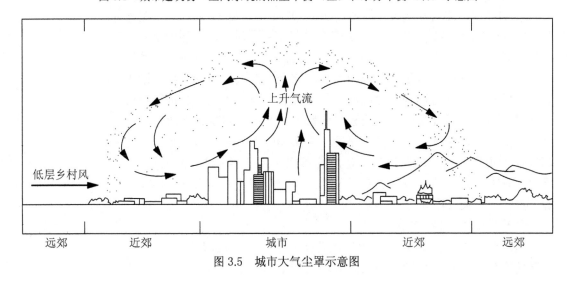

上升气流

低层乡村风

远郊　　近郊　　城市　　近郊　　远郊

图 3.5　城市大气尘罩示意图

由于人口过度集中、人工发散热大、绿地水体不足，从而呈现出日渐高温化的"热岛"现象，而"冷岛"效应则经常出现于沙漠绿洲或城市公园绿地周围的低温区域。"热岛效应"增加了低纬度城市夏季用于制冷的能耗量，但节省了高纬度城市冬季的采暖费用。

（2）城市"逆温现象"与"尘罩效应"

逆温层是指城市空气下层温度低而上层温度高的现象，这与一般下高上低的大气温度分布常态不一样。通常情况下，大气污染会随着热空气上升气流混入高空的冷空气而扩散，但在逆温现象出现时，污染的冷空气就难以上升、扩散，从而导致空气污染加重[7]。

当城市处于区域静风又有热岛环流的条件下，烟及灰尘会在城市上空形成穹隆形尘罩（图3.5）。这种"尘罩效应"使得城市中的粉尘、烟气无法及时排除，而城市周边的污染物又会随着热岛环流抵达中心区，从而加重了市区的大气循环污染，造成空气质量恶化。粉尘、烟气的存在会进一步增加热量的吸收，扩大市区"热岛"面积。

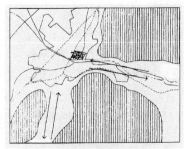  

（a）因地方因素形成的气流	（b）不同时间气流的变化	（c）山风与谷风对城市的影响

图 3.6　中观气候分析

2）不同层次的气候类型

根据城市设计的区域范围和规模尺度不同，可以将与城市运作系统关系密切的气候条件分为三个层次，即宏观气候、中观气候和微观气候（局地微气候）。宏观气候是城市所在区域气候条件的总和，包括日照、降雨、温度、湿度和常年风向等资料。中观气候是指城市所在地区特殊的自然地理因素对宏观气候的修正，如山区、河谷、滨海（水）或森林，这种局部性特殊地理因素对城市的影响会相当显著（图 3.6）。微观气候主要是指各种人为因素，包括人为空间环境等对城市局地微气候的影响，如相邻建筑物之间的空间关系可影响到外环境的日照、通风、温湿度等[8]。

3.1.3　气候的组成要素及其城市设计应对原则

在一定意义上，气候不仅是资源，而且在很多方面还是形成城镇居民点的基本环境条件。当研究城镇建筑环境的热舒适性时，涉及的气候要素主要有日照、气温、风、湿度、降水量等，其他还包含闪电、飓风、沙尘暴、雾、雪等。生物气候要素属于无形的自然要素，它们在城市空间中的合理分布及其相互作用，形成特定的物理过程和效应，对城市的气、声、光、热和风环境都有重要影响。

1）日照

日照的主要技术参数为日照时数、日照率以及太阳高度角和方位角。日照时数和日照率受云量影响较大，沙漠地区云量一般比热带雨林地区小，因而最强的太阳辐射通常不在赤道地区，而是在南北纬 15°—35°，次强区域在南北纬 0°—15°。太阳最大高度角（正午时）随纬度和时间的不同而不同，通常赤道比极地的太阳高度角大得多。在城市和建筑群体的空间层次上，影响日照效果的因素主要是地形和空气中的微粒。

（1）日照对城市与建筑布局的影响及其城市设计应对原则

日照是影响城市和建筑设计的核心因素，在很大程度上影响了温湿度、风和降水量等其他气候因素，因而成为决定城市和聚落选址、布局以及建筑物朝向、间距控制的关键。太阳辐射的强弱和不同地区对日照要求的差异使得城市布局、建筑群体组合和单体设计原则都有所不同。从研究传统城镇街道形态来看，寒冷地区的城市以最大限度地获取阳光为出发点，而炎热地区则以减少太阳辐射为目标。

从 1970 年开始，太阳能的开发与利用日益增加，成为提高建筑采暖与采光的能源利用效率的重要途径而备受关注。与此同时，随着玻璃幕墙和光洁材料的广泛采用导致城市光污染也日益严重，急需严加控制，为人们的居住和生活营造一个健康的光环境。

（2）日照控制面在城市设计中的应用

日照不仅是直接受形态影响的空间概念，而且还受到时间的影响。当日照成为城市设计的基本组成，这就意味着引入时间将作为城市形式的一个因素。在美国，南加州大学研究组提出了日照控制面（Solar Envelope）[9]的概念，他们根据对日照和能源有效利用的时间长短、基地的几何尺寸，综合地形、朝向、地理纬度等因素，得出环境设计可以利用的三维空间，并且要求在规定的时间内对邻近用地的阳光没有遮挡，塑造在空间与时间上与太阳光同步的城市与建筑形态（图 3.7）。

日照控制面的大小和形状，随着"日照持续时间、用地位置和形状，以及周围条件的不同而不同"[10]。当日照控制面的概念用于现有的城市设计与管理，可能成为城市发展的动态调节者，在保证阳光权利的同时能够提高城市建筑物密度，并且进一步增加了新的建筑方案的可能性以及城市设计与自然和各地区自身环境的和谐性（图 3.8）。

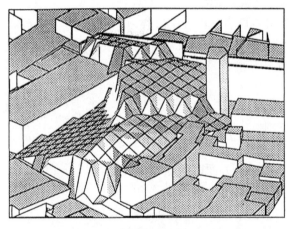

图 3.7　日照控制面的边界线

注：其必须满足多种边界条件，才能达到效果。

图 3.8　按日照控制面设计的方案

2）风

风是构成生物气候条件的重要因素，其主要参数有风向、风速和风的温度属性，与风能利用、热环境和空气质量都有密切关系。风是地表接受太阳辐射不均而引起的空气流动，因而很不稳定，地表下垫面状况会导致风速急剧变化，不同地表状况和不同高度的风速会有所不同。一个城市的风向、风速主要由大气环流、水陆位置和地形特征所决定。

（1）风对城市环境的影响及其城市设计应对原则

风对城市热环境的影响很大，风速越大，热交换也就越强。风向对气温的影响也不可忽视，一般来说，来自海面的东南风温暖湿润，而来自戈壁地带的西北风寒冷干燥。针对不同气候地区的城市和建筑设计，一方面，我们需要避免不利风环境的产生，加强冬季防风，优化高层建筑和街道广场等局地风环境；另一方面，可结合当地的主导风向，根据人体舒适性需要，促进城市夏季自然通风，确保局部地区获得理想的微气候。例如，针对城市局部地区的"热岛效应"，我们可根据地方风向资料，通过地形利用以及开放空间的合理设置形成风道，引入夏季主导风，促进自然通风。

（2）风对城市功能布局的影响

为了减少或避免由于工业区布局不合理而引起的大气污染，在城市总体设计和用地规划时，通常要考虑大气输送、扩散等自然通风条件对用地功能布局的影响。德国学者施马斯（Schmuss）在1914年提出了根据主导风向将生活区布置在工业区上风向的原则，这对于以西风和西南风占绝对优势的西欧、北美地区而言比较适合。我国东部地区受东亚季风影响，夏季盛行东南风，冬季盛行西北风，上述原则就存在较大的局限性。

多年来，我国城市规划布局一直以风向频率玫瑰图作为确定城市污染源和生活区相对位置的依据。1970年代以来，国内外许多城市气象工作者发现，这种单一的依据存在明显偏差[11]。因此，在以盛行风向作为规划布局的依据时，城市功能分区还应兼顾地域特点，因地制宜，选择合适的夹角区域布置城市居住区和工业区，避开各盛行风向的不利影响（图3.9）。

3）气温

气温是表示空气冷热程度的物理量，是人们最为熟悉的生物气候因素之一，也是影响人体舒适性的主要因素。气温是一个非常易变的参数，不同的时间、地点、高度、朝向都会有或多或少的变化，其影响因素主要有太阳辐射、风、地表覆盖状况以及地形等，尤以太阳辐射为最。

从全球范围来看，气温的空间变化和时间变化是十分显著的。一方面，气温的空间分布状况与纬度、大气环流、海陆分布、地形、洋流有关，从赤道到极地、从内陆到滨海气温的分布变化都十分显著；另一方面，由于地球自转和公转所引起的周期性变化，某一地区的气温也会有明显

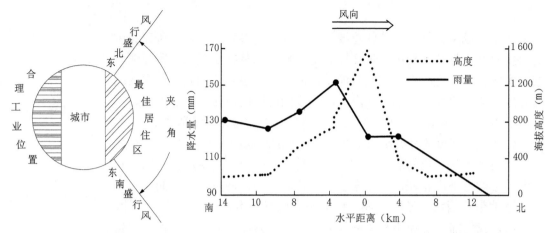

图 3.9　按盛行风向规划的功能布局　　　　图 3.10　降水量与海拔高度和山坡朝向的关系

的年变化和日变化，且随纬度的升高，年较差较大，日较差逐渐减小。

4）湿度

湿度是影响云、雨生成，造成各地气候差异的重要因素，也是影响人体舒适性的一项重要指标，其主要技术参数有空气含湿量、水蒸气分压力、绝对湿度和相对湿度等。从全球范围来看，水蒸气的分布是不均的，在赤道地区含量最高，向两级递减。

空气湿度会影响建筑物的热工性能及其老化速度。空气湿度也与人体热舒适性密切相关，过高、过低都会造成人体感觉不舒服，一般而言50%—60% 的相对湿度比较适宜。此外，由于城市大气污染，当地面空气的相对湿度接近饱和时，水蒸气会凝结形成湿雾，从而影响城市能见度，会给城市交通带来一定的压力。

5）降水量

降水是指从云层中降落到地面的液态或固态水，包括降雪、降雨、冰雹等。降水量也是气候的重要因素之一，其大小受纬度、海陆分布、大气环流、地形等因素的影响。全球各地的平均降水量差别较大，在平原上，降水量分布是均匀渐变的，具有一定的纬度地带性；但在山区，由于山脉的起伏，降水量分布产生规律性变化：一是随着海拔的升高气温降低而降水增加；二是南坡降水量大于北坡，并且南坡的空气、土壤和植被均好于北坡，这在山地城市建设选址时应特别加以关注（图 3.10）。

3.2　地形对城市环境的影响及其城市设计应对原则

地形即地表的综合形态。在地貌学中，地形按规模不同大致可分为小地形（决定房屋、构筑物及其综合体）、中地形（决定整个城市及其个别地区）、大地形（决定居民点组群系统）和特大地形（影响发展大区和全国居民分布体系）四种。地形，包括地貌和地质状况对一个城市地理位置的确定具有重要作用，是城市规划设计的重要内容。"在自然环境的诸因素中，地形的构造及海拔高程，对用地的日照、温湿度、风力方向、噪声和污染物质在大气中传播的影响，对于形成城市周围的地方性环境卫生状况有决定性的作用。"[12]

3.2.1 地形对城市环境的影响

气候总与一定的地域性联系在一起，不同地理环境的气候因素会有很大不同，这种多样性在很大程度上是由于地区总体的地形学差异所引起的。

1）地形与太阳辐射

地形对太阳辐射的影响由与地形相关的辐射状态的差异所决定。首先，因地理方位、地形、坡度、标高以及太阳直接辐射和天空漫射不同，地面各处的太阳辐射量呈现出明显的差异性。其中，对地区太阳辐射量影响最大的还是坡态。对于东西向延伸凸起的地形可能遮挡用地日照的问题应在方案设计时加以考虑。坡态还影响到基地上建筑物的阴影长度，位于南坡的阴影缩短，而在北坡的则变长。为确保城市室内外空间必要的日照，在选择建筑类型与设计手法时，必须考虑到此类因素（图3.11）。

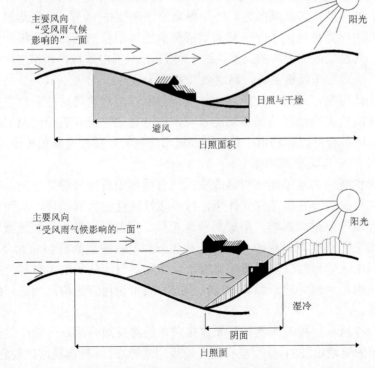

图3.11 不同地形影响下的生物气候条件

其次，与太阳光线垂直的法线面有最大的辐射热，因此直接辐射热与地面和太阳光线所形成的角度成正比，它们会随季节和纬度的不同而变化。此外，太阳辐射还与当地空气中的水蒸气含量、浮尘含量及云量等大气清晰度有关。例如湿度高的海岛型气候，就因为空气中的水分吸收太阳辐射而造成太阳辐射量比同纬度的大陆性气候区低。

2）地形与温湿状态

在地形较为复杂时，由于太阳辐射的不同，再加上其他诸多因素的综合作用，而形成城市局部地区特定的温湿状态。苏联学者研究发现，高出河谷 50—100 m、朝向较为理想的坡地，由于较少受到有害强风侵袭，再加上它们大多位于那些在低洼地区形成的导致地表冷却或比重大的冷空气沿坡下沉的逆温层和"冷湖"区上方，一般都具有较佳的温湿环境，而坡顶和坡谷则往往形成冷高原和冷气坑，环境不佳。

高大山脉形成潮湿的向风坡，而小的山脉则形成潮湿的背风坡。当遇到高大的山脉坡地，潮湿空气集聚并且快速上升，当空气达到其露点时，就会在向风坡形成湿冷气候。穿过山脊，空气下降并逐渐变暖，低于其相对湿度而使背风坡变得干燥。因而造成"迎风坡多风多雨，而背风坡干旱少风"的局部气候现象；对于小的山体，情况恰好相反[13]。

温湿状态还主要表现为气温与地方海拔高程的规律性关系上。在通常情况下，温度呈现为一定的垂直梯度，当一定体积的空气上升时，每升高 100 m 平均温度大约下降 1℃；而当一定体积的空气下降时，温度也以同样的速率升高[3]。对于许多城市而言，如格鲁吉亚的第比利斯、意大利的热亚那等，城区之间的局部高差都在 200—400 m，平均温差达 2—4℃。作为极端例子——玻利维亚最大的城市拉巴斯，位于很深的峡谷内，其建成区范围内的高差竟达 1 000 m，从而导致城内建筑层次极为复杂，街道形态蜿蜒曲折，局地微气候差异很大。

由此可见，地形高差所形成的城市内部温差对改善居住条件非常有效。寒冷或炎热地区的城市功能布局，如能对地形及其引起的温湿状态变化加以综合考虑和利用，对于提高城市环境的舒适性有着积极作用。

3）地形与城市风环境

起伏变化的地形能够明显改变大气总循环中近地气层的方向，再加上前述坡态的冷热温差共同作用，可形成地区性的大气循环，从而对城市风环境产生很大影响，形成局部地形风。局部地形风作为局地微气候的特殊现象，其影响规模约为水平范围 10 km 以内，垂直范围 1 km 以下[14]。丘陵和山区地形对气流的影响比城市建筑物对气流的影响大得多，有关主导风向与风速受地形影响的结论应成为城市设计方案构思和选择的重要依据。

山谷风是一种与大气循环无直接关系的特殊地方风，一般产生于长而狭窄的陡峭山谷内，具有昼夜循环的周期性特点。这种风通常比较轻微，是因为夜间空气沿着山坡下降，在与土地接触的过程中被冷却而产生的，

表 3.1　不同地形共生的生态特点

地形	升高的地势			平坦的地势	下降的地势			
	丘、丘顶	垭口	山脊	坡（台）地	谷地	盆地	冲地	河漫地
风态	改变风向	大风区	改向加速	顺坡风/涡风/背风	谷地风	—	顺沟风	水陆风
温度	偏高易降	中等易降	中等背风坡高热	谷地逆温	中等	低	低	低
湿度	湿度小，易干旱	小	湿度小，干旱	中等	大	中等	大	最大
日照	时间长	阴影早，时间长	时间长	向阳坡多，背阳坡少	阴影早，差异大	差异大	阴影早，时间短	—
雨量	—	—	—	迎风雨多，背风雨小	—	—	—	—
地面水	多向径流小	径流小	多向径流小	径流大且冲刷严重	汇水易淤积	最易淤积	受侵蚀	洪涝洪泛
土壤	易流失	易流失	易流失	较易流失	—	—	较易流失	—
动物生境	差	差	差	一般	好	好	好	好
植物多样性	单一	单一	单一	较多样	多样	多样	—	多样

在静风情况下对城市局地微气候的改善起很大作用。虽然山谷风对局部风环境的影响不如海陆风那样显著，但也足以改变一个地区某一季节的主导风向。如徽州地区，由于群山环抱，导致各个村落夏季主导风向迥异，不如江淮平原地区那样有规律。

从上述分析中我们发现，影响城市局地微气候环境的基本地形如丘陵、山脊、山坡、谷地等，它们都有着相对独立的自然生态特点（表3.1）。分析不同地形及与之相伴的局地微气候条件，能为城市设计提供一定的理论依据。

3.2.2　城市选址和建设中的地形应对原则

理想的"城市应位于有利于人健康的地方，不受地上的雾、烟以及其他病害的影响……城市的大气不应受到污染；必须为城市的建筑空间和空地提供正确的空间标准和日照标准；必须有可能在城市中方便地活动而不致有人身的危险；城市的各个部分的布置必须便于居民居住、工作和游憩，并且不应排除居民与近郊农村有方便的接触"[15]。因此，尽最大努力来考虑城市选址与用地地形条件的关联性是明智之举。

1）早期聚落选址所反映的朴素生物气候思想

城市与地形的关系具有双重性，地形在军事、卫生和美学方面对城市有好处，但也给城市的建设与管理带来一定影响。各个时期都不乏城

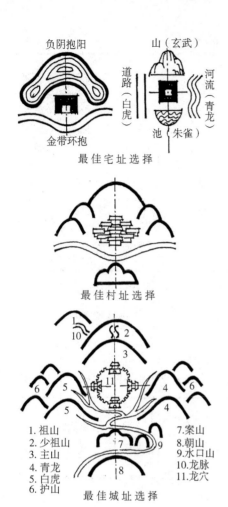

负阴抱阳

金带环抱

最佳宅址选择

山（玄武）

道路（白虎）　河流（青龙）

池（朱雀）

最佳村址选择

1. 祖山　　7. 案山
2. 少祖山　8. 朝山
3. 主山　　9. 水口山
4. 青龙　　10. 龙脉
5. 白虎　　11. 龙穴
6. 护山

最佳城址选择

图 3.12　风水观念中聚落的理想格局

市建设利用地形的优秀案例。维特鲁威在概括希腊时期的建筑理论和实践的论文中，就提到要在防潮、防风的高山地段发展城市；意大利文艺复兴时期著名的建筑理论家阿尔伯蒂则更准确地提出城市选址的要求，禁止利用通风或透水不好的闭塞河谷，并确保进行建设的坡地的稳定性。

在城市建设结合地形环境方面，我们的先人表现出惊人的智慧。传统的城市空间主要以自然空间为架构，并由人工形体空间与自然山体、水域相配合，强调"龙、砂、水、穴"四大构成要素，共同构成完整的城市空间格局。龙，即山脉，这是因为中国古代城市选址"非于大山之下，必于广川之上"[①]，故形成城市空间意象的第一要素便是城市所依傍的山脉；砂，泛指前后左右环抱城市的群山，并与城市背后依托的来龙呈隶属关系；水，可界定和分隔空间，形成丰富的空间层次与和谐的环境围合；穴，是指山脉或水脉的聚结处。现以浙江古城瑞安为例，它以群峰云集的集云山脉作为城市背景，老城中隆山、西山东西对峙，构成完美的"龙砂"之穴，"以其护区穴（老城区），不使风吹，环抱有情，不逼不压，不折不窜"，创造了良好的"聚气藏风"之所（图3.12）[16]。

风水理论指导下的城市选址，"首先追求的是空气新鲜，朝向良好，土地肥沃；浅冈长阜，平坂深堑，澄湖急湍，都要搭配得好……希望北面有一座山可以挡风，夏季招来凉意，有泉脉下注，天际远景有个悦目的收束，一年四季都可以返照第一道和末一道光线"（图3.13）[17]。用今天的眼

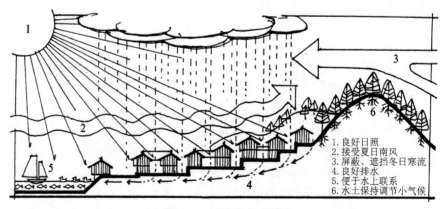

1. 良好日照
2. 接受夏日南风
3. 屏蔽、遮挡冬日寒流
4. 良好排水
5. 便于水上联系
6. 水土保持调节小气候

图 3.13　聚落的生态梯度

光来看，它有着明显的时代局限性，但也蕴含着朴素的生物气候设计思想，对改善城市环境有着一定的积极作用。

2）城市选址与地形环境关系 [18]

城市位置是指城市在某一区域中所处的场所。海德格尔存在主义哲学体系认为"定居"的关键在于地点，而非空间。从长远而言，最终决定一个城市发展水平的因素，不是一时一刻的政策、方针，而是取决于其所在的地理位置及其区域的自然生态演化进程。

总体而言，从城市选址、布局和总体设计来看，大地形和特大地形对城市环境的影响不容忽视，但就中观和微观层面的城市设计而言，我们通常更关注中小地形对城市环境的影响与作用。在某种程度上，小地形是可以由基地设计者改变的，它被涵盖于大地形的架构当中，二者最基本的对外界的影响区别体现在规模上。但从规划设计的意向而言，二者应受到同等的重视，因为在某种程度上，二者均是可调控的。在场地整理时，我们可以充分利用小地形或制造小地形以达到调控特殊微气候的目的，从而改变该地域的风向，也容易为某个特别的地形实现降温或升温的目的。与此同时，由于全球气候特征差异性极大，城市规划设计还应根据当地不同的生物气候条件，合理确定结合地形的规划设计应对策略（表3.2）。

世界各地的城市大都依山傍水而建，这是因为山体是大地的骨架，也是人们生活资源取之不尽的天然库府；而水域是万物生机的源泉，没有水，人类难以生存，依山傍水可以为生存打下良好基础。国内如"据龙盘虎踞之雄，依负山带江之胜"的六朝古都南京，"水绕郊畿襟带合，山环宫阙虎龙蹲"的北京，"群峰倒影山浮水，无山无水不入神"的桂林，"片叶浮沉巴子国，两江襟带浮图关"的重庆，"五岭北来峰在地，九州

表3.2　不同生物气候条件下结合地形的选址原则

气候＼类别	生物气候设计特征	地形利用原则
湿热地区	最大限度地遮阳和通风	选择坡地的上段和顶部以获得直接的通风，同时位于朝东坡上以减少午后太阳辐射
干热地区	最大限度地遮阳，减少太阳辐射热，避开满是尘土的风，防止眩光	选择处于坡地底部以获得夜间冷空气的吹拂，选择东坡或东北坡以减少午后太阳辐射
冬冷夏热地区	夏季尽可能地遮阳和促进自然通风；冬季增加日照，减轻寒风影响	选址以位于可以获得充足阳光的坡地中段为佳，在斜坡的下段或上段要依据风的情况而定，同时要考虑暑天季风的重要性
寒冷地区	最大限度地利用太阳辐射，减轻寒风影响	位于南坡（南半球为北坡）的中段斜坡上以增加太阳辐射；且要求高到足以防风，而低到足以避免受到峡谷底部沉积的冷空气的影响

南尽水浮天"的广州，"四面荷花三面柳，一城山色半城湖"的济南，其他诸如苏南名城宜兴"一山枕两城，五水系双汊"，常熟"七溪流水皆通海，十里青山半入城"，皆水网密布，山水相依，自然环境极其优越，为城镇建筑环境的改善创造了有利条件。具体如，我国攀枝花市的城市设计以环境工程学为指导，结合高海拔干热地区的自然生态和气候垂直化、立体化分布的独特优势进行城市规划和建设布局，通过一系列符合山地气候条件的营造，如利用高海拔地区的昼夜温差大营造相对聚合的建筑群，形成相应的阴影空间，开发滨水区，诱导并积极加强河谷风，以调节城市"热岛效应"，从整体上建立起城市的自然调控系统；再加上30年来建构起的自然与人工相结合的立体化生态系统，城市微气候状况明显改善。从1977—1995年近20年的气象参数统计表明：攀枝花市年降雨量增加了41%，而年平均温度降低了1—2℃，平均相对湿度增加率为17%[19]。

与之相反，规划设计如果忽视地形条件的影响，将会导致严重的后果。19世纪美国旧金山早期的城市规划建设，根本无视特定地形条件的存在，规划人员将方格网结构强加在有着显著地形特征的用地上，他既不考虑城市的主导风向、工业区的范围、土壤性质，也不考虑决定城市土地合理利用的其他主要因素。至于房屋的朝向和日照问题，如何在冬季能受到最多的阳光的照射，完全被忽略了（L. 芒福德，1961年）。再如，我国兰州是世界上污染最严重的城市之一。环保专家认为，兰州市郊海拔1 690 m的大青山阻挠了新鲜空气进入市区，是造成兰州污染的罪魁祸首。1997年5月18日，兰州人民甚至发起轰动全球的劈山救城运动，计划削平大青山，引进"东风"，缓减污染，教训可谓"刻骨铭心"[20]。

历史上其他因人为因素导致气候变迁而引发城市衰落的例子更是比比皆是。丝绸之路上的楼兰古城往昔曾是"森林茂密，软草肥美""七里十万家"的繁华都市，如今却"四望黄沙，城垣倾颓"；作为人类文明最早发祥地之一的古巴比伦以及苏美尔文明衰落的原因及经历也大抵如此。

3）案例研究

以土耳其东南部的马丁城（Mardin）为例，它地处干热多风的气候区域，冬季持续的时间较长。城区主要位于一处20°—25°的斜坡上，坡度较陡，下为平地。在设计时，充分利用地形安排城市路网结构及其整体走向，整个城市偏向东南方向以减少午后的太阳辐射。同时，紧凑布局的建筑群可确保建筑物在东西方向能产生阴影，相互遮阴，而在南北方向上又不影响冬季日照。夏日夜晚，由于山坡与低洼处水池之间空气密度的差异，形成局部环流，从而在建筑物之间形成空气流动，改善了室内环境的热舒适性，低洼处的水池也常常被当地居民视为室外的"睡床"。研究表明，在这一地区南向20°坡度上排布的建筑群与在水平地面上采取相同布局方式的建筑群相比，为保持同样的室内温度所需的能量大约要节省50%（图3.14）[13]。

我国幅员辽阔，地形地貌复杂，有许多村落依山而建，如土家族的村镇以鄂西、湘西两地山区为主要聚居地。他们通常选择环境优美、顺应山势高低错落的台地营建，建筑形式则为有利于建筑通风、防潮和抵御野兽的干阑式吊脚楼；在整体布局时，则多选择向阳山麓，以便接受充足的日照、夏季凉风和遮挡冬天寒冷的北风。又如，我国丽江大研古城，海拔 2 400 m，它所在的丽江盆地属于低纬度高原，环绕的玉河水流甘洌清凉，为城市提供了理想的饮用水源。城址选在北依象山、金虹山，西枕狮子山的平坝地段，东南两面开朗辽阔，山体所形成的天然风屏冬拒来自雪山的西北寒流，夏迎东南凉风，特别在冬季，古城中心四方街和土司府衙等地的气温比城外高 1—2℃，气候宜人[21]。古城冬无寒意，活水常流，河无冰冻；夏无酷暑，春秋温凉，年平均温度 12.3℃。这种四季如春的局地微气候是充分利用自然生态条件的结果，其科学选址对今天城市规划设计和城镇建筑环境的建设仍有重要借鉴意义（图 3.15）。

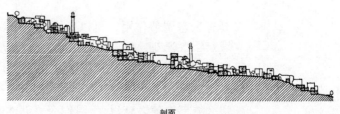

剖面

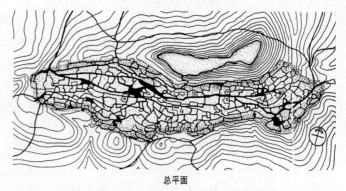

总平面

图 3.14　土耳其马丁城剖面和总平面图

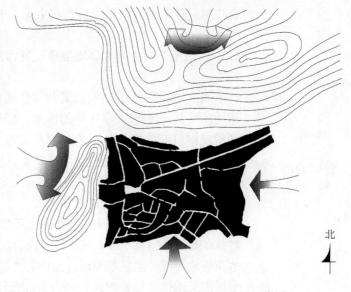

北

图 3.15　丽江大研古城微气候生成示意图

3.3　开放空间对城市环境的影响及其城市设计应对原则

开放空间是指城市外部空间具有开放性、可达性、大众性和功能性，它包括绿地、水域、待建的与非待建的敞地、农林地、山地、滩涂和城市的广场与道路等自然及人工系统和元素，是城市设计主要的研究对象之一。城市内由绿地、水体等共同构成的开放空间体系组成城市的生态源地，是城市系统中能够执行"吐故纳新"负反馈调节机制的子系统，具有生态调节作用，可以影响到整个城市的局地微气候，其中绿地、水域对空气污染、噪音损害、微气候以及社会活动和美学特征也有一定的影响。因而，正如芒福德所言："在区域范围内保持一个绿化环境，这对城市文化来说是极其重要的，一旦这个环境被损坏、被掠夺、被消灭，那么城市也随之衰退。"我们应"创造性地利用景观，使城市环境变得自然而适于居住"[22]。

作为城市绿色基础设施的开放空间在城市中发挥着生态、游憩和审美功能，然而，其规划设计并未受到应有的重视，经常是总体设计的附属物，而不是整个设计的基础，从实践上来看，还存在不少问题。首先，城市设计仍停留在工业化时期的模式上，"建筑优先"，开放空间只是建设之余的补缺。其次，西方的绿地系统大都需要有较大的用地规模或依存于一定的生物气候条件或社会环境，而我国所谓的"点、线、面"相结合的绿地系统，往往只停留在概念上并没有在生态上发挥其应有的作用。再加上我国目前的一些设计常片面夸大单位绿地面积的效能，或将一些从自然规律上不属于城市系统的大量绿地也纳入计算范围，易给政府决策造成误导[23]。因此，积极探索开放空间与城市生物气候设计的综合作用机理，最大限度地发挥其生态功能是非常关键和重要的。

3.3.1　城市开放空间的环境要素及其作用机理[24]

研究城市环境的影响因素及其作用机理时，出于方便，往往只考虑那些影响最大或起主导作用的因素，即环境要素。绿地、水体等生态源是构成城市开放空间体系的重要组成部分，具有生态调节作用，共同形成城市的"绿色"和"蓝色"下垫面，是基于生物气候条件的绿色城市设计中最敏感、最值得关注的内容之一。

1）绿地对城市环境的影响

绿地是实现城市生态平衡的重要手段，尽管人工绿化还不能完全与自然林地媲美，但就目前而言，这是改善城市环境的有效途径之一。城市绿地在连片的城市建筑群中形成独特的"绿色"下垫面，可以有效影响和改善城市局地微气候，对提升城市的综合环境品质有着重要作用（表3.3）。

（1）绿地对城市环境的调节机理

巴顿（L. J. Batten）认为，小（局地）气候主要是指从地面到十几米甚至100 m高度空间内的气候，这一层次正是人类活动和植物生长的区域和空间。人类生产和生活活动以及植物的生长和发育都可以影响局地微气候[25]。绿地对局地微气候的影响机理主要通过以下途径实现：

① 植物光合作用的影响

植物的叶子吸收大部分投射到它们身上的太阳辐射，并通过光合作用把一小部分的辐射能转换为化学能，以此降低城市空间的加热速率，但就数量而言很小（1%—2%），几乎可以忽略不计。植物通过光合作用

表 3.3　城市绿地的复合功能

名称	改善城市生物气候条件	城市其他生态功能	社会／心理作用	塑造城市基础设施
1	改善城市总体生物气候条件	降低废气和灰尘引发的空气污染	为儿童提供游玩场地	决定未来城市扩展的方向
2	为热带城市提供带有树荫和温度较低的开放空间	在居民区内，降低由交通、儿童娱乐引起的噪声污染	为不同年龄段的人提供运动娱乐场地，满足不同需求	为未来的发展和公共机构预留土地
3	改善城市自然通风条件	保持和涵养雨水	为团体活动提供聚会场所	作为城市交通和服务系统的土地
4	在炎热的沿街提供遮阴面	土壤保持，洪水控制	提供远离城市紧张生活节奏的机会	不同性质的土地使用区域隔离带
5	在冬天保护行人免受寒风的侵袭	有利于生物多样性的保护	为居民和参观者美化城市街道和公共场所	在城市系统内将土地分割成独立区域

吸收二氧化碳，并源源不断地释放出人类赖以生存的氧气。城市绿地系统中大量的绿色植物是氧气的生产者，对调节城乡氧平衡起着重要作用，是城市的"天然氧气库"，也是人类生存与发展的重要生命线。这是因为氧气是城市生态系统的重要构成物质，其平衡能力的大小对人类生存和社会经济发展具有潜在影响，氧气的收支平衡能促使城市生态环境良性循环。

② 植物蒸腾作用的影响

蒸腾是植物有机体维持生命活动的正常生理现象，是植物从根部吸收水分通过叶面气孔发散的过程，蒸腾量的多少不仅受植物自身生理特性的制约，而且还受环境因素的影响。在炎热的夏季，一部分太阳辐射被稠密的树冠所吸收，树冠吸收的辐射热主要用于光合作用和水分蒸发，由于蒸腾作用把水分大量发散到空气中，而水的比热很大，它从液态转化为气态要吸收大量的热，从而使周边环境明显降温。同时，大量的水汽弥散到空中，将大大提高环境湿度。因此在大片树林的区域，温度升高比非绿化区域要低。相关资料表明，夏季城市中草坪表面温度比裸地低 6—7℃，林地树荫下气温比非绿地气温要低 3—5℃。另外，绿地的湿度要比非绿地高，一般森林的湿度比城市高 36%，公园的湿度比城市其他地区高 27%[26]。树木对空气湿度的调节与距离有关。一般来说，宽 10.5 m 的乔木、灌木绿化带可将附近 600 m 范围内的空气相对湿度增加 8%，在更近的距离内可提高 30%。对于人体感觉而言，相对湿度的增高，类似于气温的降低（酷暑时期除外），即相对湿度增高 15% 与气温降低 3.5℃ 对人体感觉的影响相当，因而在城市绿地中人们会觉得特别凉爽[27]。

（2）绿地对城市气温和通风的影响

经验表明，建筑物周围的树木和灌木可以降低建筑物表面的空气和辐射温度，如在炎热地区和季节可降低室内温度和冷却热负荷，而在寒冷地区可降低它们周围的风速。植物能对气候产生影响主要是因为植物能够影响阳光直射以及地表面的热反射作用。植物全年可以吸收90%的阳光，通常能降低温度和减弱10%的风速，保持均衡的日夜温差[2]。林宪德先生也通过大量的观察发现"大约每提升10%的绿覆率（即绿化覆盖率），对周围平均气温有降低0.13—0.28℃的效果，其中尤以台北市的降温效果最大（0.27—0.28℃），这已证实了都市绿化政策确实对于都市气候有良好的缓和效果"[7]。

绿地对城市气温的影响取决于绿化覆盖率，一个地区的绿化覆盖率至少应在30%以上，才能起到调节气候的作用。据北京对城市绿色空间分布特征与调节气候的研究表明："城市绿化覆盖率低于37%时，对气温的改善不明显，理想的绿化覆盖率最好达到40%以上，如果市区普遍达到50%的绿化覆盖率，夏季的酷热可望根本改变。"地质矿产部1991—1992年进行的"武汉城市热环境遥感方法及应用研究"报告也认为，"绿化覆盖率达到37.38%时，植物蒸腾所耗热能高于本身所获得太阳辐射量，不足部分来自于周围热能，也就是说绿化覆盖率大于37.38%时，可以从周围环境吸收热量，降低环境温度"[28]。

在高密度的城市区域，地表大部分都被建筑物和道路占用，绿地对气温的影响相对会小一些，其主要目的是为行人或建筑物遮阳。相反，在郊区和农村，大片的土地都可以用于种植，因而大大增加了绿地面积，那里的植物对气候的影响就相对比较明显。此外，不同绿色植物对城市下垫面的温度调节效果明显不同，在城市公共空间环境设计时应多栽植高大树木，效果更佳（图3.16）。

由于植物的蒸腾作用，绿地对气流可形成引导、偏移和过滤等作用，促进城市空气流动形成局地风，将太阳能转化为风能，其影响方式视植物的种类和种植方式而异。一棵独立高大的树木，可以集中气流于树冠之下，并改善树冠周围的通风效果；一排密集种植的树木可以阻挡自由气流并有效降低风速；通过精心安排的树木和灌木可以将风引向人们需要的地方。相对于树木而言，草地对气流的阻碍最小，提供了最佳的通风条件。灌木则影响了地面及其上方的通风效果，这在寒冷地区和季节可起到积极作用，对湿热地区不尽适用。

绿地不仅能降低风速，也能促进空气流通。成片的绿地与邻近的建筑物密集区之间因温度升降速度不一，可出现速度达1 m/s的局地风,即林源风,

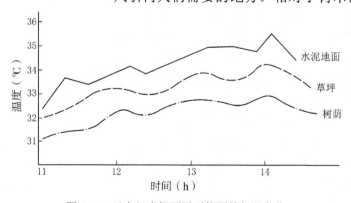

图3.16　天安门广场不同下垫面的气温变化

从林地缓缓流向非绿化地区，这在炎热的夏季能有效改善静风状态时外部环境的舒适性。城市的带状绿地，如道路绿地、滨河绿地作为城市的绿色通风走廊，可以将郊区的自然气流引入市区，创造良好的通风条件；而在寒冷的冬季，则可以降低风速，起到防风作用。

（3）绿地对城市空气净化和噪声控制的影响

城市绿色空间对空气污染有着直接和间接的影响，前者主要是通过植物吸收、吸附和过滤部分污染的空气，如粉尘、煤气和烟尘；后者则通过对城市通风条件的改变来影响街道上那些由机动车辆排放的尾气污染。植物还能吸附空气中传播的细菌，在人员流动相同时，绿化较好的街道比绿化较差或没有绿化的街道细菌含量要低 100%—200%。

植物的过滤能力随着绿化覆盖率的增加而增强，同样面积的草地其过滤能力比灌木、树木要小得多。通常情况下，市域范围内的树木逆风时最前排的林木承担了最主要的过滤任务，因而种植时，应形成狭长的中间带有间隔的树林带，其效果比单个的树林更有效。国外学者哈德发现，在绿色植物区域外部，空气污染降低很少，因而他建议在城市的整体范围内分散布置林地和公园，其效果比集中式要好[29]。

公园和茂密的林带也有助于隔离或减弱城市噪声的干扰，这是因为它们在噪声源和可感知噪声的地方加入了一个缓冲区域，可以降低噪声水平②。这种原理可用作市区噪声控制的设计工具。植物控制噪声的效果与树木的种类、树叶的密度和距离地面的高度有关（图 3.17）。最好是由常绿乔木和常绿灌木组合的、宽度不少于 10 m 的绿墙组成，散植的行道树无助于减轻交通噪声的影响。从实际效果来看，植物对减少噪声的影响较为有限，但植物具有重要的心理调节作用，人们看到这么多的植物就感觉噪声被挡在后面。

（4）国内外实践的发展

城市绿地作为天然的空调系统，具有降温、通风和提供树荫等作用，因而许多城市都将它作为调节城市局地微气候的重要手段。欧美新城规划要求绿地面积占城市用地面积的 1/5—1/3；日本通过加强城市林带建设来促进"城乡一体化"建设，许多林带宽达 1 km，实际上已经形成具有气候调节功能的生态斑块；澳大利亚墨尔本市以五条河流为骨架，组成了楔状绿地系统。德国西部城市亚琛（Aachen）在绿地建设上有独到之处，它在城市规划中特别强调借助保护森林和绿地来改善局地微气候的做法。对于地势低洼而又多雨的亚琛来说，森林对水土的保持起着特别的作用。通过街心花园、公园使森林进入城市，形成"指状"楔入城市的绿带。规划中还保留了原有的小溪谷地，能使城市主导风——西南风进入市区，这样，既调节了南低北高的盆地气候，又美化了城市。

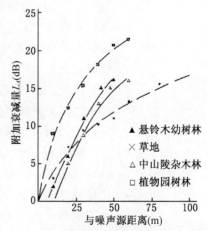

图 3.17 几种成片树林减弱噪声的效用

江苏宜兴非常重视城市绿化建设和生态恢复,"五河两氿"治理和龙背山、龙池山森林公园建设等初见成效,大大改善了城市的生态基底和东西向通风走廊。

我国在城市绿地建设方面也取得一定成效,但在部分地区,由于经济的快速发展,城市建设用地与绿化用地的矛盾日益突出,政府部门和开发商往往为了短期利益而侵占绿地。1990 年代,南京、徐州等地为缓减交通压力拓宽旧路,而不惜砍伐已有七八十年树龄的行道树。在沪宁高速干道与南京主城区连接线的设置上也存在明显失误,时速达 100 km的汽车高架专用线横穿风景优美的中山陵地区,随之则不得不在中山门内的中山东路上砍树拓路,导致夏季酷热难挡、灰尘飞扬,此举所造成的生态环境破坏,如今已逐渐显露出来。

城市绿地具有明显的生态效应,作为城市开放空间的重要组成,应充分发挥其降温、增湿、除尘之功效,并尽量避免模式单调和功能单一。值得指出的是,城市开放空间不应只考虑大规模的使用草坪植被,还应与林地、水景设施以及自然通风等手段有效结合,充分发挥绿地、水体在改善城市热环境方面的巨大作用,以免违背生态和可持续发展原则,造成大量的绿化浇灌费用和维护费用的浪费。

2)水体对城市环境的影响

水是人类文明的哺育者,对于任何民族而言都是至关重要的。无论是远古的人类聚居点,还是后来发展起来的城市,都与海、河、湖泊有着唇齿相依的关系。河流、湖泊等水体提供的良好的生态条件和舒适的物理环境,为城市可持续发展奠定了坚实基础。城市中未污染水体,包括天然河段、湖泊、池塘以及人工形成的水库、人工湖等共同构成城市的水域空间。城市水体在绵延的建筑群中形成独特的"蓝色"下垫面,对城市局地微气候有着积极的调节作用。与绿地相比,水体的生态作用长期受到忽视,也缺乏积极的保护措施和相应的指标规定,以至于大多数城市的水域面积都被不断蚕食侵吞。

(1)水体对城市环境的调节机理

古人很早就认识到水体在生态环境方面所不容忽视的调节作用。我国风水有关水的论述颇丰,《葬经》有云:"……风水之法,得水为上,藏风次之。"明代徐善继、徐善述在《地理人子须知》中曰:"气之来,有水以导之;气之止,有水以界之……又曰得水为上,藏风次之……总而言之,无风则气聚,得水则气融。"风水理论十分讲究"气","气"则采自于山和水,静水、流水、聚落的水口均蕴含着"气"场。

现代科学的发展进一步揭示了水体对城市环境的作用机理。霍夫(M. Hough)认为水体对城市生物气候调控的影响相当大,水体温度变化比陆地慢,可用水域吹来的冷风给陆地降温,这是利用蒸发作用将太阳能转化为潜热的一种能源转化方式,能降低气温并形成天然的冷气机[2]。究其原因,主要因为水的比热大,与裸露的硬质地面相比,水

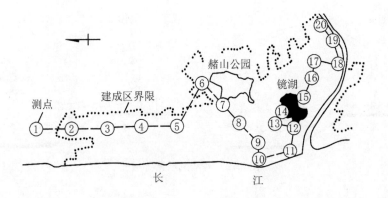

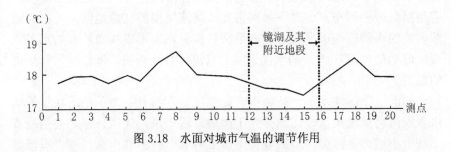

图 3.18　水面对城市气温的调节作用

面上空的气温变化相对较小。尤其是在炎热季节的白天，虽然水面也吸收了较多的太阳辐射，但温度不容易增高，而成为炎炎酷暑中不可多得的冷源，是城市中稳定气温的重要因素（图 3.18）。

此外，一方面，水域作为城市水汽蒸发的源区，夏日能保持其上方及邻近区域相对高的空气湿度。另一方面，水面水分子的分解会产生负离子，可以增加空气中的负离子含量，再加上水面还能吸收空气中的污染物和尘埃，从而有利于人居环境的改善。

（2）水陆风的形成及应用

由于水面上方的空气流动较为通畅，与相同大小的绿化相比，水体对周围环境的影响范围更广。水面对于局地微气候和地方风的形成也有明显作用，这是因为水陆的热效应不同，导致水面与陆地表面受热不均，引起局部热压差而形成白天向陆地、夜间向水面的昼夜交替的水陆风（图 3.19）。滨水地区多得益于水陆风，从水面吹向陆地的风对于水域周边区域有明显的降温效果。水陆风的作用范围较为局限，在距海边大约 20 km 相对较小的范围内每天的温度变化较大，超出这个范围，海洋对气温的影响就变小了。

水体的降温效果是由其面积以及温度、风速和湿度所决定，水体面积越大，对城市局地微气候的影响也越大，当蒸发面积从 20% 提高到 50% 时，气温最多会降低 3℃ [30]。这对滨水地区城市设计如何利用水陆风改善城市局地微气候条件具有重要启发作用，在城市总体功能布局时应加以考虑。如像烟台、青岛这样的滨海城市，既要考虑全年主导风向

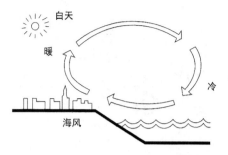
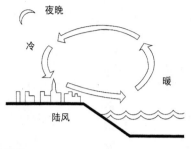

图 3.19　海陆风示意

的影响，也不能忽略水陆风的影响，其较佳居住区与工业区的布局模式应是沿海边平行布局。对于水网密布、河流纵横的江南地区，可在河道或溪流的两侧建造房屋和街道，沿河种植树木，形成江南特有的水乡景观，流动的河流和大片的水面形成的气流将带走暑热，降低城区和街坊的温度。

然而，我国临水的一些城市，如上海、宜昌等，为了塑造壮丽的滨水景观而将高楼鳞次栉比地排列于岸边。近年来，此风日盛，甚至波及一些中小城市。例如，新加坡和中国上海的一些房地产商打着"重塑滨水天际线"的幌子，在苏南名镇宜兴团氿东侧沿线开发了大量高层建筑，容积率虽然提高了，但是从城市生物气候规律来考虑，此举对居住在这些高楼大厦后面的居民和城市"热岛效应"的缓减较为不利。这是因为高大建筑群遮挡了城市和水域之间的水陆风，这使得城市其他区域的人们享受濒临水体的生态优势被大大削弱了。

（3）水体的生态价值

河流水体是城市自然环境的重要组成部分，国内外许多大型城市都依水而建。城市"蓝带"具有重要生态价值，植被覆盖良好的河岸、水域对改善城市环境、调节城市局地微气候具有显著作用。柳孝图先生通过对南京玄武湖实地观测发现水体具有调节热环境的功能，同时还发现连续的城墙不利于水体对邻近区域环境的降温作用（图 3.20）[3]。

在小环境方面，河流、水域植被不仅可提供阴凉、通风，通过蒸腾作用使城市变得凉爽，还能为野生动植物提供良好的生境。再者，蓝带系统对控制水土流失、净化水质以及废水处理、污染控制和消除噪声都有着明显作用。

（4）水体的景观价值和经济价值

除了调节和改善生态环境之外，水体还具有不容忽视的景观价值和经济价值。水体的价值体现在美化城市景观、塑造可视形象方面，具有怡情养性、赏心悦目、缓减压力的心理价

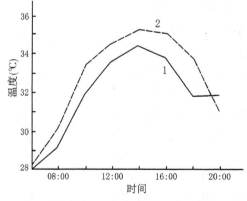

图 3.20　玄武湖公园内外一天不同时间里的气温对比

注：1—玄武湖城墙内（靠近水体）；2—玄武门城墙外（市区）。

值。善于用水可得风水宝地，国内外中心城市的建立大都依山傍水。在房地产开发项目中，临水的建筑也往往具有更高的收益和回报。前些年，成都市下决心对贯穿市区的府南河进行清理、疏浚，同时结合沿河地区进行二次开发，取得了很好的综合效益。再如石家庄市，环绕市区开挖了一条长达56.7 km的"生态河"，并沿河建了20个公园，总水域面积达250万 m^2，平均宽度44 m，既美化了环境，又有效地改善了城市生态水环境。

总体而言，水体及其所形成的水环境是城市生态环境中最活跃、影响最广泛的要素，是城市生态环境的重要组成部分。我们应摒弃过去水体整治工程只是为了满足排水、防洪需要的短视做法，即使这一点国内很多城市也未能实现，将城市水域的开发建设和水质保护纳入城市生态设计的整体格局中去。通过科学的规划设计，建立河岸植被系统，促进水体自净功能，谨防水域污染、变质而成为城市新的污染源。滇池从被视为昆明生命之源的高原明珠陨落为"污染湖"就是一个教训深刻的例子。

3.3.2 开放空间对城市环境的影响

从城市通风角度来看，城市绿地、水体开放空间与建筑物中的街道——规则开放空间本质上没有太大区别，两者都提高了城市的通风能力。从城市空气净化的角度而言，城市绿色开放空间对空气污染有着直接和间接的影响。直接影响就是用植物过滤部分空气中的粉尘、尾气、烟雾等有害物质；间接影响是对城市通风条件的影响，城市通风可以驱散街道上空的污染物。图3.21很好地说明了城市开放空间中的绿地、水体具有缓减"热岛效应"、净化空气的作用。

开放空间对城市气候的影响还取决于该地区的其他外在条件，如距周围建成区的距离、建筑物密度和城市规模等。城市尺度如果超出一定的范围，一般而言，单一性开放空间对城市气候条件的影响将相对较小，即对远离开放空间的建成区微气候条件的影响以及对用于调节热舒适环境的能源需求影响很小。简·雅各布斯（Jane Jacobs）通过长期观察发现开放空间"对于整个都市的空气品质效用很小"[2]。

开放空间对城市环境的影响还与景观破碎度和景观连接度有关，低破碎度和高连接度的开放空间系统有利于形成网络状结构。尽管在市区，开放空间必要的量及理想的分布状况无法具体量化，但"从气候的观点，小空间的网状结构，平均地分布在都市之中，要比一些大型空间之影响效果大得多，在建成区需要许多小公园的补充，此一个网状促成不同温度的空气做水平交换，更快更无阻力地达成平衡"[2]。人们对位于蒙特利尔停车场的研究表明，在接近开放空间的街区，植被的冷却作用很大，但通常只向建筑街区内延伸200—400 m的距离，

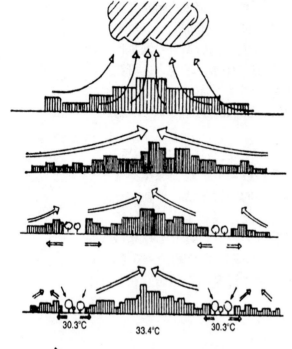

● 平静的热天，在城市上空形成低气压，污染物在城市上空聚集

● 空气污染和气温在城市中心地区不断升高和上升。城市地区的大气温度要比其周边乡村地区要高

● 空气污染被绿化阻隔，空气得到较好过滤

● 绿地阻碍气温升高，并冷却气流，为周边建设地带输送冷空气

30.3℃   33.4℃   30.3℃

● 图示绿地和建筑之间的热量平衡，下降的空气被林木过滤，凉爽洁净的空气被输送到建筑环境中

图 3.21 城市"热岛效应"对空气流动的影响以及开放空间的缓解效用

因而小规模的、均匀分布的开放空间将比少量大规模的集中空间具有更好的冷却作用[13]。这就要求将大面积的绿色开放空间根据生态要求重新划分为许多小尺度空间，分散到城市各处，并通过廊道系统（包括绿带廊道、道路廊道、河流廊道等）将它们串联起来，这会对城市的总体气候条件产生积极影响，将比只建少量大型或偏于城区一隅的开放空间更为有效。

绿地、水体的调节作用不只限于其边界之内，对周边一定范围内的环境也有影响。这种影响范围因绿地和水域的空间几何形态的差异而有所不同。通常情况下，比较紧凑的几何形体如圆形、方形等周长/面积比值小的其生态效应就较小，对周边影响也就有限；而相对复杂、舒展的形态，其伸展幅度大，对周边的影响范围就越大。

因此，对于一个城市而言，不仅要考虑绿地、水体等开放空间的绝对面积，还要注意其布局和形态。在用地条件许可的情况下，在整体区域内尽量采用均匀分散的布局模式，而在单元绿地设计时则尽量采用较为舒展的平面形态，力求以最小的面积发挥最大的效用。良好的开放空间应由形态上表现为点、线、面的微观、中观和宏观三个层次构成："点"

主要指城市中的微型公园、道路交叉口、街头绿地、小水面、小广场等节点空间；"线"指的是河流、林荫道和滨水步道等，通过加强对路径的绿化，使之成为廊道、绿道和气流通道；"面"则是指大型公园、广场等。其中，最为活跃的因素要数线形的街道、河流空间以及面状的公园、广场等。

对于给定的城市区域和人口，决定开放空间的理想规模仍是一个复杂的问题。目前比较有效的方法就是在新开发的地区，一次性预留足够面积的系统化、网络化的开放空间；而在老城区则采用"渐进疏导，见缝补绿"的方针，不断提高城市"绿质"和补充城市绿量。

3.3.3 开放空间的布局模式

城市开放空间紧邻居民生活区，作为人与自然交流沟通的桥梁，对居民日常生活影响最大，因而选择何种开放空间模式非常重要。目前城市开放空间布局主要有以下几种模式，参照生物气候设计原理进行分析，它们各具特点，实际操作时可结合用地情况因地制宜加以应用[28]：

1）变形虫式

该模式以英国哈罗新城等为典型，用绿色开放空间在新城的街区之间、街区内各邻里之间以及各住宅组群之间加以分隔，通过城郊绿野连续不断地渗入街区内部，形成联系紧密的有机整体，从而获得最大的整体性与连续性。这种模式要求以不小于 100 m 的绿化带将街区分割为若干面积不大于 250 hm² 的区域，有利于形成畅通的风道，将郊外新鲜的空气输入城区，从景观和生态角度来看最为有利（图 3.22），但缺陷是占用的土地较多。

2）散点式

该模式受到苏联游憩绿地分级均布的影响，是在用地紧张情况下的一种绿色开放空间分布模式（图 3.23）。它要求街区以交通干道为界，各级公共开放空间作为绿色嵌块分布于各自相应规模的用地中心，并用绿道将各嵌块联系起来，基本呈现出向心模式。这种多点分散布局的模式有利于形成"网状组构"，比单独一个大型开放空间具有更好的生物气候效果，是一种较为理想的布局模式。

3）鱼骨式

该模式以印度昌迪加尔为典型（图 3.24），该城市具有复杂的气候，冬天凉爽，夏日干旱炎热，并夹杂着带有季风的炎热潮湿的天气，开放空间布局的主要特点是以带状公共绿地贯穿街区，并相互联系成为纵贯城区的绿带，可确保建筑组群与公共绿地充分接触，并能保持较高的建筑密度。该模式的绿带方向与夏季主导风向一致，并使线性开放空间系统穿越每一个超大街区的中心，有利于通风，并相对容易形成明确的环境意象。

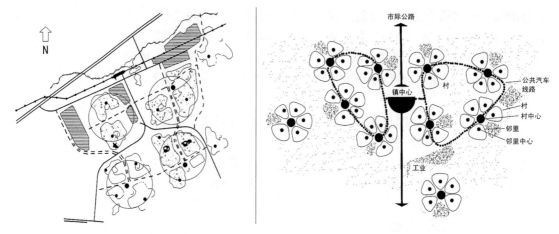

图 3.22　哈罗新城模式、哥伦比亚新城结构

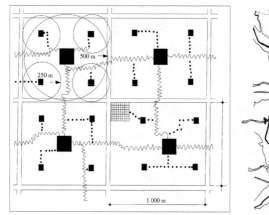

图 3.23　散点分布模式

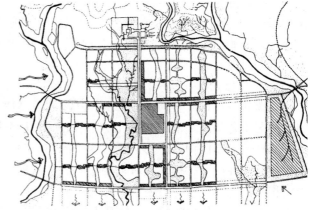

图 3.24　昌迪加尔模式

4）廊道式

该模式是鱼骨式的变体，要求结合地形（山形、水系）和城市道路，组织好线形"绿带"与"蓝带"系统，因地制宜，建构城市视觉走廊、通风走廊和排污走廊。近年来杭州规划了 18 条生态廊道贯穿主城，南京也将 7 条绿色走廊楔入城区，国内的一些大型城市设计和社区规划设计也开始采用这种模式。

3.3.4　案例研究

国内外许多城市都非常注意城市开放空间的维护和建设，并使之成为城市主要的生态源地。如杭州，西湖、钱塘江两大水体是城市最主要的开放空间，但由于它们所处的地理位置和水体性质不同，对城区生物气候调节作用也不尽相同。钱塘江在城市外缘沿东南—西北方向从市郊

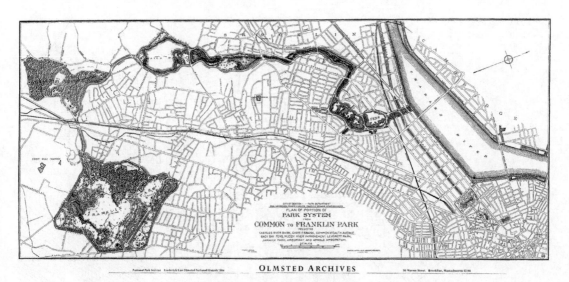

图 3.25　波士顿绿地系统平面

穿越，位于城市主导风向的上风侧，与市区毗连的水体面积达 $12\ km^2$，成为市区主要的具有生物气候调节功能的缓冲空间。西湖面积约为 $5.6\ km^2$，在夏季位于盛行风的下侧，再加上湖水容量较小，调节气温的作用自然比钱塘江小，其影响范围仅限于滨湖沿岸地区。其他如美国纽约中央公园、波士顿翡翠项链绿地系统（图 3.25），日本名古屋中心久屋大通公园，中国南京玄武湖、常熟虞山、徐州云龙湖和西安环城绿带等开放空间都成为各自城市非常重要的具有生物气候调节功能的缓冲空间，对城市生态环境维护和气候调节起着不可替代的作用。

再以地处秘鲁利马城郊区萨尔瓦多的一个自建型社区规划为例，该社区位于山地、绿地和大洋之间，其主要街道与海洋主导风向平行，内部开放空间采用散点布置模式。在夜间，从山上吹来的冷风能尽快地通过街道、开放空间和城区到达大海；在白天，从海洋上吹来的凉风在到达社区前需经过一片绿地，然后再经宽阔的街道穿越市区。由于利马气候干燥，常年几乎没有降雨，因而海洋微风比陆地微风更潮湿；空气在进入建筑物和开放空间前，需经过一片水汽蒸发的绿色区域，而被进一步冷却和湿润，从而大大改善了城区生物气候条件（图 3.26）[13]。

3.4　人工要素对城市环境的影响及其城市设计应对原则

相对于城市中由绿化、水体构成的"绿色"和"蓝色"下垫面而言，城市中的人工要素，即街区、建筑群体、道路、硬质铺装等构成城市"灰色"下垫面，其物理结构特征与组成要素对城市局地微气候影响甚大。因此，通过合理的规划管理政策及周边地区乃至整个城市的科学规划设计来实现局地微气候的改善是完全可能的。

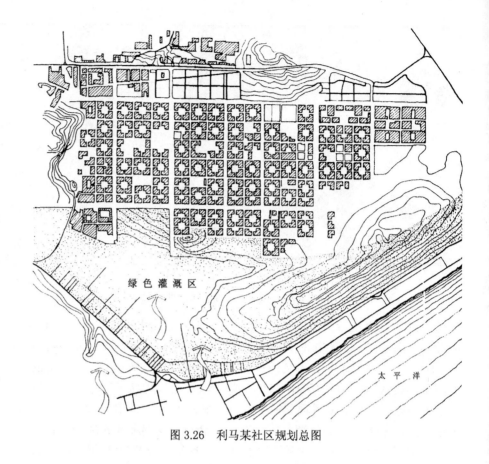

图 3.26　利马某社区规划总图

3.4.1　建筑物密度对城市环境的影响

　　城市建筑物密度对城市下垫面的物理性能影响很大，通过累积效应，建筑物密度决定了对该地区局地微气候的修正，并在一定程度上影响到城市环境和能源需求状况。

　　1）建筑物密度对城市通风的影响

　　城区中较高的建筑物密度具有较大的地面摩擦力，通常会降低风速。然而，这种影响还取决于城市空间的不同物理细部，如对于相同密度的城市风环境会因为城市下垫面屋顶（顶篷）的平均高度的差异而呈现出不同的情况。由于受建筑物平均高度的修正，建筑物高低不平的区域通常比高度相近的区域拥有更好的通风条件，这是由于相邻建筑在高度上的差异所引发的强气流所导致的。与之相反，在那些高度相似的建筑物密集区，风几乎全部掠过屋顶而很少到达地面，从而形成"顶篷效应"。这种现象在冬季很有用，但在夏季，尤其是在湿热地区，就可能因为产生的热量无法及时排出而给人带来不适。

　　在中高密度的城市，当高度相同的一列建筑物垂直于风向时，建筑物间距对它们之间的风速几乎没有影响，这是因为第一排建筑使风流经时产生偏移，导致后面的建筑处于"风影"区内。此时，建筑物之间的风主要是风经过屋顶后由于受到摩擦力作用而产生的湍流（图3.27）。

城市建筑物密度、高度以及下垫面粗糙程度的不同，会形成不同的梯度风，在通常情况下，越接近地面风速越低。风速衰减的幅度和范围会因下垫面的不同而变化，空旷的郊野、城市开放空间内的风速衰减较小，建筑物密度高的市区风速会明显降低，并且随着密度的增加，风速递减的趋势越发明显（图3.28）。

2）建筑物密度对城市热环境的影响

在大城市，气温的改变主要表现在"热岛"现象上。人们很容易观察到城区夜间的温度比郊区要高出3—5℃，最多甚至可达8℃，而在白天的时段内，城市和郊区之间的气温差异不过1—2℃[3]。究其原因，主要是由于绿地、水体与城市其他硬质地面相比，在白天具有较低的制热速率（冷源），在夜间有较低的冷却速率（热源），高密度的建筑物减少了绿化、水体面积从而容易加剧"热岛效应"。据研究"每提高10%的建筑覆盖率，都市气温上升0.14—0.46℃；每提高10%的容积率，都市气温上升0.04—0.10℃"[7]。城市里大量交通、空调和其他家庭与工业生产过程排放的热量，也是引发城市热岛的重要原因。此外，"热岛效应"在很大程度上还与城市物理特征的细节有关，如屋顶和墙壁的颜色，建筑物的大小、形状以及它们的相对位置。

城市中某一地区的温度模式与当地的自然条件有关，如土地的自然状况、地形高差、相对于区域风向的位置等，依赖这些特

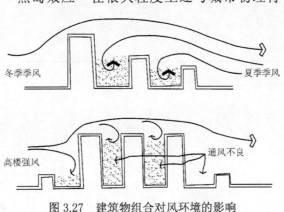

图3.27　建筑物组合对风环境的影响

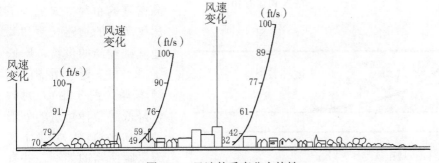

图3.28　风速的垂直分布特性

征，该地点就可能比周围区域温度更高或更低。许多研究表明地方"热岛"甚至可以在相当小的城市区域中发生，最初的范围虽然很小，但它们的影响累积起来可能会导致城市中心附近峰值温度的出现。

在已知的许多例子中，建筑物密度和城市中心的生产活动会随着城市规模的扩大而增加。城市规模越大、越密集，被观察到的城市中心与周围地区在夜间的气温差值就越大。导致城市热岛现象的主要因素与城市规模和人口密度相关，也与城市建筑物密集区域的大小、建筑物密度和规划设计细节有关。上述情况表明，在城市规模和密度与城市中心的热岛强度之间存在一定的数学关系，我们用 dT 表示城市中心和开阔乡村之间的热岛最大差值（℃），并可用统计学的方法将城市规模和密度与城市人口（P）（因建筑物密度无法用气候学的方法对它定义，在统计学上可用城市的人口数代替）的多少联系起来；当区域风速（U）（m/s）很大时，热岛降低。下面是欧凯（Oke）于 1982 年导出的公式[3]：

$$dT=P^{1/4}/（4\times U）^{1/2}$$

该数学模型表明城市热岛强度与城市规模和建筑物密度成类正比关系，而与风速成类反比关系，这对指引城市设计如何改善城市热环境具有重要意义。因而，通过卫星城—多中心模式将大城市化整为零，限制城市规模，同时增加城市开放空间容量，降低建筑物密度，疏通城市风廊，增强局地风速等措施，对降低城市"热岛效应"都具有良好作用。

3）建筑物密度对能源需求的影响

建筑物密度对于城市整体能量需求的影响是复杂和矛盾的。首先，高密度的城市结构促进了公共交通的发展，并在很大程度上降低了私家车的需求，减轻了由汽车尾气排放引起的大气污染。其次，高密度的布局方式减少了居民所需的道路长度和其他基础设施的供给，降低了"水平交通"所需的能源消耗（图 3.29）。同时也降低了整体建筑的外墙面积和热消耗，减少了冬天采暖所需的能源，并有利于城市废弃热能的集中

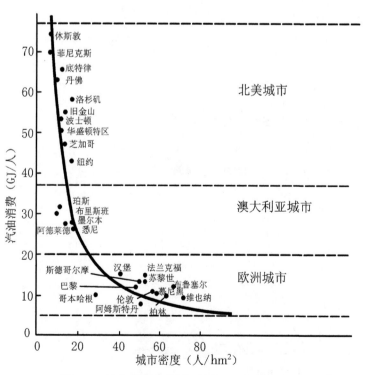

图 3.29　城市密度和交通运输的能耗之间的关系

利用。然而，从生物能源利用的角度来看，密集的建筑物影响了城市自然通风，增加了夏天的空调需求，并在一定程度上影响了日照条件，增加了建筑物照明所需的电力供应。

因此，适当的分散和集中的有机结合，既有利于形成能源使用更为高效的土地使用模式，也有利于维持良好的城市生态环境。当然，这些必须基于局部的紧凑与适当的开放空间相配合的基础上，基于城市良好的规划设计和总体布局之上。

3.4.2 街道（建筑群体）对城市环境的影响及其城市设计应对原则

街道（建筑群体）作为城市结构特征的重要组成部分，构成了城市的基本骨架，是城市其他活动空间的联系纽带。它不但对城市的日照、通风、景观和人流组织等起着重要作用，而且其形态和布局对城市环境影响很大。

1）街道（建筑群体）对城市环境的影响

国外学者沙林（Sharlin）和霍夫曼（Hoffman）（1984年）就街道宽度对温度和到达地面的太阳辐射量的影响进行了大量研究后发现，建筑物的包络面积和占地面积的比值（BESA）与建筑物周围的阴影面积和占地面积的比值（PSHA）最有效，其他因素包括整体的建筑和铺装面积、绿化面积、人口等影响甚微[3]。

通常情况下，街道方位决定了沿街建筑物的朝向，因此也决定了建筑物的曝晒率和白天的日照条件，并影响到地面行人的舒适性。狭窄的街道与宽阔的街道相比，周边建筑物可为行人提供良好的遮阴效果。南北向的街道，由于须考虑将它两侧的建筑物设计成东西向与之平行，在低纬度地区常导致令人不适的高曝晒率，就这一点而言，东西向的街道更有利一些。而在灰尘多的地方（干热地区），平行于风向的宽阔街道会在整体上加剧市区的扬尘问题。

街道宽度对城市气温的影响在白天和夜间并不一致。通常在夜间到清晨这一时段，宽阔的林荫路上的气温最低，而狭窄街巷由于较大的高宽比和较小的天空视角因素，容易产生"热岛效应"；但在一天中的其他时段，特别是中午和下午，温度模式正好相反，最高气温出现在宽阔的林荫道上，而狭窄小巷的地表温度最低，这有助于提高炎热地区白天室外空间的热舒适性。

在建筑物密集地区，由于街道和建筑物之间的间距、方位关系不同，街道与建筑物周围的风速和空气污染状况会有很大的差异。

（1）当街道及其间的建筑群与风向平行时，风可以从建筑间的空隙通过，因而对风速影响不大。如果街道很宽的话，气流很少受到两侧建筑物的阻力，这有利于提高城市整体的通风能力；如果街道较窄或高宽比很大，此时的街道犹如变窄的峡谷，风受到不同方向的挤压，

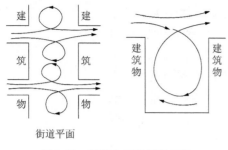

图 3.30 街道内气体流动示意

会加速通过，从而导致"峡谷效应"，产生强风，形成城市急流而殃及行人[31]，但急流有利于城市空气的输送与大气污染的扩散。

（2）当街道及其间的板式建筑与风向垂直时，建筑物之间形成"风影区"，风速很小，街道上的气流也主要是二次气流，是风在城市上空被沿街建筑物反射回来而产生的螺旋形涡流（图 3.30）。在这种情况下，街道宽度对城市通风影响甚微，此时，较为有效的途径是通过高层建筑的分布所产生的垂直湍流来改善临近地面的风速，将污染物带回高空，排出街道，从而有助于空气环境的好转。

（3）当街道与风向之间有一倾斜角时，风被分成两部分，首先是沿着街道顺风面的风，其次是在街道逆风面产生的低压区，从而使各个方向均能获得较好的通风条件，并可避免盛行风平行或垂直吹向街道时引起的风场分布不均或瞬间局部强风的危害。此时，增加街道的宽度，不但可以改善建筑物内部的风环境，也可以提高城市街道空间的通风能力。

通常情况下，街道（建筑群）内的气流多为速度较小的竖向管状气流，难以在周边建筑内形成很好的穿堂风，因而，还须综合考虑利用道路、绿地、水体等将城市与外围开放空间连接起来，以形成更好的自然通风能力。环形加放射所构成的街道网络结构是目前许多城市所采用的形式，如巴黎、华盛顿、堪培拉等城市。这种街道网络结构及其形成的梯形地块近乎完全仿照蜘蛛网结构，"可以获得蜘蛛网的自然优化几何形态及性能"，如此，每个地块都有一面以不大于 30°的角度朝南，从而有利于改善寒冷季节的日照条件，避免过多的东西向布局的建筑，并能"使不利于城市居民的污浊空气和干扰，即中国风水学所说的'阴气'化解"[32]。

2）不同气候条件下的街道（建筑群体）布局原则

街道方位和布局对建筑周围的局地微气候和建筑自身的日照、通风条件有着很大影响。不同的气候条件，与其相适应的街道方位、布局是不同的，应区别对待。图 3.31 反映了街道方位及其布局在不同纬度的夏至日对建筑日照和荫蔽模式的影响；表 3.4 则显示了街道（建筑群体）一系列潜在的生物气候设计原则。

3）案例研究

位于南卡罗来纳地区的查尔斯顿市（图 3.32），地处阿斯利（Ashley）和库柏（Cooper）两河交汇处的半岛上，其街道布局的主要特征是能够充分利用每天下午有规律性的西南季风。城区主要街道被设计成东西走向，从半岛东侧的河流一直延伸到西侧的河流，这样能最大限度地将自然风引入城市中心区。此外，城市街道还以一种特殊的方位沿南北向伸

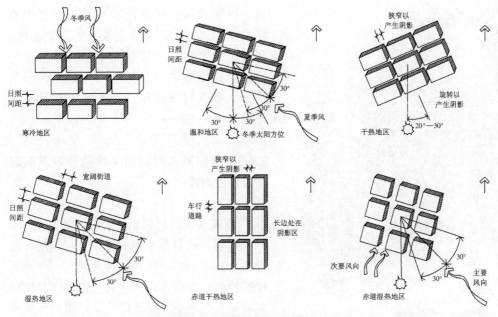

图 3.31　街道方位应对原则

表 3.4　由气候条件决定的街道方位和布局原则

建筑街道气候类型		对气候的适应		备注
内部负荷	外部负荷	第一特性	第二特性	
—	寒冷	避风	日照	• 与太阳的基准方位严格一致； • 在冬季主导风方向不连续的街道； • 在春秋天可接纳阳光的东西向街道
寒冷	凉爽	日照	庇荫	• 与太阳的基准方位一致； • 在冬季主导风方向不连续的街道； • 在夏至日可以让阳光进入的东西向的宽阔街道
凉爽	温和	冬季日照； 夏季通风	冬季避风 夏季遮阴	• 与太阳基准方位成正负30°； • 调整方位与夏季风向偏20°到30°； • 可以让阳光进入的东西向的宽阔街道，并延长东西向街区
温和干旱	炎热干旱	夏季遮阳	夏季通风； 冬季日照	• 为获得阴影，增加南北向的狭窄街道，与太阳基准方位偏转一定角度； • 如需阳光进入，可采用东西向的宽阔街道，并延长东西向的街区
温和潮湿	炎热潮湿	夏季通风	夏季遮阳； 冬季日照	• 街道方位与夏季主导风偏斜20°到30°； • 与太阳基准方位偏转，增加街道阴影； • 如需阳光进入，可采用东西向的宽阔街道，并延长东西向的街区； • 采用促进通风的宽阔街道
干热以及 热带干旱	炎热干旱	所有季节均 需遮阳	晚上通风； 白天庇荫	• 南北向的狭窄街道以获取阴影； • 供车行的东西向的宽阔街道
湿热及 热带雨林	炎热潮湿； 热带雨林	所有季节均 需通风	需要遮阳	• 与主导风向倾斜20°到30°； • 对次要风向的适当回应； • 促使风速最大化的宽阔街道，不铺设

图 3.32 查尔斯顿市总平面

展，以引导风穿越花园和建筑门廊之间的院落空间进入朝西南方向偏转的建筑物内。同时，为了增强建筑与街道的交叉通风并促使街道上空的气体流动、降低市区空气污染，特意将街道和门廊的方位与夏季主导风向偏转 20°—30°。

3.4.3 高层建筑对城市环境的影响及其城市设计应对原则

1）高层建筑对城市生态环境的影响

高层建筑是对土地不足、人口剧增、地价昂贵和城市功能集聚的自然回应，但就环境的价值取向而言，其建设过程中以及建成后的一系列污染和隐患影响了城市的环境平衡。高层建筑容易形成城市洼地，导致周边其他建筑日照不足，并且现代高层全封闭的办公环境本身也存在严重的空气污染和辐射污染。此外，高层建筑对城市环境和当地生物气候条件也存在一定的负面影响，主要包括以下几方面：

"热岛效应"：建筑的形式、大小决定了它对环境的影响力，高层建筑无疑具有强烈的环境影响效应。作为人流、车流集散地的城市中央商务区（CBD），云集了大量的高层建筑。这些高层建筑的出现造成该地区风速下降，并导致大气边界层内的风场结构发生改变，从而降低了城市的通风自净能力和散热能力，造成空气污染和热量累积。再加上高层密集区由于人类、交通和产业的大量聚集而成的新热源所增加的热量排放，造成其温度比周边高，进一步加剧了该地区的"热岛效应"。

"热岛环流"："热岛效应"的存在使得市区和郊区之间存在一个温差，从而导致"热岛环流"的出现，特别是在无风的夜晚更为明显。"'热岛环流'能将污染物带到郊区，在那里降落，形成一个围绕城市的污染圈；或通过近地层的气流，把污染物再送回市区，形成重复污染。"[11] 此时，如果受到高层建筑的遮挡容易产生湍流，促进空气混合，从而加剧了这种污染。因而城市设计可行性研究的一项重要内容就是要了解和避免高层建筑建成后对城市局地微气候的不良影响。

噪声效应：高层建筑会在各种风力的作用下产生风噪声，有时高达70 dB，对城市声环境产生不利影响。究其原因是因为强气流的呼啸以及风与建筑物的摩擦撞击产生，其刺激性常令人难以忍受。此外，由于高层建筑的阻挡、反射作用，导致城市交通噪声与生活噪声不易扩散、消失，产生回响，再加上人在高层建筑中缺少视觉刺激，对噪声比较敏感，进一步加深其负面作用。

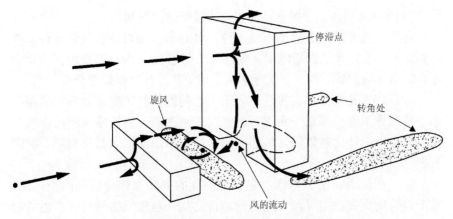

图 3.33　高层建筑对城市风环境影响的几种效应和分布图

　　高层建筑对城市风环境的影响：高层建筑暴露在强大的气流中，它们的高度对城市风环境产生影响。在高层建筑集中区域，城市局地微气候会发生一些异常变化，从而影响到周边环境的光线、日照、阴影以及空气流动模式，如造成倒灌风、突然阵风和角流风等，且风速会随楼层高度升高呈指数倍增加。高层建筑容易受到巨大的侧向风力影响，会在一些塔楼的底部形成强烈的下行风和旋风，其速度甚至达到 4 倍于由低层建筑所围合的街道风速，从而明显影响到地面行人和建筑物（图 3.33）。

　　不同形态的高层建筑对城市风环境的影响有着显著差异，主要表现为以下四个方面：

　　（1）孤立的高楼附近风速往往较大，强风时易产生危险风速地带，给行人造成安全隐患。超高层建筑甚至在相对静风的气候环境下，也能围绕它们自身产生剧烈的空气振动，形成气流、涡流和阵风。

　　（2）绵延的高层建筑会在背风面形成涡流和旋流，影响污染物的正常扩散从而导致风污染效应。据国内研究高层建筑风环境的张伯寅等人的监测，北京崇文门和宣武门一带空气质量之所以差，主要是因为沿街两排东西走向的高层板式楼挡住了北京常见的南北向风而引起的。

　　（3）密集的高层建筑在强风条件下，其周围的"峡谷效应"和"绕流效应"会使部分街道和开放空间内的风速过大，影响步行和活动，导致安全性和舒适度的降低。

　　（4）"角部效应"是由于风围绕建筑物运动而导致的风速过快，高而宽的建筑会产生更强的"角部效应"，并一直延伸到与建筑物宽度相同的区域。一个螺旋的、不确定的向上气流的激发效应，会在下风向一侧产生强烈结果。当高层建筑与周边建筑物之间存在很大高差时，这种效应最为强烈。高层板式建筑下面的通道、与风向平行的开放空间内，会产生风速过高区域，这个间隙效应取决于建筑高度[13]。

2）改善高层建筑对城市环境影响的城市设计原则

高层建筑会产生强烈的下沉气流，其利弊主要取决于气候条件。在炎热地区，它能降低街道温度，增加行人舒适性；而在寒冷地区，则会影响街道环境的舒适性。下文将对高层建筑的设计原则做出分析[13]：

（1）高层建筑应具有符合空气动力学的圆弧状轮廓，并将窄边面向冬季的主导风或与其成一角度。杨经文、罗杰斯、福斯特等利用生物气候原理进行设计的建筑师，他们常用的高层平面形式大都呈圆形、椭圆形等，并不完全是巧合。

（2）在街道和空旷地区，建筑物高度的突然变化会明显改变风速。对于建筑物高度在主导风向递增的城市，从一座建筑物到另一座建筑物的过渡，或从一个高度区到另一个高度区的过渡，其高差应该不超过100%。

（3）若建筑明显高于上风侧的相邻建筑，原则上应从高于街道6—10 m的地方开始，将之设计为水平布局、台阶状后退形式，逐渐的高度递增可使大部分风掠过建筑物顶部而减少街道上的寒风；另外也要确保从高层的沿街外墙后退到塔楼的距离至少要6 m[3]。

《旧金山分区政策》导则的编制综合了上述原则，对城市建筑物高度做出限制，并建立起从低层到高层逐渐递增或递减的城市中心结构。旧金山气候凉爽，主导风向为西风与西北风，冬季偶有东南风。城市设计时，应尽量引导风从建筑物上方掠过，建立使风流经整个城市上空的模式，而不是直接俯冲到街道上。该模式能够在建筑物下风向上形成较大的风影区，从而减弱了寒风对行人的侵袭（图 3.34）。在多伦多市某街区设计时，遵循上述相关原则，在实验室中建立了环境模拟模型，通过风洞实验的帮助实现了对建筑物的体形和高度控制，并通过对街道、建筑群体尤其是高层建筑布局的优化整合，减弱了风对行人的不利影响并能提供良好的日照条件，明显改善了街区环境（图 3.35）。

总之，高层建筑以其庞大的体量对城市局部地区乃至整体都会产生一般建筑所不具备的重大影响，其选址、布局得当会对城市的正常运转、城市的空间环境起到很大的影响作用。高层建筑的设计应注重对城市文脉、形态

旧金山市区城市剖面示意性图例

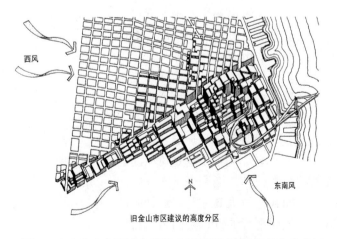

西风

东南风

旧金山市区建议的高度分区

图 3.34 旧金山市区城市剖面示意性图例和建议的高度分区

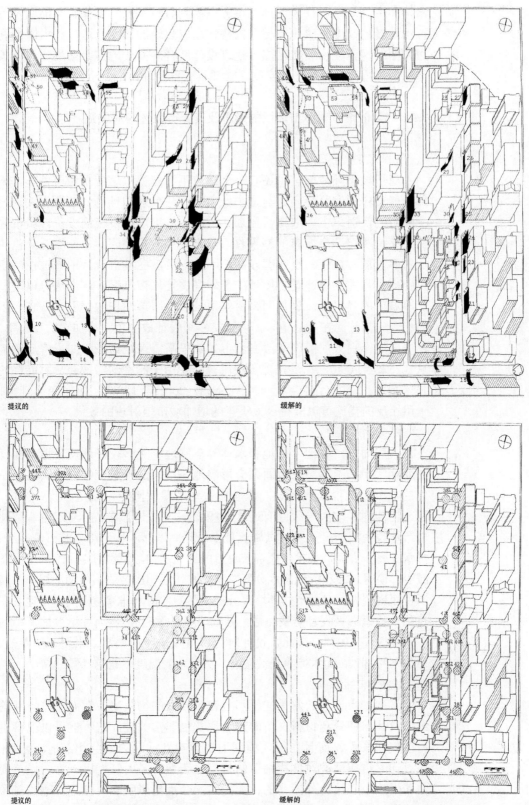

图 3.35　通过局部地段的优化设计实现局地风环境的改善（上）和舒适性的提高（下）

结构和生物气候条件的认同,将之提高到城市生态、环保、节能以及可持续发展的高度来认识。赫尔佐格在高层建筑的日照、通风和太阳能利用方面的探索、杨经文在高层建筑设计结合东南亚地方极端生物气候条件以创造适宜生存环境的实践无疑都具有重要意义。

3.4.4 其他细节对城市环境的影响及其城市设计应对原则

1)城市色彩

对于城市环境而言,还有一个细节不容忽视,这就是城市色彩。城市的能量守恒和气温高低与这个城市吸收或反射的可见光数量有关。一个城市的反射率主要取决于屋顶、道路、停车场等设施的颜色。城市的反射率是决定这个城市能够吸收太阳光数量的重要因素,一般,黑色的反射率较低,白色的反射率较高。因此,可以在城市设计中通过控制建筑物的色彩尤其是建筑物屋顶的色彩来调控城市气温,该方法可以明显影响城市的热平衡,这是因为密集型城市中屋顶面积占据了城市表面积的相当一部分。在炎热地区,可以将屋顶设计成白色,增加它的反射率,以降低城市白天的温度,改变城市的热平衡。有数据表明如果将反射率从 0.25 改到 0.40,在夏日能量使用高峰期用于制冷的能量会从总能耗的45% 减少到 21%[阿克巴里(Akbrai),2001 年][33];而在寒冷地区,采用相反的措施可以取得令人满意的增加城市辐射热的效果。

2)城市铺装

一般而言,林地、草地和水体等自然地表能够较好地调节地表温度的变化,而人工铺装的地面则会影响地—气间的热量交换,增大温度变化的幅度并减少水汽蒸发,造成周边地区湿度降低。这是因为一方面,城市铺装面积增大导致原有透水面积变小,减少了雨水的渗透量,致使城市地表径流速度加快、洪峰流量出现频率增加,从而影响城市的透水、排水。另一方面,城市硬质铺装总量的迅速增加,雨水对地下水的补给量减少,使得地表和绿地的水分蒸发和蒸腾作用相应减弱,再加上城市铺装所占面积较大,对城市热环境有着很大影响,通常非渗透性的城市地表在炎热夏季里会吸收且储藏热量,导致"热岛效应",从而使温度比周围的乡村高 8%—10%。因此,设计时应尽量减少硬质铺装,采用一些蓄热、导热小的材料,力求减少长波辐射,降低地表温度,避免气温升高。

3)特殊细节

虽然城市设计通常关注于那些较大尺度的构筑物,然而一些特殊的细节设计,如景观材料、新的建造形式也非常关键。它不但可以改善室内的气候条件,而且在很大程度上还影响到行人的安全和舒适。因而,在设计时也应强调对这些细节的把握。例如,采用骑楼模式为在城市商业和娱乐中心区户外活动的行人提供一个远离风吹、雨打、日晒的气候防护罩;采用立体绿化以及利用立面突出物产生阴影,并有利于降低光照强度，防止眩光；积极建设生态屋顶，增加屋顶绿化，这对城市热环境的改善具有无可替代的作用。

需特别指出的是，虽然影响城市热应力特征的因素很多，但主要取决于城市下垫面的物理性质，例如城市的地形地貌、绿地、水体等自然地理状况及其自身的城市化特征，如建筑物密度、街道和高层建筑布局、铺装、色彩等，它们的物理性质与几何形态的差异会直接导致太阳辐射吸收和反射的不同。如果这些因子设计不当，将会引起城市环境的结构性失衡和生物气候条件的改变，进而对城镇建筑环境产生不良影响。因此，本章研究的重点在于对城市环境的各种影响因素及其作用机理进行分析和探讨，并在此基础上提出相应的城市设计应对原则。

（1）生物气候条件是城市环境和人体生物舒适感的重要影响因素。正确认识和把握城市总体气候特征以及太阳辐射、风、温度、湿度、降水等生物气候因素的自然规律和特征，对改善城市生物气候条件、提高环境舒适性起到基础性作用。

（2）气候总与一定区域的地形状况密切相关，特定的地形和生物气候条件是城市环境最主要的决定因素，应充分认识和把握地形与生物气候因素之间的相互影响和作用规律，利用地形变化合理划分和组织空间，实现局地微气候的改善。

（3）"开放空间优先"应成为城市设计的重要准则。城市设计应为城市发展预留足够的绿地、水体开放空间，并使它们形成相互关联的系统，成为城市的天然风道、绿肺和具有生物气候调节功能的缓冲空间，建设以生物多样性为最终目标的良性循环系统。

（4）人工因素构成的"灰色"下垫面在城市中所占的比例日益升高，其组成要素与物理结构特征对城市风环境、热环境和大气环境产生的影响也日益增强，并最终影响到人们的生活环境。因此，基于人工要素对城市环境的影响机理，综合相关气候学、建筑学的技术、经验和手段，通过合理的城市设计乃至整个区域的科学规划来实现局地微气候的改善是完全可能的。

注释

① 《管子·乘马》。

② 植物，特别是林带对防治噪声有一定的作用。据测定，40 m宽的林带可以降低噪声10—15 dB，30 m宽的林带可以降低噪声6—8 dB，4.4 m宽的绿篱可降低噪声6 dB。参见王祥荣.生态与环境——城市可持续发展与生态环境调控新论[M].南京：东南大学出版社，2000：162。

③ 柳孝图先生在1995年7月17日在玄武湖进行了实地观测，两测点分别布于玄武门城墙内外相距20 m的地方，中间间隔高大的古城墙，白天的观测结果表明，玄武湖内测点处的平均温度比墙外低1.05℃，该结果不仅说明了水体具有调节热环境的功能，而且还表明水体周围的建筑物不利于水体对邻近地区环境的降温作用。参

见柳孝图.城市物理环境与可持续发展[M].南京:东南大学出版社,1999:62。

参考文献

[1] Sophia B，Stefan B. Sol Power — The Evolution of Solar Architecture[M].Munich: Prestel,1996:236-237.

[2] 迈克尔•霍夫.都市和自然作用[M].洪得娟,颜家芝,李丽雪,译.台北:田园城市文化事业有限公司,1998:254,278,241.

[3] Baruch G. Climate Consideration in Building and Urban Design [M]. New York: John Wiley & Sons Ltd.,1998:8,241,275,279-280,287.

[4] Oke T R. The Distinction Between Canopy and Boundary-Layer Urban Heat Islands [J]. Atmosphere, 1976, 14(4):268-277.

[5] 戴天兴.城市环境生态学[M].北京:中国建材工业出版社,2002:217.

[6] 中国地理学会.城市气候与城市规划[M].北京:科学出版社,1985:171-173.

[7] 林宪德.城乡生态[M].台北:詹氏书局,1999:37-38,42.

[8] 董卫,王建国.可持续发展的城市与建筑设计[M].南京:东南大学出版社,1999:76-77.

[9] Karen M K,Ralph K. Work in Progress:Solar Zoning and Solar Envelopes [J]. ACADIA Quarterly,1995,14(2):11-17.

[10] 拉尔夫•诺里斯.日照与城市形式[J].林龄,译.世界建筑,1981(4):24.

[11] 陈喆,魏昱.规划与设计中城市气候问题探讨[J].新建筑,1999(1):67-68.

[12] 克罗基乌斯•B P.城市与地形[M].钱治国,王进益,常连贵,等译.北京:中国建筑工业出版社,1982:69.

[13] Brown G Z, Mark D.Sun , Wind & Light—Architectural Design Strategies[M]2nd ed. New York: John Wiley & Sons Ltd.,2001:8,86,88,99-109,122.

[14] 林宪德.热湿气候的绿色建筑计画——由生态建筑到地球环保[M].台北:詹氏书局,1996:84.

[15] 吉伯德•F,等.市镇设计[M].程里尧,译.北京:中国建筑工业出版社,1989:1.

[16] 何志平.城市滨水空间规划[EB/OL].(2002-10-29)[2018-10-26].http://www.wzup.gov.cn.

[17] 王其亨.风水理论研究[M].天津:天津大学出版社,1992:7.

[18] 徐小东,徐宁.地形对城市环境的影响及其规划设计应对策略[J].建筑学报,2008(1):25-28.

[19] 毛刚,段敬阳.结合气候的设计思路[J].世界建筑,1998(1):15-18.

[20] 佚名.兰州"劈山救城"案今二审——计划引进新鲜空气,孰料引发旷日官司[N].扬子晚报,2004-05-25(A10).

[21] 王玉德,张全明.中华五千年生态文化[M].武汉:华中师范大学出版社,1999:822-828.

[22] 吴良镛.人居环境科学导论[M].北京:中国建筑工业出版社,2001:14-15.

[23] 王绍增,李敏.城市开敞空间规划的生态机理研究（上）[J].中国园林,2001,17(4):32-36.

[24] 徐小东.开放空间应优先成为城市设计的重要准则[J].新建筑,2008(2):95-99.

[25] 王祥荣.生态与环境——城市可持续发展与生态环境调控新论[M].南京:东南大学出版社,2000:160.

[26] 车生泉.城市绿地景观结构分析与生态规划——以上海市为例[M].南京:东南大学出版社,2003:4.

［27］ 胡渠.生物气候要素在城市和建筑设计中的运用［D］:［硕士学位论文］.南京:东
　　　南大学,2000:35.

［28］ 方咸孚,李海涛.居住区的绿化模式［M］.天津:天津大学出版社,2001:29-35,101.

［29］ Hader F.The Climatic Influence of Green Areas, Their Properties as Air Filters and
　　　Noise Abatement Agents［R］.Vienna:Climatology and Building Conference Paper in
　　　Proceedings.Commission International de Batiment,1970.

［30］ 王鹏.建筑适应气候——兼论乡土建筑及其气候策略［D］:［博士学位论文］.北
　　　京:清华大学,2001:393.

［31］ 马光,胡仁禄.城市生态工程学［M］.北京:化学工业出版社,2003:74.

［32］ 亢亮,亢羽.风水与建筑［M］.天津:百花文艺出版社,1999:240.

［33］ Donald W F, Alan P, et al. Time-Saver Standards for Urban Design［M］.New York:
　　　McGraw-Hill,2001:4-5,7.

图表来源

图 3.1 源自:笔者绘制.

图 3.2 源自:Scott R. Physical Geography［M］. St. Paul: West Publishing Company, 1992.

图 3.3、图3.4 源自:中国地理学会.城市气候与城市规划［M］.北京:科学出版社,1985.

图 3.5 源自:戴天兴.城市环境生态学［M］.北京:中国建材工业出版社,2002.

图 3.6 源自:董卫,王建国.可持续发展的城市与建筑设计［M］.南京:东南大学出版社,
　　　1999.

图 3.7 源自:Donald W F, Alan P, et al. Time-Saver Standards for Urban Design［M］. New
　　　York: McGraw-Hill, 2001.

图 3.8 源自:Knowles R L. The Solar Envelope: Its Meaning for Energy and Buildings［J］.
　　　Energy & Buildings, 2003(4):122-128.

图 3.9 源自:笔者绘制.

图 3.10 源自:程建军,孔尚朴.风水与建筑［M］.南昌:江西科学技术出版社,1992.

图 3.11 源自:迪特尔•普林茨(Dieter Prinz).图解都市计划［M］.蔡燕宝,译.台北:詹氏书
　　　局,1995.

图 3.12、图3.13 源自:王其亨.风水理论研究［M］.天津:天津大学出版社,1992.

图 3.14 源自:Brown G Z, Mark D.Sun, Wind & Light—Architectural Design Strategies［M］.
　　　2nd ed.New York: John Wiley & Sons Ltd., 2001.

图 3.15 源自:毛刚.生态视野　西南高海拔山区聚落与建筑［M］.南京:东南大学出版
　　　社,2003.

图 3.16 源自:戴天兴.城市环境生态学［M］.北京:中国建材工业出版社,2002.

图 3.17 源自:亢亮,亢羽.风水与建筑［M］.天津:百花文艺出版社,1999.

图 3.18、图3.19 源自:同济大学.城市规划原理［M］.2 版:北京:中国建筑工业出版社,
　　　1991.

图 3.20 源自:柳孝图.城市物理环境与可持续发展［M］.南京:东南大学出版社,1999.

图 3.21 源自:Gary O R. Landscape Planning for Energy Conservation［M］. New York:
　　　VNR Company,1983.

图 3.22、图3.23 源自:方咸孚,李海涛.居住区的绿化模式［M］.天津:天津大学出版社,
　　　2001.

图 3.24 源自:Brown G Z, Mark D. Sun, Wind & Light—Architectural Design Strategies［M］.
　　　2nd ed. New York: John Wiley & Sons Ltd., 2001.

图 3.25 源自:https://en.wikipedia.org.

图 3.26 源自：Brown G Z，Mark D.Sun，Wind & Light—Architectural Design Strategies［M］. 2nd ed.New York：John Wiley & Sons Ltd.，2001.

图 3.27 源自：林宪德.热湿气候的绿色建筑计画——由生态建筑到地球环保［M］.台北：詹氏书局，1996.

图 3.28 源自：迈克尔•霍夫.都市和自然作用［M］.洪得娟，颜家芝，李丽雪，译.台北：田园城市文化事业有限公司，1998.

图3.29 源自：布赖恩•爱德华兹.可持续性建筑［M］.周玉鹏，宋晔皓，译.北京：中国建筑工业出版社，2003.

图 3.30 源自：马光，胡仁禄.城市生态工程学［M］.北京：化学工业出版社，2003.

图 3.31、图 3.32 源自：Brown G Z，Mark D.Sun，Wind & Light—Architectural Design Strategies ［M］.2nd ed.New York：John Wiley & Sons Ltd.，2001.

图 3.33 源自：迈克尔•霍夫.都市和自然作用［M］.洪得娟，颜家芝，李丽雪，译.台北：田园城市文化事业有限公司，1998.

图 3.34 源自：Brown G Z，Mark D.Sun，Wind & Light—Architectural Design Strategies［M］. 2nd ed. New York：John Wiley & Sons Ltd.，2001.

图 3.35 源自：Peter B. Representation of Places—Reality and Realism in City Design［M］. California：University of California Press，1998.

表 3.1 源自：全国首届山地城镇规划与建设学术讨论会论文选辑，转引自刘贵利.城市生态规划理论与方法［M］.南京：东南大学出版社，2002.

表 3.2 源自：笔者根据 Spirn A W . The Granite Garden—Urban Nature and Human Design ［M］. New York：Basic Books，Inc.，Publishers，1984：88页相关内容改绘.

表 3.3 源自：笔者根据Baruch G. Climate Consideration in Building and Urban Design［M］. New York：John Wiley & Sons Ltd.，1998：303-304的内容改绘.

表 3.4 源自：笔者根据Brown G Z，Mark D. Sun，Wind & Light—Architectural Design Strategies［M］.2nd ed. New York：John Wiley & Sons Ltd.，2001：103相关内容改编.

4 基于生物气候条件的绿色城市设计生态策略

气候影响自然范围和人为活动更胜于自然系统，广泛地影响水文、植物、野生动物和农业，那是形成地方性和区域性场所的基本力量，也是这些场所之间差异性的原因。同时人们居住聚落因适应特殊需要和地方条件而改变其微气候。为了舒适或某些存活情况，必须依靠建筑技巧和创造场所适应该气候环境。……由于过去20世纪末几十年间，节能和都市场所需求的迫切，因此注重以合理的环境方法处理都市气候，而不是完全依赖科技系统[1]。

———霍夫（M. Hough）

传统的城市设计较多考虑物质形体或以具体项目为特征的局部城市建设发展问题，缺乏对城市各因子之间的整体性研究和系统性分析。常规的城市设计生态策略也考虑自然生态问题，但大都从生态敏感性和土地适宜性入手制定生态策略纲要，无法解决当前面临的能源和资源紧缺问题，面对全球气候变暖，迫切需要一场观念和思想的转变。

绿色城市设计基于"整体优先，生态优先"的理念，是在对传统城市设计方法总结与反思的基础上发展起来的整体设计方法，它除了运用以前城市设计的一些行之有效的方法外，还综合运用各种可能的生物气候调节手段，"用防结合"，处理好积极因素的利用和消极因素的控制两个方面，在整体上优化城市空间品质，改善城市生态环境。基于自然梯度原理和生物的适应性与补偿性原则，本书将针对不同规模层次和不同气候条件的城市设计生态策略展开研究（图4.1），但更注重设计对象在城市生态整体相关性方面的属性呈现，尤其是生物气候要素、自然要素和人工要素在城市设计中的整合与应用。

4.1 不同层级的城市设计生态策略①

4.1.1 区域—城市级的城市设计生态策略

区域—城市级的城市设计的工作对象主要是城市建成区环境及其与周边城乡的关系，其关注的主要问题是地区政策及新居民点的设计，前

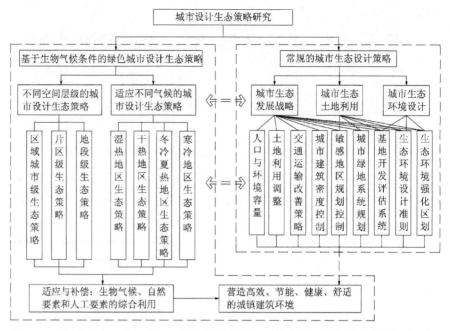

图 4.1　基于生物气候条件的绿色城市设计与常规的城市设计生态策略研究概念框图

者包括土地使用、绿地布局、公共设施以及交通和公用事业系统；后者包含了一些新城、城市公园和成片的居住社区[2]。在该尺度的基于生物气候条件的绿色城市设计时，我们首先应从"整体优先"的生态学观点出发，就城市总体生态格局入手从本质上去理解城市的自然过程，综合城市自然环境和社会方面的各种因素，协调好城市内部结构与外部环境的关系。

1）城市总体生态格局的主要内容

城市格局主要是指城市内部各实体空间的分布状态及其关系，如结构形态、开放空间、交通模式、基础设施以及城市社区等的布局和安排，它将从总体上、根本上决定一个城市的"先天"生态条件。这是因为，假如在较大的范围内，利用没有起促进作用的措施去稳定分散的、局部的环境改善所取得的成果，这些分散的措施将无法创造出永久和持续的价值。

（1）城市总体山水格局的建构

对于大多数城市而言，它们只是区域山水基质上的一个斑块。"城市之于区域自然山水格局，犹如果实之于生命之树。在城市扩展过程中维护区域自然山水格局和大地机体的连续性和完整性，是维护城市生态安全的一大关键。……破坏山水格局的连续性，就如切断自然过程，包括风、水、物种、营养等的流动，必然会使城市这一大地之胎发育不良，以致失去生命。"[3]历史上许多文明的消失也大抵归因于此。

城市建设应努力使人工系统与自然系统协调和谐，合理利用特定的自然因素，既使城市满足自身的功能要求，又使原来的自然景色更具特色和个性，进而形成科学合理、健康和富有艺术特色的城市总体格局。

城市的基本特点来自场地的性质，只有当它的内在性质被认识到或加强时，才能成为一个杰出的城市。建筑物、空间和场所与其场地相一致时，就能增加当地的特色（I. 麦克哈格，1969 年）。这就要求处理好城市与自然环境的关系，充分考虑地形地貌、水文植被和气候等自然要素以及相关具有城市化特征的人工要素的相互作用机理，在更高层次上将人、自然环境、人工环境等纳入一个整体系统中加以全面整合。

自然环境是城市形态塑造的基本源泉，自然环境的独特性决定了城市形态的独特性。基于生物气候条件的绿色城市设计首先要保留和增强自然环境的特征。如古城南京的建构充分利用原有的江河湖泊、山冈丘陵、花草树木等自然要素，尽力保留地区原始的景观风貌，从而具有丰富的山水形态特征。从宏观上来看，"群山拱翼，诸水环绕；依山为城，固江为池"；从微观上来看，又有"低山丘陵楔入市区，有秦淮河流贯东西，有玄武湖镶嵌其间"。真可谓"内据青山绿水为城得其秀丽，外有名山大江环抱得其气势"，山、水、城在此有机融为一体，形成一幅人工与自然交相辉映的壮丽景观[4]。在具体设计时，可充分利用长江、秦淮河、玄武湖等丰富的水系，周边植被良好的林地、农田以及分散于城区的丘陵、绿地来取得良好的局地微气候条件。

美国建筑师格里芬（Griffin）为堪培拉所做的规划方案，在积极引入和强化自然环境的景观作用方面进行了成功的实践。规划充分利用地形，将城市东、南、西三面森林密布的山脉作为城市的背景，将市区内的山丘作为主体建筑的基地或城市对景的焦点，并使城市的三条主要轴线与山水结构一致，既尊重与保护了自然生态环境，又创造了与之有内在统一性的城市景观，"把适宜于国家首都的尊严和花园城市的魅力调和在一起"，创造了舒适宜人的城镇建筑环境，给人以深刻启发（图 4.2）。

图 4.2　堪培拉规划总图与总体鸟瞰

（2）城市绿地系统的建设

传统的绿地系统设计通常只是建筑和道路规划之后的拾遗补缺，不能在生态意义上起到积极的作用；而基于生物气候条件的绿色城市设计则具有一种"和平共处"的意味，更多地与生态系统、大地景观、整体和谐、集约高效等概念相联系。城市开放空间的"绿道"和"蓝道"系统必须与动植物群体、景观连续性、城市风道、改善局地微气候等诸多因素相结合，以创造一个整体连贯并能在生态上相互作用的城市开放空间网络，这种网状系统比集中绿地生态效果更好，可以"促成不同温度的空气做水平交换，更快更无阻力地达成平衡"[2]，为城市提供真正有效的"氧气库"和舒适的游憩空间。"绿道"和"蓝道"系统作为城市生态廊道的重要组成部分，其主要作用有三个方面：首先是传输作用，风廊可以传输新鲜空气，平衡城市温度；其次是切割作用，用绿廊、水廊切割城市热场，降低城市热场辐射，缓减热岛环流，消除热岛的规模效应和叠加效应；最后是防护作用，林廊可用于城市防风、防沙、防二次降尘、消减噪声污染等[5]。

根据城市总体的地形地貌、山川河流特征，绿地系统可将城市分割成若干组团，形成特定的城市"生物气候网络"，布局合理的城市绿地系统可以有效缓减城市"热岛效应"。芝加哥空气流动研究模式表明，带有廊道和楔形开放空间的"指状"发展规划对缓减城市"热岛效应"和提高空气品质有着积极的调节作用。战后华沙的城市建设就通过有利于空气流动的"通风地带"和能够促进生物再生的"气候区域"来保证城市良好的生物气候条件。莫斯科总体设计，为保证各片区居民能够就近休息、接触自然和保持生态平衡，在核心片界线的花园环路外侧布置了一系列绿地，形成一条绿色项链；并在其周围七个片区均设置了一处面积不少于 1 000 hm^2 的大片楔状绿地，一端渗入城市中心，另一端与市郊森林公园相接，全市形成两道绿环和六条楔形绿带，为创造良好的城镇建筑环境打下坚实基础（图 4.3）。

国内一些城市对绿地系统的建设也日益关注。如南京，由紫金山、中山植物园、玄武湖及毗邻的九华山、北极阁、鼓楼、五台山和清凉山构成的自然绿脉，这一自然开敞廊道使得城市与其次生自然环境形成密切的共生关系。绿地的增多能改善"水泥森林"的城市景观，提高城市品位，并且随着水和空气质量的改善，将促进本地动植物的生长，有利

图 4.3　莫斯科总体规划（1935 年）

于生物多样性的形成与发展。

（3）城市重大工程性项目的生态保护

城市重大工程建设应加强保护自然景观、维护自然和物种的多样性。在过去的100多年中，人类的城市建设活动虽然主观动机都是良好的，但客观上给生物多样性和景观多样性造成了负面影响，而景观破碎和生境破坏正是全球物种灭绝速度加快的主要原因。

图 4.4　琦玉武藏丘公园地区

以公路建设为例，以往的城市道路建设往往割断自然景观中生物迁移、觅食的路径，破坏了生物生存的生境和各自然单元之间的连接度。为此，法国在近年来的高速公路建设中，为保护自然物种，在它们经常出没的主要地段和关键点，通过建立隧道、桥梁来保护鹿群等动物的顺利通过，降低道路对生物迁移的阻隔作用。其他国家也纷纷加以重视，如日本琦玉武藏丘公园地区（图4.4）在进行高速公路选线时，充分考虑到基地的自然生态条件，尽量避开地形起伏和森林茂密区域，有效保护了当地的自然生态资源。

我国也加强了对这方面的重视。在进行淮宁高速公路选线时，为了确保中华虎凤蝶能继续"在老山翩翩起舞，公路规划部门特意摒弃了原先'炸山辟路'的传统做法，改用隧道式施工……投资随之剧增"[6]。但也有一些"建设性破坏"令人扼腕叹息，无可挽回。号称"神州第一坝"的连云港西大堤，将连岛与连云区便捷地联系起来，大大方便了连岛旅游资源的开发，一时风光无限，但时隔不久，却发现此举加速了内湾的淤积，破坏了原有海滩植物与水下生物的生态环境，危害极大，后患无穷。

对于城市其他重大工程，尤其是关系国计民生的大型企业、工业园区的选址和布局，一定要经过严格的论证，既要考虑经济效益、社会效益，又要考虑环境效益、生态效益。实践证明，北京首钢以及南京下关发电厂当初的选址并不理想，存在重大隐患，在静风或非主导风向时，给城市生态环境带来严重威胁。

（4）城市交通体系的组织

交通直接或间接地关系到每个人的生活，不仅给人们带来各种机遇，将生产厂商和消费者连接起来，而且对社区和国家的经济利益和环境具有深远的影响。而其中作为交通动脉的道路无疑是城市的骨架，对城市的生态环境、局地微气候影响很大。一个理想的城市道路系统必须满足交通、景观、环境生态等各方面的要求。随着城市的进一步发展，交通问题将会变得越发严峻，如果我们期望避免拥堵成本不断加剧，改善现有城市的交通状况，必先未雨绸缪，将近期建设和长远规划联系起来，打造可持续的交通基础设施，建立水运、空运、公路、铁路全息型的整体交通模式，并妥善加以管理。

① 建立先进的公交体系，倡导步行与自行车交通

时至今日，汽车时代已经延续了一个多世纪，然而我们发现，以小汽车为中心的高能耗的交通体系并没有表现出人们所期待的那种灵活机动性。相反，该模式效率低下，不仅表现在能源使用方面，同时还体现在汽车所导致的交通拥挤、劳动力的使用和大气污染方面。面对日益紧缺的能源问题、环境和拥挤问题，亟须采取行之有效的方法。

首先，采取"就近规划"的原则，通过城市形态、格局与结构的重组和调整使人们的需求能够得到就近满足，引导合理的生活、交通模式。如将居住、生活、娱乐、学习等功能集中设置，倡导以步行作为日常出行方式，尽可能地减少出行需求、交通需求及由此产生的能源需求。

其次，限制私人汽车交通，倡导以"公交优先""环保优先"为主的出行方式，充分利用公共交通，积极改进技术，采用高效清洁的机械设备，逐步提高公共交通的舒适、安全、方便、准时性，并进一步将公共交通引入社区，方便人们换乘，解决"乘车难"问题。即使按照西方标准，很多大城市目前的轿车保有量也还比较低，这对我们今天盲目发展汽车产业、鼓励私人轿车无疑具有重要的借鉴意义。

最后，加强具有中国特色的便于自行车交通的慢车道的建设和管理，改善城市步行空间，鼓励步行、骑自行车和电动助力车等环保、节能型交通模式。为了推动自行车交通的发展，德国布雷滕市建立了专门的自行车道路网，它不仅安全，而且还可以联系各个地区，包括老城区以及主要的自行车交通目的地。

此外，在市区局部地段还可采用适当手段来限制机动车，鼓励步行，如设立步行街区、步行购物中心、慢速街道和无交通街区等。以南京为例，比较典型的有夫子庙历史街区、新街口商业中心和湖南路商业一条街等。

② 完善交通政策，提高交通网络的综合效率

莱斯特·R.布朗认为从城市范围内来看，汽车和城市是有冲突的，它常导致城市交通拥挤，大气污染和噪声污染严重，大量土地被公路、道路、停车场等不断吞噬的种种恶果。从全球范围而言，城市道路建设远远赶不上城市扩张的速度，交通拥挤是一个世界性的难题。无论何时，被动地修路、扩路都无法从根本上解决城市交通问题。未来生活质量的改善将在一定程度上取决于道路交通的状况，应及时对交通方式优化组合，优先考虑集体交通方式，推广和加强无噪声、污染小、使用效率高的技术。

未来的交通改善，可借鉴国外的先进经验，及早谋划。巴西南部的库里蒂巴所倡导的"公交优先"模式早已引起国际社会的广泛关注，其交通布局特点主要表现为：快速巴士沿专用公交道路行使，支线巴士可

到达道路尽端，各个道路尽端之间可由小区内部巴士线连接，而直达巴士可直接穿越城区（图4.5）。库里蒂巴所设立的公交专用车道和高效公交系统的做法，以及以现有的城市外围道路和内部道路为基础将高密度土地混合利用规划与交通系统规划相结合的模式，对于其他地区的城市交通发展具有一定的借鉴意义[7]。

③城市道路绿化配置和防污，改善街道空气质量

城市道路增强了城市的可达性和人与货物的流通，但在一定程度上也分割了自然环境，不利于生物多样性的保护，再加上其大面积的硬质铺装、沿线大量的绿化以及汽车排放的尾气，会对城镇建筑环境产生显著影响。为此，必须注意以下几点：阻止或减少污染物的排放，转移摩托车、小汽车等机动车停放点的污染源；促进空气流通，防止局部逆向风的形成与发展；大量种植草坪和高大乔木，转移空气中的污染物；保护易受污染的使用场所，并使之远离污染源。

2）城市总体生态格局的调控途径

从源头来看，城市问题产生的原因无外乎三个方面：一是资源开发利用不当造成的生态问题；二是城市结构与布局不合理造成的生态问题；三是城市功能不健全造成的生态问题[8]。因此，前瞻性的城市总体结构形态的调适、生态基础设施的建设和生态服务功能的完善具有非常重要的战略意义。应遵循基于生物气候条件的绿色城市设计的基本原理，建立"大地绿脉"以及和谐的城乡一体化系统，使之成为城市及其居民持续获得自然生态服务和舒适环境的保障。

（1）优化城市空间结构形态

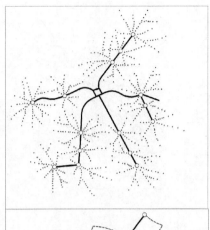
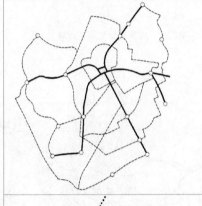
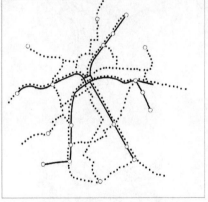

图4.5　库里蒂巴公交系统

"城市形态与生态是密切联系、不可分割的，形态是建构城市生态和环境微气候过程中合乎自然法则的反映，是在适应地域气候与地理特征的营造中理性的、逻辑的表达，城市的地域性和风格特色也正产生于这样的表达中。"[9]城市结构形态对环境产生很大影响，假如一个城市其形态结构本身不能保证人与自然平衡的话，局部的改进措施是不能有效提高城市环境的。在我国目前大规模城市化背景、资源极度紧缺以及能源结构、消费模式不很合理的情况下，基于城市聚集和扩散的内在规律以及生物气候作用机理，区域—城市级的城市设计应与城市总体规划相结合，对城市形态演变及其发展模式进行分析与比较，并进行适当的调整

（a）城市集中发展模式

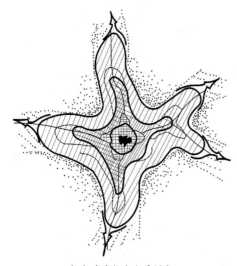

（b）城市轴向发展模式

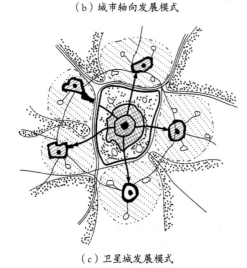

（c）卫星城发展模式

图 4.6　三种城市发展模式

和优化将是十分必要和有益的。

① 从集中发展走向有机分散

当前，许多城市都采用了单核心—圈层的集中发展模式，由于受到城市内部扩张的压力，城市一圈一圈不加限制地连片向外蔓延，形成"摊大饼"的形式，比较典型的如北京、成都等城市 [图 4.6（a）]。如今来看，这种模式容易造成大量的活动在核心区发生，如商业、居住、交通、服务等，往往导致城市用地紧张、交通拥挤和秩序混乱。随着人口的增长和城市规模的扩大，环境质量不断恶化，拥挤和污染问题日益严重。这种模式的城市绿地往往环绕城市外部的环形交通，与城市内部联系较少，生态效应差。再加上城区绿地零星散布于建筑群中，无法形成内部绿地系统，与郊外绿地也难以整合，这些都会导致在城市覆盖的大片区域内形成恶劣的、无益于健康的局地微气候环境。

为了避免城市不断地集中发展，需对城市内部结构做根本性的调整，这就要求城市选择某些方向呈"指状"向外轴向发展，将大片"绿楔"引向密集的城市结构中心，增加绿化与城市的接触面，农村与城市相互交融，使得城市由一系列建成区和绿地交替组合起来的体系形成，以利于城郊的新鲜空气和自然风渗入市区，改善城区气候条件 [图 4.6（b）]。

② 从中心城走向卫星城模式

城市的最优规模往往是很难确定的。不过，显而易见，过度拥挤的城市将会导致城市物理环境的恶化，从而影响人们的生活。这时就需依靠放射型交通在中心城市外发展次一级中心，将一部分功能分散到周围的卫星城去，这有助于将"母城"的规模固定下来，并可形成较小的、有良好设施的、周围由开阔绿地包围起来的城市单元，有利于减轻中心区的"热岛效应"和污染集中的程度。

平均绿地的理论基础主要是缓减"热岛效应"，但对于在静风条件下城市污染物的扩散、稀释却相对不利。这时应积极利用城区热岛和城市边缘区的绿地水体的协同作用制造城市环流，来尽量稀释大气污染。规划设计时，可根据风向要求，将工业从母城迁到外围新建的卫星单元去，以有效减轻主城区的工业污染，缓减人口压力；同时将母城和卫星城之间的绿带作为城市永久性的具有生物气候调节功能的缓冲空间加以保留［图 4.6（c）］，从而确保建成区和绿地之间有良好的组合关系。

卫星城的大小如何确定？单纯从生物气候设计的角度来说，自然越小越好，但考虑到经济效益和社会条件，一般认为 20 万—25 万人的规模比较恰当。按 1 万人 /km² 推算，为一边长 5—7 km 的正方形地块或为一半径 3—4 km 的圆形地块。主城与卫星城之间开放空间宽度的确定则复杂得多。理论上讲，应使开放空间的面积与卫星城面积相当，以保持上升气流与下降气流横截面积相近，从而有利于城市环流的形成和流动。但考虑到绿地水体的过滤效能并不与其宽度成正比，因而宽度可适当减小。作为主城与卫星城之间的开放空间，宽 600—1 000 m 效率较高，2 000 m 以上则意义不大；一般情况下，至少需要 500 m，最好达到 1 000—1 500 m。

③ 从城市化走向城乡融合

21 世纪的城市设计应体现一种新型的、集中城市与乡村优点的设计思想。日本学者岸根卓郎于 1985 年提出了城乡融合设计论，这是自然系统、空间、人工系统综合组成的三维立体设计，其基本思想是创造自然与人类的信息交换场（图 4.7）。具体实现方式是以农业、林业、水产业

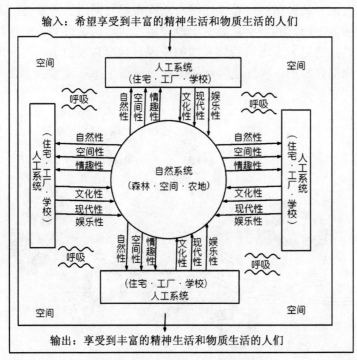

图 4.7　自然—空间—人类系统模型

的自然系统为中心，在绿树如荫的田园上、山谷间和美丽的海滨井然有序地配置学校、文化设施、先进的产业、居住区等，使文化、生活与自然浑然一体，形成一个与自然完全融合的社会。其目的在于建立基于"自然—空间—人类系统"基础上的同自然交融的社会，也即城乡融合社会，确保城市结构本身能够达成人与自然之间的平衡对话，从而实现人类"回归自然"的夙愿[10]。

芒福德的区域整体理论所强调的重点也是城乡融合。他认为区域是一个整体，而城市是其中的一部分，城市及其所依赖的区域与城乡规划是密不可分的两部分；他进一步主张大、中、小城市结合，城市与乡村结合，人工环境与自然环境结合，唯有如此，才能实现城乡和谐发展[11]。他所推荐的斯坦因（C. Stein）的区域城市理论（图 4.8）与亨利·莱特（Henry Wright）的纽约州规划设想很好地反映了城乡融合的思想，体现了区域城市的特征，具有分散—集中的明显特质。各个主要节点高度集中，节点与节点之间依靠高密度、多方向的交通线连接成网络，而在高密集度的节点网络之外，使稀疏的田园空间、生态空间、开放的乡村和公园所形成的低密度区成为一种"基底"，从视觉图底关系来解释，多核交通网络是"图"，乡村公园开放空间是"底"。城乡融合将能最大限度地为城市提供充足的生态源，有利于缓减城市"热岛效应"，减轻城市空气污染。

需要说明的是，上述论述并不提倡城市无休止地分散、蔓延，而是针对不同的生物气候条件，鼓励适度集中与分散相结合的非均布模式，以扬长避短，发挥各自的优势而尽量减少其弊端。针对我国人多地少、资源贫乏这一具体条件，要关注城市功能布局与交通的关联性，采用集约紧凑的城市形态和混合高效的土地使用方式，这在许多方面均比外延式无序扩张要更为贴近可持续发展的原则。紧凑合理的中、高密度及适度的土地混合利用，再加上与此相匹配的城市生态基础设施和公共设施

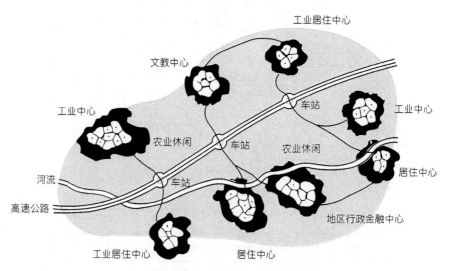

图 4.8　斯坦因的区域城市理论示意图

的规划建设，将大大降低城市运转的能源消耗。高密度可节省用地、防止城市蔓延、缩短交通距离、节约能源、保护自然环境等，而适度的分散布局则可缓减由高密度引发的拥挤、社会病态等压力，两者的结合有利于维护良好的城乡生态环境。

（2）建设城市生态基础设施

传统基础设施主要指城市市政设施系统，亦即道路交通系统、能源供应系统、给排水系统、邮电系统、防灾系统、环卫系统等。作为城市物流、人流、能流和信息流的主要载体，它是城市正常的生产和生活得以运转的保证。而生态基础设施，从本质上来讲，是城市所依赖的自然系统，是城市居民能持续地获得自然服务的基础。它不仅包括狭义的城市绿地系统的概念，而且包含更广泛地、一切能提供上述自然服务的城市绿地系统、林业及农业系统、自然保护地等，这同样是一个城市得以保持健康发展的前提。

在城市生态环境日趋严峻的今天，城市生态基础设施的建设越来越被人们所重视。全球许多大城市都根据自身特点，规划设计和建设了相应的生态基础设施，尤其是狭隘意义上的城市绿地系统，其中著名的有：丹麦的大哥本哈根指状规划，形成大面积的"楔形"、带形绿地（图4.9）；巴黎地区在两条城市带之间建立和保留了大量绿地空间，有利于维护生态平衡并为居民提供了良好的休憩场所；荷兰的兰斯塔德地区形成了城镇围绕大面积绿心发展的组团式模式，城镇之间采用绿色缓冲带加以间隔；伦敦的大绿带和农村绿环，界定了伦敦中心区与周边卫星城的关系，形成大伦敦格局。随着这些生态基础设施的建设和完成，将在建成区周边建立起完整的具有生物气候调节功能的缓冲空间，能为城市提供良好的"生态源"地，缓减城市环境恶化。

俞孔坚教授在国内较早涉及该领域的研究，他针对目前我国传统城市扩张模式和规划编制方法显露出的诸多弊端，前瞻性地提出城市生态基础设施建设的十一大策略，其中不乏生物气候设计的思想，其观点主要为：维护和强化整体山水格局的连续性；保护和建立多样化的乡土生境系统；维护和恢复河流和海岸的自然形态；保护和恢复湿地系统；将城郊防护林体系与城市绿地系统相结合；建立非机动车绿色通道；建立绿色文化遗产廊道；开放专用绿地；溶解公园，使其成为城市的生命基质；溶解城市，保护和利用高产农田，使之作为城市的有机组成部分；建立乡土植物苗圃基地。力求通过这些景观战略，建立大地绿脉，使之成为城市可持续发展的生态基础设施[12]。

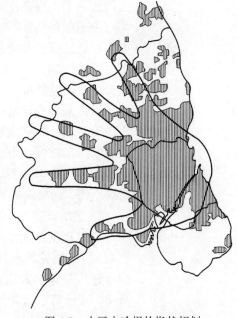

图4.9 大哥本哈根的指状规划

实际上，上述策略与景观安全格局理论以及具有生物气候调节功能的缓冲空间模型相一致，都是针对城市景观中某些关键性的元素、局部、空间位置及其关联，使它们形成某种战略性的格局。这些措施对维护生态过程、优化城市开放空间、建立城市生态源和城市风廊等具有重要意义，并为建立控制城市灾害的战略性空间格局、国土整治以及城市具有生物气候调节功能的缓冲空间——开放空间系统的设计提供依据。

目前，成都市针对其生态基础设施现有的具体情况，制定了国内第一部生态基础设施的建设和发展纲要，这将对成都的生态建设产生积极、深远的影响。我们在江苏宜兴城东新区规划设计研究中提出了新城"生物气候中心骨架"的设想，它探讨了一种基于自然山水格局整体理解基础上的适应地方生物气候条件的城市设计模式，经计算机模拟（详见第6章）取得了应有的效果。

（3）完善城市生态服务功能

生态服务功能是指生态系统与生态过程所形成及所维持的人类赖以生存的自然环境条件与效用。它是维持城市环境和创造良好人居环境的基础，在城市气候调节、废弃物的处理与降解、大气与水环境的净化、水文循环、减轻与预防城市灾害等方面起着重要作用。

一个良好的城市生态系统应是"结构合理、功能高效、绿地充足、环境洁净、生态关系和谐"的系统。从生态调控机制来看，一个系统功能正常与否的关键在于自我调节能力的强弱，在自然状态下主要靠竞争、共生和自然选择来调控。对于高度人工化的社会—经济—自然复合系统的城市而言，由于其不稳定性且要素之间多呈线性非环状模型而缺乏自控机制和能力，应运用生态学原理和最优化的方法调控城市内部各组分之间的关系，提高生态服务功能的效率，促进人与自然的和谐。通过对城市生态服务功能和城市生态环境生存机制的分析和研究，在城市总体设计中通过保护和增强自然生态过程，培育城市生态服务功能，促进城市的"减污、治污"和可持续发展，推动我们的城市迈向理想的境界——社会文明、经济高效、环境洁净、人与自然关系和谐的绿色城市。

城市总体设计对城市环境质量具有实质性的影响，需要综合考虑城市用地规模、地形地貌、水体、绿化和气候等因素对城市总体布局的影响和制约。重视城市土地的适宜度评价和生态敏感性分析工作，协调好系统的各种生态关系，将系统调控到最优运行状态，从而实现资源消耗的最小化、污染灾害的最轻化、建筑环境的舒适化。

3）案例研究

法国瓦勒德瓦兹（Val d'Oise）省某新开发的社区规划方案，由理查德·罗杰斯建筑事务所设计，计划容纳4万名居民（图4.10）。该方案综合运用生态学原理和生物气候设计方法，与常规设计相比，在节能、降噪、减污等方面取得显著效果，其主要构思如下[13]：

（1）总体布局：总体构思采用组团式发展模式，并以一绿色走廊将

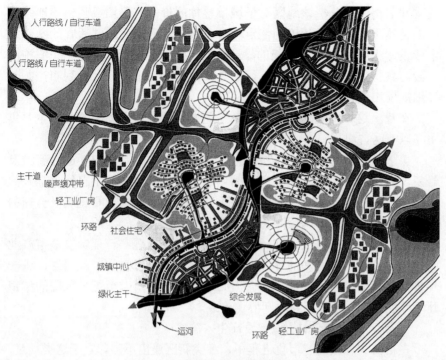

图 4.10　瓦勒德瓦兹某社区总体构思图

各个组团连成整体。该绿色干线既是社区清新空气的来源，也能为两侧线性排布的小进深、庭院式布局的建筑提供良好的自然通风条件。

（2）交通模式：强调围绕公共交通节点的高密度城市发展模式，并将这些公共交通节点通过轻轨或者隧道直线形连接起来。设计时尽量限制小汽车的使用，并将它们排除在绿色干线之外，减轻由此引发的空气污染和噪声污染。

（3）能源策略：综合考虑建筑物的能源使用、交通能源消耗和废气排放、开放空间规划及其采光和自然通风的要求，合理确定建筑物的密度，以保证它们在一年中的任何一天都能接受到日照，尽可能减少人工照明。

通过合理的规划设计和生物气候策略应用，该社区方案能使能源消耗减少到常规设计的12%，而剩余的能源需求则可通过再生能源（风能、生物能、太阳能）来获得。该方案又通过引进植被尤其是对二氧化碳吸收有特别效用的物种来减少空气中的二氧化碳含量，并利用植物来降温、减噪，创造了良好的栖息环境。

4.1.2　片区级的城市设计生态策略[14]

片区级城市设计主要涉及城市中功能相对独立的和具有相对环境整体性的片区。这一层次实施绿色城市设计的关键在于在总体设计确定的基础和前提下，分析该地区对于城市整体的价值，保护或强化该地区已有的自然环境和人造环境的特点和开发潜能，提供并建立适宜的操作技术和设计程序；通过片区级的设计研究，为下一阶段优先考虑和实施的地段与具体项目提供明确规定。在具体操作时，可与分区规划和控制性详细规划相结合。

在片区这一中观层次规模上，绿色城市设计重点关注的内容主要集中在以下两方面：

第一，妥善处理好新老城区生态系统的衔接关系，成功建造新城及修复现有的城市肌理，建立良性循环的符合整体优先、生态优先准则的新区生态关系，创造高品质的公共空间（适当的数量）和建筑（合理的密度），为人们工作、学习、生活的场地增添活力。

第二，关注旧城改造和更新中的复合生态问题，合理解决城市产业结构的调整、开放空间的建设以及棕地治理和再开发等诸多问题，进一步理解广义的城市生态保护概念，必须与整个城市乃至更大范围的城镇建筑环境建设框架和指导原则协调一致。

1）新区规划建设中的城市设计生态策略

在目前大规模的城市化进程中，各类新区层出不穷。对于这类项目，应着眼于在区域系统内重组城市建设、农业与自然环境的关系；根据对各种内外条件的综合考察，在科学论证的基础上确定其合理位置；根据新区的规模、功能等界定新区与老城区的连接模式；利用革新技术的组织重建能量的循环流，选择合理的交通模式和政策，以创造新的城市形式；合理安排建筑空间布局，避免出现人为的非生态现象。

（1）基地选址

区域性生物气候因子分析在新区选址和城市布局的总体构思阶段，其重要性是不言而喻的。一定区域内的地理位置和生物气候条件对城市居住环境的舒适性有着长期影响。这是因为，土地的使用性质可以随着时间的改变而改变，建筑物甚至整个街区都可以毁掉重建，但是城市的地理位置和生物气候条件却是相对稳定的，几百年甚至几千年都不变。城市的初始选址和结构布局决定了它今后的形态演变和发展趋向，在这个阶段，一个不理想的地理位置和城市结构，即使是对最初规模很小的城镇而言，也可以影响它未来大部分居民的环境质量。

决策失误是最大的失误。因而，审慎考虑新城的地理位置、妥善安排城市布局和发展模式是明智而有前瞻性的。某一地区的生态环境是该地区地理环境和自然生物气候条件共同作用的结果，当前被城市发展所忽视的正是局地微气候环境与生态环境的相互关系。城市空间布局时应根据区域的地理环境以及日照、通风、温湿度等局地微气候条件做出相应调整。如在一些地区必须考虑免受寒风或沙漠风的侵袭，而在其他地区则需利用地形变化引导山上的冷气流或者水域的清新空气进入城区，以利于城市"热岛效应"和大气污染的控制，提高环境舒适性。

外延型扩展 　　　　　　隔离型扩展 　　　　　　飞地型扩展

图 4.11　城市新老城区的形态承接关系

（2）合理确定新老城区的承接关系

从长期实践来看，新老城区的形态承接关系主要表现为外延型扩展、隔离型扩展和飞地型扩展几种类型（图 4.11）。具体设计时应充分考虑它们自身的特点并根据实际的自然环境和生物气候条件采取相应措施。

① 外延型扩展

传统的城市空间形态，其建成区空间大多是连绵成片的，世界上相当部分的城市空间都呈现为团块状粘连、蔓延。这种模式有助于城市运转效率的提高，但所引发的问题也如出一辙，如拥挤堵塞、空气污染、城市"热岛效应"等。

南京近年来的发展似乎在重蹈覆辙，如河西、东片、北片等区域都属外延型扩张，且其内部也缺乏必要的自然生态空间间隔。在可预见的将来，待这些新区建成后，所产生的问题与原来老城区的问题不会相去甚远，并将导致老城区更为严重的环境问题。

② 隔离型扩展

该模式在新区和旧城之间利用一定的绿带、蓝带加以空间分隔，其难度在于确定多大的空间间隔才能产生足够的生态效应。这就要根据城市生态补偿及绿量的概念，从城市绿地吸热降温、滞尘减噪、净化空气等方面综合考虑，合理组织城市风道，以有效解决包括城市热岛在内的各种城市问题。

就南京而言，有其自身的有利条件，东片的紫金山、北片的幕府山及南侧的雨花台的大面积绿色植被所提供的生态补偿能力及绿量已相当可观，如果在老城区（中片）与西片的连接处及中片的空间连绵区适当予以人工绿地的空间间隔，其生态效果肯定更为显著。南京大学朱喜钢教授建议在围绕石城风景区的两侧规划 1 000 m 左右的绿带，在北片连接的环境风貌控制区两侧及在河西地区沿纬七路设置 500—1 000 m 的绿色隔离带，这样可以起到良好的生态斑块作用[15]。

③ 飞地型扩展

该模式突破主城区范围向外扩张，呈现出卫星城的分散形态，能大大改善原来"摊大饼"模式下的城镇建筑环境。它要求在城市扩展轴之间、中心城和新城之间、新城和集镇之间留出足够的农田、森林等形成"绿楔"，以利于生态平衡，并可将农村湿冷空气通过楔形绿地和绿色开放空间输入市区。

从南京老城区周边的江宁、栖霞、龙潭等来看，飞地型发展的关键在于完善和优化卫星城的功能配套，使之成为主城人口扩散自然而然的集中地。同时，还必须严格控制住老城区与周边卫星城之间的生态隔离绿带，防止它们之间的马赛克粘连，以确保老城区和新区之间通畅的通风廊道和天然氧源，减轻老城区的空气污染和"热岛效应"。又如，江苏宜兴市区由宜城和丁蜀两片构成，在总体规划设计时，需充分利用其间的龙背山森林公园作为它们的天然隔离带和生态源，避免丁蜀片区向主城区蔓延，保持两者合理间隔。

（3）建立具有生物气候调节功能的缓冲空间

具有生物气候调节功能的缓冲空间主要是指在生态系统结构框架的制约下，通过城市形态与建筑群体布局以及其他一些细节设计，在建筑物和周围环境之间建立一个缓冲区域，它既可以在一定程度上防止各种极端气候条件变化的影响，又可以增强使用者所需的各种微气候调节手段的效果，提供良好的局地微气候环境。在新区规划建设中，应积极发挥一切从零开始的优势，结合生物气候设计的基本原理，"留出空间，组织空间，创造空间"[9]。

在中观尺度上建立绿地、水体开放空间与城市之间的自然梯度，合理安排好不同层次的具有生物气候调节功能的缓冲空间，形成点、线、面合理分布的整体网络，并使之与动植物群体、景观连续性、城市风道、城市生态源和城市局地微气候等诸多因素相吻合，从而具有真正的绿色设计意义。如将在沿河、滨水或其他开放空间地段预留的相当尺度的非建设用地辟为公园，大力植树和绿化，尽量保护好城市的"蓝道"和"绿道"系统，这些具有生物气候调节功能的缓冲空间的建设对增加局地大气环流、增氧泄洪具有重要作用。

（4）采用新型交通模式，优化城市能源结构

采用新型的交通模式，提倡"公交优先"和"环保出行"，限制小汽车通行；采用"接近规划"，尽可能地将目的地集中设置，将行人放在首位。进一步改善步行环境，积极倡导自行车和电力助动车交通，减轻城市大气污染。此外，还应积极完善交通政策和一体化的交通格局，大力发展轻轨、地铁等有轨交通。国外一些城市通过设置公共汽车专用车道、采用低能耗少污染的公共交通工具如环保型电力汽车等措施，已取得了初步成效。

合理制定城市新区的能源规划及相应的能源政策，优化新区能源结构。许多国家都已展开积极的探索和实践，如欧盟已制定目标计划在 2010 年使自然能源占全部所耗能源的比例从 1997 年的 3.2% 提高到 12%；德国于 2000 年开始实施《自然能源促进法》，积极推进风能、太阳能等清洁能源的使用；日本山形县立川町源于风力的发电量已可满足

该地区总耗电量的 30%[②]。

（5）选择适宜的开发建设模式，合理调整城市建筑空间

不同的气候类型有着各自不同的地域特征和地表环境，因而不同的地域气候其适宜的城市形态也是不同的，如紧凑、分散、混合、簇群等。这是城市适应自然的结果，因为适宜的城市形态有利于缓减特定气候条件的不适，并利用气候因素而化害为利[③]。我国许多新区的开发建设呈现外延式遍地开花的现象，市区范围无序扩张，规划失控。这种模式除了导致土地资源的极大浪费之外，也给城市的整体环境带来严重影响，加大了基础设施的投资及其使用后的运营费用，并且比紧凑式模式更易导致"热岛效应"[16]。

除了上述的城市密度、形态等问题外，在城市设计时，为了防止出现"逆温层"等不良环境效应。比较理想的城市空间布局模式还应将一些高大的摩天楼布置在城市中心附近，而在靠近城市边缘的区域布置低矮的建筑，尽力避免造成城市周边一圈高楼林立而中心区全为低矮破旧的房屋，形成藏污纳垢的城市"人工盆地"，导致生态环境恶化（图 4.12）。以北京为例，为保护古都风貌，对旧城范围内新建项目的高度进行了限制，高层建筑只能向二环以外扩散，如此形成了一处被不断增高的城郊高层建筑环绕包围的低洼盆地，从而导致老城区通风能力降低、风速和湿度减小，并造成严重的"热岛效应"和空气污染。

此外，也应避免将大量高层建筑布置在城市上风向或城市水域边缘区域，以免形成一道风墙，从而影响市区的空气交换频率。香港规划建设的将军澳新市镇和西九龙新填海区的高密度建筑导致"屏风楼"林立，有些地段甚至建起了近 200 m 高、500 m 长的连绵"长城"，影响了周边环境的生物气候条件，自然通风和采光不足，闷热少风，空气质量每况愈下，严重制约了居住环境水平的提高，引发了极大的社会争议。

2）旧城更新中的城市设计生态策略

（1）旧城产业结构的调整

旧城更新的生物气候策略与新区建设明显不同，应以"疏导、调整、优化、提高"为主，注意保护旧城历史上形成的社区结构，并确保城市

生态效果良好的城市建筑空间布局

生态效果较差的城市建筑空间布局

图 4.12　生态效果不同的城市建筑空间布局

历史文化的延续以及城市自然生态条件的改善。

首先，严格控制城市规模。对老城区一些污染严重的项目要关、转、停、移，将那些严重影响市区环境质量的工业项目如化工、电力、造纸、冶金等转产或迁移，大力推广洁净生产，积极发展第三产业。

其次，积极创造条件，有计划地疏散中心区人口，重点解决基础设施短缺、住房拥挤、交通紧张、环境恶化等问题。尽量避免人口密度与建筑密度较高的功能区域连片布置，严格控制新上项目，逐步降低城市中心区建筑密度，搞好旧城改造工作。

最后，在我国快速城市化初期，由于地少人多和经济至上的发展原则，对开放空间普遍认识不足，致使城市绿色斑块破碎度严重，不利于组织系统化的城市"绿肺""风道"等具有生物气候调节功能的缓冲空间。因此，在老城区改建范围内应严格控制建筑密度，增补一定面积的绿地、水体开放空间。

（2）旧城具有生物气候调节功能的缓冲空间的建设

我国老城区夏日普遍存在严重的"热岛"现象，就连地处北方的北京、哈尔滨近年来也成了闻名全国的"火炉"。究其原因，不外乎建成区内开放空间严重不足、高楼林立、风道堵塞、污染严重以及环境的持续恶化等。随着对城市"热岛效应"的成因、生物气候作用方式的深入认识和把握，针对旧城更新中具有生物气候调节功能的缓冲空间的优化，我们提出以下策略和方法：

① 老城区"绿心化"

推广城市立体绿化、增加水体面积、促进城市通风都是减轻"热岛效应"的有效手段，其中绿化最为重要。以北京为例，"在炎热的夏季，每公顷绿地平均每天能吸收 1.8 t 二氧化碳和大约 2 t 粉尘，并可从周围环境中吸收 81 MJ 热量，相当于 1 800 多台功率为 1 kW 的空调的制冷效果"。研究还表明，"当绿化覆盖率大于 40% 时，'热岛效应'明显缓解，如果这个数字达到 60% 且绿地规模大于 3 hm^2，便可达到与郊区相当的局部温度"[17]。

城市总在不断演变和发展之中，一个好的城市形态如果不注意维护必将带来灾难性的后果。在 1970—1980 年代，南京的城市规模、结构尚属合理，到了 1990 年代以后，随着房地产业的快速发展，城市开放空间逐渐被蚕食侵吞，原本连贯的紫金山—九华山—北极阁—鼓楼—五台山—清凉山绿脉惨遭破坏，这种"见绿插建"的短视行为无疑让后人付出更高昂的社会、经济和环境代价。南京市政府为了增加老城区的"绿量"，也对老城中心区进行了改造，已经完成的山西路、北极阁地段，大都是在拆除大量建筑后建成的集中开放空间。这种花巨资买绿地的做法，既是城市更新改造的经验，也是沉痛的教训。老城区具有生物气候调节功能的缓冲空间的建设宜以块状绿地、线形绿地的方式渐进"侵入"，逐步完成"图"与"底"的空间演替[15]。

②重建绿色"风道"

整合城市绿地资源，营造城市绿色通风走廊，为空气从低密度地区流向高密度地区提供通道。我国东部地区夏季以东南风为主，这就要求在城市总体规划和开放空间设计时，在城乡结合部保留和建设大型绿地，并结合城市道路、水系，设置一定数量的东南向或西北向的与主导风向平行的"绿色风道"，将郊区清新的空气和冷风引入密集的建成区，以利于降低"热岛效应"和缓减市区空气污染。其具体措施为：尽量利用现有的河流、道路等作为绿色廊道，将周边绿带和城市高密度中心区联系起来，促使绿带的面积达到城市需降温地区面积的40%—60%。一般认为，当林荫大道或者呈线性的开放空间的宽度达到100 m或更宽时，可以在无风的夜晚对城市起降温作用。高效的廊道系统连接建成区和作为生产或资源基地的大型斑块，将给城市乃至区域带来良好的生态效益。

"热岛效应"早已引起北京市相关部门的高度重视，"根据规划，北京市在城市中心区与郊区之间建立7条楔形绿地，总面积为175 km²，并在举办奥运会前将城市绿化覆盖率提高到43%"[17]。王建国教授在义乌旧城改造暨市民广场城市设计中，为改善现有城市外部环境的生态品质，减少夏季热负荷，在广场东南方向专门布置了一条30 m宽的可供夏季通风使用的生态廊道；同时建议，该廊道经过中心区向东南方向继续延伸，并与用地南侧日后的开发建设相结合（图4.13）。

③提高城市"绿量"

利用植物的光合作用、蓄水特性和滤水性能及其降温、增湿、吸尘能力，尽量增加城市的软地面和植被覆盖率，减少热辐射。在城市街头多植树种草，在停车场和某些广场采用中间镂空长草的植草砖以增加绿地覆盖率。其他一些措施，如屋顶绿化、垂直绿化也是解决老城区"热岛效应"的有效手段。这是因为，在目前新建的城市建筑中，平屋顶占90%以上，这些水泥屋面热容量大，导热率高，因而能贮存较多的热量，从而导致市区温度升高。如果将这些平屋顶绿化或用作雨水收集池，建成屋顶花园，用湿润凉爽的绿地代替干燥炎热的平顶水泥屋面，可有效减弱由于"城市板结现象"所带来的热岛强度，美化城市环境。

1999年，日本东京就对素有城市"第五立面"之称的屋顶进行绿化，并作为减轻热岛现象的有效对策之一。我国广州、深圳也十分重视屋顶绿化。深圳的"空中花园"吸引了众多游人；广州在2000年年底开始实施"绿化覆盖工程"，将该市1 000万 m²的屋顶建成绿地，据专家

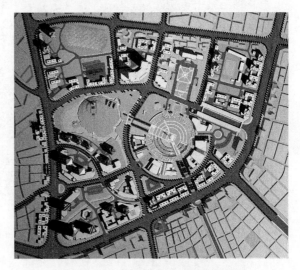

图4.13 义乌旧城改造绿地系统分析

估计此举可降低城市温度 2—3℃。美国的高线公园（High Line Park）是一个独具特色的空中花园走廊，采用犁田式景观模式，将行人自然融入其中，呈现出野性的魅力，营造出独特的肌理，两次获得美国风景园林师协会（ASLA）大奖，成为国际设计和环境重塑的典范，为纽约赢得了巨大的社会、经济和生态效益。

④ 利用地形风

由地形变化所致的风形成局地风模式。与水相似，温度越低、密度越大的空气会向下运动，这种由重力作用引发的空气流动常常在静风的夜晚起主导作用。利用这一原理，将未来可以建设的绿化用地布置在较高的坡地上，用它们提供的冷空气取代那些在低水平面城市建成区上空的气体，用无阻碍的倾斜绿化走廊连接绿色的冷空气源和高密度的建成区。

德国斯图加特是一个经常处于静风和逆温状态下的内陆谷地城市，由于城市发展，正承受着空气污染和气温升高的变化。为此，当地城市管理部门专门制定了一个基于风和地形的市区气候规划（Citywide Climate Plan）。首先，制定新的城市管理导则来阻止城市建设进一步侵占山地，保护当地植被。其次，在大气规划指导下，在市区规划了一系列开放空间，包括绿色走廊和山坡地在内的土地利用受到严格限制，建议保留的绿带宽度不小于 100 m，并尽可能与公园绿地形成网络。这些空气流通廊道将山地的清新空气源源不断地传输到市区，可以有效缓减市区"热岛效应"。最后，在市区大量种植绿色植物，如屋顶绿化或屋顶水池，减少硬质地面（图 4.14）[18]。通过上述综合措施，将城市、景观与自然、气候连接起来，目前该市空气质量已经明显改善。这一案例又推动了俄亥俄州的"绿色戴顿"（Greening of Dayton）计划的开展与实施。

再以南京为例，在城市更新改造、开发建设过程中，需注意具有生物气候调节功能的缓冲空间和生态廊道的梳理和建设。针对南京地形特征（盆地型）和全年季风特点（夏日

图例：
高密度聚居区　　公园/树林/墓地　　→ 次要晚间气流　　--- 河流
低密度聚居区　　农业/未开发区　　⇒ 主要晚间气流

图 4.14　斯图加特城市规划

以东南风为主，冬天以西北风为主），可通过东西向的廊道将主城区东部紫金山生态宝库中的氧气源源不断地输入市区，缓减城市污染，并通过南北向的交通廊道引进长江上空的清新空气。在进一步的优化整合中，形成南北纵横的廊道网络系统，再结合旧城结构调整过程中形成的绿色开放空间，提升其通风输氧、净气排污、缓减"热岛效应"的效果。

（3）城市棕地的治理和再开发

老城区的棕地（Brown Field）主要是一些"被废弃的、闲置的或未得到充分利用的工业或商业设施，由于这些设施已存在严重的或潜在的环境污染，因而难以利用和开发"[19]。棕地的治理和再开发具有重大的经济价值、社会价值和生态价值，西方工业化国家很早就开始了该领域的研究，从1995年起，美国掀起全国性的更新改造工程，旨在帮助城市社区从经济上和环境上复兴这些棕地上的房地产业，缓减其潜在的对居民健康的威胁，恢复城市活力。

棕地的治理和再开发的难点在于该地区需拆迁的房屋和需补偿的设施较多，对于发展商而言，不如选择位于城市边缘或郊区未开发的土地。这样将导致城市中心区大量的土地闲置，无人问津；不少投资转向城市边缘地带，造成大量耕地的占用。无怪乎美国市长会议把棕地视为"全国头号环境问题"。然而，令人感到鼓舞的是"每改造1英亩棕地，就连带产生4.5英亩绿色空间"[18]，这对改善当地的生物气候环境大有裨益。棕地再开发，除了把原有受污染的、拥挤的、破旧不堪的地区修复为有生产能力的地区、有利于人类健康的环境外，还须将之纳入可持续发展的范畴，在昨天的棕地上，我们将建造起明天的绿色产业[18]。

匹兹堡是一个成功的治理案例，它长期以来一直作为工业用地，污染严重。在棕地再开发政策的吸引下，整改了一批污染企业和项目，在该地区建成中高档的住宅区，并进一步开发了沿河优美的风景区，使之成为城市不可多得的具有生物气候调节功能的缓冲空间，不但改善了当地的生态环境，而且极大提升了该地段的社会、经济价值。

鲁尔工业区的改造举世闻名。1999年举办的国际建筑展（IBA）（1989—1999年）"埃姆舍尔公园"设计正是棕地治理思想的体现。过去的工厂、矿山、废矿场、大型工业设施以崭新的面貌成为新的公用设施使用，更重要的是，通过埃姆舍尔河的整体环境治理、河流生态修复以及绿地整合，使之成为区域中景观生态功能的中心元素以及联系整个鲁尔工业区17个城市的公共绿地走廊，并通过7条绿化带的形式实现景观再插入（图4.15）。通过埃姆舍尔公园案例，人们认识到从生态的角度对城市

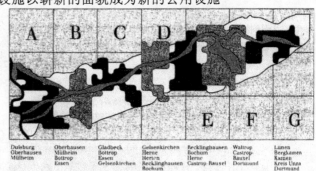

图4.15　埃姆舍尔公园绿地系统

整治前原样

植被恢复

生态修复

图 4.16　幕府山环境整治前原样、植被恢复、生态修复

棕地进行改造，这将是未来城市设计的重要内容。

棕地还具有强大的生态恢复能力。在朝鲜谈判的非武装地带的一条宽5 km、长250 km的中性地带，如今已不可思议地变成了森林，许多本已为灭绝了的动物、植物、昆虫等现在不仅在那儿生活，而且数量很大。又如南京，幕府山地区作为城北的工业区、采矿区，长期以来尘土飞扬，污染严重，山体植被破坏裸露，成为城市环境的重灾区。2000年左右，南京市政府加大了对该地区的治理力度，通过公开招投标，寻求环境恢复的良策，已取得初步成果（图4.16）。今后的重点是引入生态恢复概念，通过生态补偿机制，在治理裸露的山岩、卫生填埋等过程中同时进行土地平整、水质控制和遮蔽种植等措施，将之改造成由山、水、林、绿构成的独特自然和人文景观，使之从城市的污染源变成城市的"生态源"。近20年后，再去访问幕府山时，可以发现昔日的荒山裸岩早已覆盖上良好的植被绿化，满目葱茏，不由让人惊叹于大自然的自我修复能力。

3）案例研究——宜兴团氿滨水区城市设计

宜兴是一个历史悠久、风景秀丽的江南水镇，随着城市规模的不断扩大，城市形态和结构逐渐演变，原来滨水区和车站地段逐步发展成为城市新的中心地区，拥挤的交通状况和陈旧的住区环境已不能适应城市发展和市民生活之需，滨水区的开发改造势在必行。受宜兴市建设局委托，东南大学建筑学院对该地区开展了城市设计，在规划设计中，我们考虑了以下初步的生物气候设计策略：

（1）从全局观念出发，整体把握宜兴城"一山枕二城，五河系两氿"的独特形态格局，以团氿大型水面作为该地区的"生态源"，组织好团氿与内河相互间的生态渗透，确保水陆风能通过河流通畅地到达城市内部区域，增强市区通风效果，缓减"热岛效应"，减轻大气污染（图4.17）。

（2）通过对滨水区建筑的拆迁、沿河街道的拓宽与改造，留出生态空间，并运用适当的城市设计手段以保持该地区良好的通风能力；通过城市开放空间和带有大量绿地、水域的小面积的私有空间的统一互补产生微风，从而提高该地区的局地微气候品质。

（3）从该地区迁走造成交通拥挤、污染严重的市际和市内两个汽车站，并移走污染较重的工厂以及凌乱的餐饮建筑等污染源；将过境交通干道外迁，减少交通废气的排放。

（4）通过对自然光的充分利用，创造"阳光街道—阳光汆滨广场—阳光滨水开放空间"的空间序列，提供良好的外部活动空间，让全社会成员都能够共享滨水的乐趣和魅力（图4.18）。

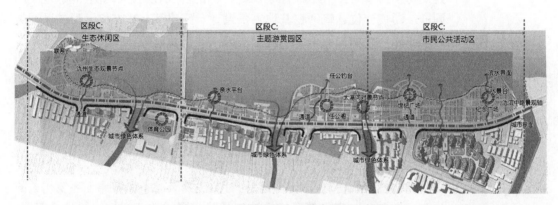

图 4.17　宜兴团汆滨水区城市设计分析图

图 4.18　宜兴团汆西岸远眺

4.1.3　地段级的城市设计生态策略

地段级的城市设计主要落实到具体的建筑物设计以及一些较小范围的形体环境建设项目上，如街道、广场、大型建筑物及其周边外部环境的设计。这一层次的设计最容易被建筑师和城市设计者所忽略，因为通常人们更关注一些大范围的东西。在这一层次，主要依靠广大建筑师自身对生态设计观念的理解和自觉。

1）地段级的城市设计生态策略

对于地段级的城市设计，既要关注建筑群体的基本组成部分，如街道、建筑和小型开放空间，还应照应相邻地段的规划和设计，特别是这些组成部分之间的关系，包括建筑和建筑之间、建筑与周边开放空间、建筑与所在街道之间的关系。这是因为，即使是单体范围内的工程项目，建筑物及其基地会相互影响而形成一个相互关联的较大范围的城市环境；同样，即使一位建筑师在基地上仅设计一座建筑，其方位、形式以及与街道和相邻建筑之间所生成的特定关系，都会在建筑物外部空间之间形成特殊的局地微气候环境。针对这一层次的城市设计应采取一些积极的措施加以改进。

（1）利用生态设计中的环境增强原则，强化局部的自然生态要素并改善其结构。如可以根据气候和地形特点，利用建筑周边环境及自身的设计来改善通风和热环境特性，组织立体绿化和水面，以达到有效补益人工环境中生态条件的目的。

（2）城市和建筑设计应关注与特定生物气候条件和地理环境相关的生态问题，生物气候的多样性决定了建筑形式的多样性。通常最普遍、最具实用意义的就是被动式设计。建筑的被动式技术主要依赖合理的平面布局和经济的体型设计（图 4.19），其包含两方面的内容：在炎热地区

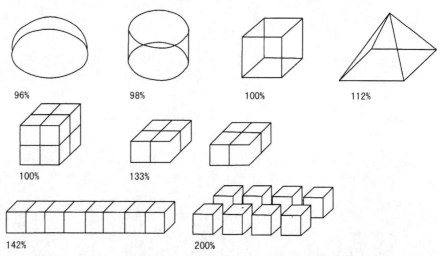

图 4.19　以立方体为基准、空间总量相同时不同体型的外表面的差异

注：图中百分比表示不同物体相同体积的外表面的面积比。

尽可能地采取自然通风、遮阳和降温措施；而在寒冷地区，则需最大限度地考虑太阳能的利用和保温问题。这种运用生物气候设计原理建造出来的环境能够比纯粹基于美学和功能的城市更加舒适、节能，也更富有地方性和多样性特征。

（3）根据热量传递的梯度变化特征，在人与周边环境之间建立若干层过渡空间或缓冲空间。它好比寒冷时我们多穿几层衣服御寒，炎热时穿件宽大的衣衫遮阳，或借助扇子散热，这些衣服和扇子就形成人与环境之间的一种梯度关系。城市或建筑可以象征人体扩展的机体功能，在人类面对恶劣气候而隔绝能力有限的情况下，增加空间梯度可有效缓减外界温度变化对人体的影响。如广东潮汕地区，不仅注意单体的处理，还在住宅间留有"冷巷"，通过天井巷道形成完善的通风系统，解决散热和防潮问题。又如鲍家声教授在无锡惠峰新村支撑体住宅试点工程中创造性地发展了传统四合院形式，构成由低层和多层相结合的模式——大天井式的台阶型住宅，提出了"街—场—巷—院—家"的新的空间梯度关系，为室内外环境提供了良好的日照、通风条件，较好地适应了江南地区的生物气候条件[20]。

地段级的城市设计对象可进一步划分为如下三个不同的层次：

① 城市组成，包括建筑群体、街道、广场、公共空间等；

② 建筑层次，包括排屋、多层建筑、合院建筑等；

③ 建筑构成，包括屋顶、窗户、墙体、地面、日光室等。

在地段级城市设计尺度上建立起室外公共空间、过渡空间、庭院空间和各种建筑物与建筑细部之间的梯度关系，能在一定范围内达到综合改善建筑物内外环境生物气候条件的效果。表 4.1 的矩阵以简略的形式反映了地段级的城市设计的基本组成要素和设计原理，并揭示了这些要素之间的内在关联。该矩阵简要列举了城市组成要素、建筑层次和建筑构成要素，但这仅仅是其中一部分策略，我们无法也没有必要加以穷尽。任何设计策略的建立都应基于特定的自然、气候和场地等环境因素，都应紧密围绕在绿色生态设计这一开放、包容的概念下，随着时间、空间变化而不断得到新的补充。

2）城市公共空间设计的生态策略

在地段级城市设计时，城市公共空间与人们日常生活密切相关，应予以特别关注。具体设计时，应针对地方自然特征和生物气候条件，通过自然要素和人工要素的合理组织，对环境中的声、光、热等物理刺激进行有效控制与优化，使之处于合理范围之内，以创造舒适健康的公共空间，使居民获得更多的人性关怀。

（1）充分利用自然光和控制光污染，进一步优化光环境

怀特（W. White）的研究表明，居民对城市公共空间的选择最关心的是阳光和活力，其次才是可达性、美学、舒适性和社会影响度。在条件允许的情况下，城市公共空间的选址应尽可能多地接受阳光，太阳的

表 4.1　地段级的城市设计生态策略

组成	原则	形状	遮阳	日照	防风	通风	蓄热量	隔热	色彩	质地	备注
城市组成要素	建筑群	优化比例，调整方位，合理利用阳光和风以取得理想效果	为露天空间提供可活动的遮蔽	保证建筑物/开放空间得到日照	减少冷风影响	增强降温效果	—	—	基于下列考虑，选择最佳饰面材料		场地选择：应选择冬季日照、夏天通风良好的场地，避免夏季太阳辐射以及令人不舒适的风，并要求排水和通风良好
	街道		利用建筑物边缘与植物	冬天暴露的步行区	自防风：街道与风向平行	对热舒适性和减污很重要	—	—	反射率与热吸收	眩光与尘土聚积	
	广场		独立式建筑物及其边缘植物	尤其是在人坐的区域或活动场所	建筑物边缘/开放空间的比例尺度	夏季在大体量边缘提供开口	—	—	—	—	
	柱廊/骑楼	日照和通风良好	结合街道与周边的开放空间	朝向让冬季阳光进入人的方向	迂回：避免与风向一致	—	—	—	—	—	
	停车场		必要的	避免	理想的	防止废气聚集	—	—	—	—	
	开放空间		建筑群得到日照，恰当布置阴影较长的高树的隔离带		用作挡风物	—	—	—	—	较低的反射率；单一色彩的环境	
	植被		落叶与常绿植被	—	用作挡风物	—	—	—	—	—	
建筑层次	独立式	紧凑式，减少热损失	—	易满足	有问题	易满足	—	—	—	—	
	半独立式	较大的外表面	—	—	—	—	—	—	—	—	
	联排住宅	日照和通风良好	—	—	用作屏障	—	—	—	—	—	
	多层建筑	—	—	—	上部较难，底层是关键	风速过大，可能不舒适	—	取决于外围护结构面积	—	—	
	合院建筑	体形系数大，需考虑	投下较长的阴影；天井是关键：动态性	影响邻近的开放空间；所有空间都可满足	—	设计合理可提高通风效果	—	—	—	—	

组成	原则 / 形状	遮阳	日照	防风	通风	蓄热量	隔热	色彩	质地	备注
屋顶	平屋顶	防止过热：双层屋顶	—	防止热损失	防止过热：双层屋顶	热惰性	关键的	倾向高反射材料	改善排水，减少积灰	可能是围护结构中最薄弱的部分；设计得好可以作为大阳能采集器或辐射冷却器，如果屋顶较厚，它的惰性较大，在夏季尤为突出
屋顶	—	可看作同样的平屋顶来考虑	结合天窗与太阳能设施	可得到最大日照，减少热损失	—	—	减少热交换	低吸热率，最好是浅色	有良好的排水系统	
屋顶	弯顶	—	—	减少下面空间的热交换	促使上部热空气排放	—	—	—	—	
墙体	—	不是隔热所必需的	用作蓄热	防止降温	—	提高热惰性／用于蓄热	减少热交换	防止眩光	防止灰尘聚积	—
地面	—	—	用作蓄热	减少下面空间的热交换气体	—	对蓄热是必要的	防止热桥现象	有直射光的地方用深色	防止眩光	—
窗户	—	通过可调的固定遮阳防止过热	用于被动式采暖和自然采光	减少冷风渗透和传热	根据风向确定窗户开启位置	—	使用隔热百叶／反射、双层玻璃	避免深色吸收热量	—	—
日光间／阳台	优化比例和朝向	水平面、竖向的东面／西面向阳	—	—	利用温差	优化一体式、独立式	夏日白天和冬日夜间关闭	利用深色加强拔风效果	—	—
太阳能风塔	—	—	提高通风性能	—	加强被动式冷却降温	—	—	—	—	—
捕风器	—	—	提高通风性能	—	对流蒸发冷却	—	—	—	—	—
天井／庭院	优化比例和朝向	防止集热	改善冬日使用状况，改善室内微气候	防止降温	改善冷却效果，调节室内微气候	根据使用横式和时间进一步优化	天井用作阳光间可提供动态保温	防止眩光，减少小反射	防止眩光和灰尘聚积	—
植被	—	选择夏日遮阳用的常绿植被	高树与落叶树相配合以保证日照	选用枝叶茂密的树木	增强蒸发冷却和灰尘过滤	—	—	低反射率，丰富环境色彩	—	—

建筑构成要素

季节性变动和现状以及拟建建筑物都必须纳入考虑范围内，这样才能接收最多的日照。对于那些夏季炎热的地区，应综合绿化种植和周边建筑物的遮蔽来实现部分遮阳和防晒。

在现有环境的制约下创造积极的公共空间，设计师应事先对场地进行日照分析，以决定哪个区域有阳光以及什么时候有，并将这一信息反馈到设计中来，以提高可接收的日照量并减少其不利效应。美国旧金山广场城市设计导则就很好地考虑到午间阳光的可及性，并鼓励设计师通过邻近钢、玻璃或花岗岩建筑的反射"借用"阳光[21]。与此同时，也要对白天和夜间的光污染现象进行适度控制，以利于人们的正常生活。

（2）积极引导和利用自然要素和人工设施，改善局地风环境

在炎热地区，应注意主导风向和绿化布置，加强通风效果，增加遮阴面积，如采用骑楼、连廊等；设计雨水可渗透地面，保护景观水面以蒸发降温。而在寒冷地区，城市设计应安排好高大建筑物和街道布局，以避免不利风道的形成，特别是街角旋流、下沉气流和尾流是最成问题的风力效应，会影响到近地人群活动的舒适性。

人工设施的分布会对其周边环境的气体流动产生一定的影响，可能导致局部公共空间风速过大或局部气体涡流、绕流等，给市民活动造成不便，有效的缓减措施包括重新设计建筑外形、调整受影响区域建筑尺度和形状之间的关系等。例如，旧金山城市分区规划就明确要求新建筑和现有建筑的扩建部分应有形体上的要求，或采取其他挡风措施，如此就不会造成地表气流超过当时风速的10%。同时，也要求一年之中从7点到18点之间，步行区域内的风速不超过11英里/h（1英里≈1 609.344 m），公共休息区域不超过7英里/h[21]。

（3）综合自然和人工手法调整局部气温，优化热环境

在极端气候地区，当气温明显低于12.7℃或高于24℃时，大多数居民的户外活动时间将明显减少。这时应充分关注步行者的需求，建设一些有遮蔽的人行天桥或地下通道。除了通过室内公共空间为人们提供常年的气候庇护外，还应注重通过城市设计手法创造半室内、半室外化的过渡空间，这样既能"有效地实现气候防护，增加环境的舒适度，又通过自然要素的引入满足人与自然接近的心理和生理需求"[22]。

比如，在一些欧美国家，常采用温室技术以使商店拥有奢华的环境，引导消费者延长购物时间。从那不勒斯到莫斯科，购物玻璃拱廊被用于不同气候条件的城市，曾一时风靡全球。较为典型的例子有米兰埃曼纽尔（Emanuele）拱廊商业街和莫斯科的拱廊百货商店。在一些干热地区，常利用植被、水和其他一些地方元素来实现对太阳辐射、灰土和沙尘的控制，从而改善购物环境。叙利亚大马士革有一贯穿整个街区的连续拱廊，可在炎热的季节为购物者提供阴凉；而在用茅草覆盖的敞篷下，摩洛哥城镇的购物者穿越迂回于凉爽的狭窄集市，在这儿敞篷起着气候防护物的作用，可以抵御炎热、充满灰尘而且干燥的风和沙尘暴（图4.20）。

图 4.20 大马士革街道的遮阳拱廊、摩洛哥城镇的遮阳草棚顶

（4）采取多种措施，提高公共空间的空气质量

空气质量对城市空间环境的使用和城市生活的影响至关重要。街道、广场等公共空间是城市中最为繁忙的户外开放空间之一，为人们提供驾乘、休闲、步行等场所，但它也是城市空气污染源之一，规划设计时可根据城市日照、风、气温等气候条件合理组织建筑群体、街道、广场、绿地等，以改善城市大气质量。针对此类场所，安妮·惠斯顿·斯珀恩初步归纳出以下措施，效果显著：

① 防止和减少排放，合理安置高污染源、兴建步行网络以减少机动车数量以及降低高峰排放量等；

② 加强气流循环，促进风的渗透，防止局部逆温的形成和长时间存在，以及避免空间封闭等；

③ 去除空气中的污染物，鼓励多种植绿化隔离带；

④ 保护对污染敏感的区域，合理安排高污染区，在污染敏感者和高污染排放区之间建立保护隔离带，或将对污染敏感的功能区远离高污染区。

良好的城市公共空间环境效果离不开全方位的精心安排，除了考虑上述阳光、风、气温和空气质量等因素外，城市设计时还应注意以下各方面的协调：

① 在城市公共空间活动支持方面，不同的季节应安排不同的内容，以求四季兼顾。

② 充分考虑城市特定地域的生态条件和气候特点，选择适合地区生长的植物类型，在规划设计和环境塑造上符合季节变化。

③ 调整街道、建筑和环境设施的色彩、质感和亮度等，有助于城市公共空间环境质量的提高。

④ 针对不同的气候条件设计和选择相应的建筑小品、"街道家具"，能够满足人们一年内较长时间段中的使用需求。

⑤ 通过隔离噪声或消除噪声源的不同思路，合理布置建筑物、设置隔声墙或植物配置，改善城市公共空间的声环境。

⑥ 眩光在城市设计时也须认真加以考虑，大面积硬质广场在炎热的晴天会造成严重的问题。与之相反，在太平洋西北岸一些阴雨、多湿地区外表过暗会显得压抑。

4.1.4 案例研究

长期以来，杨经文等人一直在对城市公共空间如何结合地理环境、生物气候条件进行着有益的探索。他们认为在特定的地点，随着季节的变化，城市空间有着不同的使用模式。在施普林赛尔城市设计中（图4.21），他们曾构想了一个足够大的中央公共活动开放空间，并基于应变的设计观，营造了可以方便市民体验一年四季不同气候条件下的不同场景。

再如，广东中山市岐江公园设计结合当地湿热气候条件综合运用了不同的绿色策略，即保留场地内高大树木为市民提供阴凉，保持沟渠水体等自然特征，旧建筑的再利用和特色人文资源的传承与延续，棕地的生态恢复与保持，对当地动植物资源的保护和利用，突出生物多样性的要求，强调人与自然的和谐共生等，效果良好。

综合以上不同层级的城市设计生态策略研究，笔者认为城市是由各种相互联系、相互制约的因素构成的巨系统。未来的城市设计应着眼于

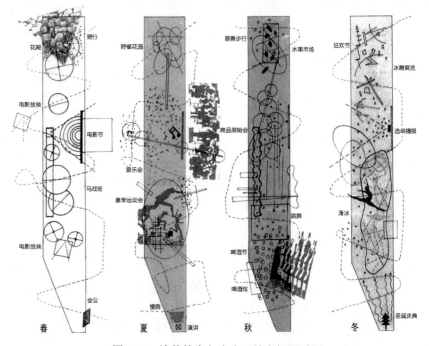

图 4.21　施普林赛尔中央开放空间四季图

地球的多因素系统，将城市作为一个相互关联的整体来考虑和设计，强调从横向的系统联系（系统和要素）和纵向的层级联系（系统和层次）出发，把握事物运动变化的规律，尊重自然，强调整体而不是部分，最大限度地发挥其整体功能。正如波兰科学院院士萨伦巴教授在《城市结构分类和环境》一文中所指出的那样：人与自然之间的空间关系会影响局地微气候，并对社会生活条件起着决定性作用。一个过度拥挤的城市，在连绵不断的建成区内部搞些小规模的绿化，对整体环境的改善作用甚微。局部的环境改善措施，不能从整体上创造出一个令人愉悦的环境；整体环境效果在大多数情况下，不是依靠局部的改善措施获得的，而是在综合的整体构思基础上产生的。分散的措施会使局部地区得到一些改善，但是不能改变一个不合理的城市结构[23]。

在现实生活中，不难发现宏观的生态策略和规划设计理念常常在微观的开发建设中被肢解，而一些局部地段或单体建筑对生物气候设计的关注却常常不能与更高层次产生良好的契合，甚至被周边恶劣的环境所抵消。因此，基于可持续发展理念的绿色城市设计应从"整体思考，局部入手"，建立起从宏观到中观再到微观的完整空间层级关系和全面、整体的生物气候适应体系，只有这样，才能实现城市环境的真正改善。本书虽然将城市设计生态策略的研究分为区域—城市级、片区级和地段级三个层次，但这种层次规模划分是相对的，实际上三者之间彼此相关，难以绝对区分和界定。本书通过对各种生物气候要素、自然要素和城市人工系统组成部分的有机整合和应用，遵循生态学原理，妥善处理从微观到中观再到宏观的不同层级之间的复杂关系，实现城镇建筑环境各系统、层级之间合作效应的实质性优化。

4.2　适应不同气候条件的城市设计生态策略

气候王国才是一切王国的第一位[24]。特定地域的生物气候条件是城市形态最为重要的决定因素之一，它不仅造化了自然界本身的特殊性，还是人类行为和地域文化特征的重要成因。这是因为生物气候条件是城市建设时首先面临的自然挑战，它关系到一个城市的能源模式和人们生存环境的舒适性，在极端气候环境中，它甚至在很大程度上决定了一个城市的结构形态、街道和建筑布局、开放空间设计等。作为自然环境的基本要素，生物气候条件是城市规划设计的重要参数，它越是特殊就越需要设计来反映它，"形式追随气候"应像"形式追随功能"一样，成为城市设计的重要原则。

世界各地的气候条件错综复杂，划分因素和标准也很多。英国人斯欧克莱在《建筑环境科学手册》中根据空气温度、湿度和太阳辐射等因素，将地球上的地域大致分为四种不同的气候类型区：湿热气候区、干热气候区、温和气候区与寒冷气候区。尽管这种分法比较感性、主观和粗略，但在研究城市、建筑与气候关系时常采用的就是这种分类法。本书的论述也大致采用这一分类模型，但考虑到我国习惯的分类法，将之改为湿热地区、干热地区、冬冷夏热地区和寒冷地区。

目前，专门针对某一气候条件的城市设计研究已有不少，但同时就不同气候条件的城市设计展开研究并不多见④。我们尝试从生物学的适应与补偿原理入手，从"趋利避害"的双层含义去理解："避"，通过适当的城市设计手段来削弱外界气候条件对城镇建筑环境的不利影响；"趋"，在生态原理的指引下，充分利用当地生物气候资源并采用合理的技术、方法、手段来创造理想的人居环境。本书分别就干热地区、湿热地区、冬冷夏热地区和寒冷地区的城市设计生态策略进行探索，并尝试建立初步的研究模型和模式语言，从而最终实现"在人的需要与特定地理气候之间达成协调"[25]。

4.2.1 湿热地区的城市设计生态策略

兰兹伯格（Landsberg）在 1984 年指出目前全球大约有 40% 的人口居住在湿热型气候区域，这个比例在 20 世纪末将上升到 50%。这表明在该地区通过设计使城市与建筑适应气候来改善环境具有重要意义。湿热地区有着共同的气候特征，它主要包括两种气候类型：一类是夏季湿热，但有短暂寒冬的次湿热气候区（包括我国南方地区、长江流域局部地区）；另一类是典型的赤道气候类型区（沿赤道两侧的狭长区域，纬度为 0°—15°）和热带海洋气候区（南非、澳大利亚的东北部），其主要气候特征是年平均温度和湿度相对稳定。虽然每天会有波动，但每月平均值相对稳定，日平均温度为 27℃。湿热地区湿度和降雨量一年中很高，相对湿度常为 70%—80%，甚至更高。该地区风力条件主要取决于离开海洋的距离，并受制于每年信风带（由东向西，朝向赤道）的移动。在沿海地区，午间会有规律性的海陆风产生，夜间通常风较弱。高温潮湿的气候，除影响人类的舒适性之外，还促进了真菌的增长、建筑材料的腐蚀以及各种虫害的滋生。

从城市和建筑设计来看，湿热地区的气候具有以下显著特点：首先，该地区夏天的气候"并不在于其单纯的热，而在于是高温高湿组合的热湿"[26]，通常较难通过设计来改善。这是因为，随着温度的升高，从植物和潮湿土壤蒸发的水汽升高，会导致更高的温度和太阳辐射，致使当地居民感觉十分不适，也影响了一些被动式冷却系统的实用性。其次，该地区常受到具有强烈破坏作用的飓风和洪水的影响。这是由于信风经过辽阔的海洋之后常会聚于赤道地带，造成潮湿空气对流加剧，并导致该地区午后降雨并伴有雷暴这一有规律的现象。再次，该地区温度几乎没有季节性的变化，除受太阳直接辐射外，云层的漫辐射影响很大，仅靠截取直接太阳辐射的遮阳措施往往效果不佳。此外,相对于其他气候区，对适于该气候特征的建筑和城市设计所做的系统性研究还很少，再加上当地所住的多为穷人，大多数人支付不起昂贵的空调费用。因此，应通过低成本的、适宜的城市和建筑设计细节来从根本上减少热应力对人体健康和生产的影响[27]。

从湿热地区的上述气候特征我们不难发现该地区城市设计的重点所在，简要概括即最大限度地提供良好的自然通风条件，提高环境的热舒适性并降低制冷所需的能源消耗；同时，最大限度地减轻热带风暴和洪水的危害。

1）基地选择原则

一定区域内的地理位置和生物气候条件对城市居住环境的舒适性有着长期影响。对位于炎热潮湿和多雨气候地区的新区规划或旧城改造项目，应选择那些温度较低、通风良好以及周边地形特征适于自然排水的地方，并避免将密集的住区或商业街区建造在洪水易发地段。

首先，应选择通风良好的区域，避免因地形等条件所导致的空气滞留。良好的通风对湿热地区居民的舒适性而言是至关重要的，决定湿热地区热应力水平的一个主要因素即通风能力，除了积极利用自然风外，也应依靠地形地貌变化所产生的局地风。在无风的夜晚，山谷的坡度可使气流向下运动产生谷地风，而沿海或滨水地区则可受益于白天及夜间生成的水陆风的作用。

其次，尽量避免自然危害。湿热地区的城市建设应选择有利地形，避免位于江河两侧或江河出口附近的平坦地区，这些地方常是雨水汇集之处，水位较高。此外，也应避免紧邻沿海区域，这些地区易受飓风和暴雨袭击，海平面上升和大风引发的海浪也会造成严重破坏。

最后，应满足一定的防洪要求。城市洪涝灾害主要由来自远方的客水以及市区汇集的超量雨水所引发，前者需从区域规划的层面加以解决，后者则可以通过采用适当的城市设计细节加以改进。通常需要合理处理好地面高程和基地不同部分之间的高差；尽可能保持自然植被和具有渗透性的表层土；用具有渗透性的路面铺装替代原先密实的人行道、广场和停车场；设立屋顶蓄水池（既能蓄水，又能减轻太阳热辐射）或在市区开挖人工湖；保留土地结构的自然灌溉特征等。

2）城市结构和建筑物密度的综合考虑

建筑物密度是决定城市通风性能和城市温度的主要因素之一。通常情况下，建筑密度越高，通风效果越差，越容易出现"热岛效应"。在湿热地区，过高的密度常会导致市区维持在较高的热应力水平，现代城市比传统城市具有更高的密度，只有采取适宜的城市设计策略才能将环境质量的恶化减到最小。

湿热地区的城市应尽量采用分散式结构，尽端开敞以利于通风。建筑物密度应维持在相对较低的水平，鼓励不同高度的建筑交错布置，并使建筑物的长边与主导风向成一微小角度，以增强城市通风性能。在城市建设时，尽量避免采用高层板式建筑，以免阻碍风在街道和建筑间的流动；或避免与主导风向垂直布置的具有相同高度的建筑群，以免产生"风影区"。积极利用高层建筑对风环境的改变原理，鼓励建造高层塔楼，并将之相互远离，以促使高空的气流与地面附近的空气混合，将高处相对较冷的空气带到地面，增加近地风速，提高行人的舒适性（图 4.22）。

3）街道网络的规划设计

湿热地区的街道网络规划设计的首要目标是提高步行环境的舒适性，并为沿路的建筑提供良好的通风能力，尽量降低城市密集区的"热岛效应"，可采用尽端开放式和分散式布局，或将不同高度的建筑物相互结合，或增加街道开口与宽度，或利用绿带、河流将其与城市外部空间相连都可提高城市通风性能。

在建筑物低密度区，风可以在建筑及其周边地区自由流动，街道对风运动所起的阻碍较小；而在高密度区，这种影响就非常重要。当街道与风平行时，街道能获得最好的通风效果，但沿街建筑内部的通风潜力受到影响；当街道与风垂直时，沿街建有长条形建筑的街道会妨碍整个地区的通风能力，这在湿热地区是十分不利的。因而，从湿热地区城市通风性能来看，一个良好的街道规划应使宽阔的林荫道与主导风向成大约 30°的倾斜角，能使风顺利穿过街道到达市区，也有利于沿街建筑前后面的空气产生压差，增强建筑自然通风潜力[27]。

具体处理时，应进一步挖掘湿热地区传统城镇、建筑形式中那些适应气候的有效手段。以湿热气候为背景的广东民居村落形成了疏散式和密集式两种不同布局模式，前者通过绿地、水体的合理布局来降低室外温度，并以温差进一步结合建筑物疏密差异和空间大小形成气压差来增强通风能力；后者则在南北向设置狭窄冷巷提供阴影，并通过热压作用强化村落内部的通风效果。如广东珠三角地区和海南文昌地区的传统村落布局，通常选择在平原或略有坡地的地形上，采取坐北朝南、前塘后坡的网格式布局。这种布局的特点在于建筑大都南北向，自然通风良好，又可利用水体和坡地绿化改善夏日室外物理环境，调湿、降温作用显著。又如，骑楼是结合南方气候条件和商业经营需要而发展起来的，夏日遮阳，雨天挡雨，方便穿行，在现代城市设计时应进一步加以考虑和利用。我国南方地区，如广州、福州等地常采用建筑底层架空的做法，一方面有利于防潮、通风和日照，方便居民活动；另一方面也有利于改善局地微气候，通过底层架空绿化形成室内外环境的相互渗透，丰富住区环境，实践证明是适应南方气候特征空间形式的（图 4.23）。

4）开放空间设计

绿地、水体对改善城市温度、湿度以及局地风环境有着明显的作用。在规划设计时，应促使绿地、水体为主体的开放空间形成良好的网络，贯穿整个城市建成区域，并注意与当地主导风向结合，形成城市的通风走廊，从而增强城市通风能力，缓减市区"热岛效应"。例如，王建国教

图 4.22　新加坡适应当地湿热气候的独特建筑布局　　　图 4.23　华南地区适应气候的住区环境设计

授团队在中国海口市开展总体城市设计时，注意保留了连续的有树荫遮蔽的开敞绿地，并与大海、河流以及整个城市的绿地系统相连，此举不仅为城市提供了"风廊"，有利于降低夏日炎热的温度，也为行人提供了良好的步行和骑车通道，保护了海鸟的栖息环境。

湿热地区植物与局地微气候有时也存在矛盾。树木提供的阴影大都是受欢迎的，但是过度稠密和低矮的树木林冠阻碍了空气流通，再加上植物的蒸发作用增加了空气湿度，从而形成"死空气"，这些无疑更加重了原先的不适感，尤其是在市区通风能力本来就较弱的时候。在湿热气候条件下，当通风与遮阴起冲突时，通风更为重要，这时就要避免树木对风的阻碍作用。当地较为理想的植被类型是草坪、花圃和高大树木的结合，避免种植高耸的灌木丛[28]。

5）建筑设计特点

湿热地区的建筑需要解决通风、降温、隔热、防潮以及减少太阳辐射等诸多问题，其中，保持持续通风是首要的舒适性要求，而且湿度越大，对通风要求也就越高。与之相适应，建筑布局通常较为松散，常采用开敞的平面布置和较大的窗洞开口以利于自然通风，或通过较深的门廊、外廊、阳台和遮阳板帮助导风和降温，或采用"干阑式"的结构形式以增强建筑物周边的空气流通。传统湿热地区的城市以"屋顶文化"为特征，建筑屋顶除了挡雨之外，最大的功能在于遮阳，这是因为以前热湿地区的建筑比较低矮，大屋顶就可以起到充分的遮阳效果。目前，防水处理良好的平屋顶已能取代原先的坡屋顶，屋顶的遮阳功能也相应被各式各样的遮阳板、阳台所取代。现代湿热地区的建筑已逐渐由古代的"屋顶文化"转化为现代的"遮阳文化"，充满光影变幻的遮阳特征无疑是现代热湿气候特有的风土造型。现代建筑大面积的外墙需要各种遮阳形式的综合作用才能有足够的效果，如出挑 1 m 的遮阳板每年可节省 20% 的空调费用（图 4.24）[26]。

图 4.24　现代遮阳措施

　　传统民居建筑在平面设计和造型处理时通常都能反映地方气候特征。如在我国云南西双版纳地区,气候炎热多雨,空气潮湿,当地居民为了防热、防潮以获取干爽阴凉的居住条件,大多建成出檐深远的"干阑式"竹(木)楼,有利于通风散热和排水防潮;而在东南亚地区,当地人用常见的竹木来建造屋舍,并用竹片编织成墙壁和地板,用树皮、茅草覆盖屋顶,这些围护结构有许多空隙,有利于保持气流畅通。新加坡阿卡迪花园公寓则是现代湿热地区适应气候的典范,其"十字形"平面布局和造型处理手法独特,独具匠心。该建筑周边保留的绿带很好地阻隔了周围环境的喧嚣,建筑外立面上一组组直线几何形阳台层层跌落,植满绿色植物,起到很好的遮阳美化作用,再加上精心设计的内院,整个环境闹中取静,清新怡人。

　　6)相关理论与实践研究

　　近年来,人们对生物气候条件的认识和应用已从单纯的建筑节能设计逐渐向深度和广度发展,日益关注于人类健康、空气质量以及自然要素对城镇建筑环境所造成的影响等诸多问题。城市和建筑领域结合生物气候条件的研究成果大量涌现,其中以杨经文及其研究团队较具代表性。20多年来,他们一直以生物气候学思想为指导,以"绿色"和"生态应对"为设计目标,针对高能耗、高污染、对生态环境高破坏性的建筑和城市设计活动在设计时坚持低能耗和生物气候优先的原则,积极利用城市自然资源通过被动调节来适应地方气候,从而尽量减少对建成环境的负面影响。在设计每一个作品的时候,"他总是思考着未来,思考着通过怎样的设计,获得一份充分考虑资源恢复和补充的经济性,而不是掠夺和耗尽环境资源的经济性"[29]。

杨经文建立起一整套"生物气候"设计理论以及对环境知识体系的完整理解，在该领域发表了一系列文章和著作，如《摩天大厦：生物气候的思考》《热带走廊城市——几个吉隆坡城市设计构思》《热带城市的地方习惯——一个东南亚城市的建筑》以及《环境规划设计中考虑和生态结合的理论体系》等。此外，他还总结了在湿热气候条件下适应气候的城市设计策略，归纳起来有以下几个方面[30]：

（1）城市的绿化系统要贯穿整个城市和市内的建筑，要注意主导风向，使风能进入城市内部避免市区"热岛"的形成。

（2）鼓励和引导市民到室外公共空间进行户外活动，不要让他们总是处于室内空调环境中。

（3）在建筑密集的市中心地区要减少汽车流量，以降低污染、降低热量。

（4）在市区内均匀布置公共活动场所（总面积占10%—20%），这些场地应为露天的并有绿化或由架子、罩棚遮挡的半封闭空间。

（5）注重平面绿化的同时注重垂直绿化，使植物同建筑构成一体来反映一种绿色的形象。

（6）道路交通规划应尽量减少人们对汽车的依赖，并鼓励在一定的范围内使用步行道，楼群之间不必让汽车穿越。

（7）人行道要设计成半封闭或不封闭形式，并形成系统。

（8）要尽量设计可渗透地面，避免雨水从地面上流失。

（9）要保护好风景性水面以用来蒸发降温。

在杨经文主持设计的拉曼科塔规划和城市设计项目中（图4.25），使用一种"生态土地利用叠图"技术分析用地的生态承载力，帮助确保各类设施的布置能够最小限度地影响用地的地形、植被和水文情况，力求将人工系统与该地段的自然植被与景观等结合在一起[29]。节约交通运输能源成为这一方案的又一特色。该方案通过减少低效的小汽车交通、增加公共交通和铁路交通等高效方式以节约交通能耗，鼓励

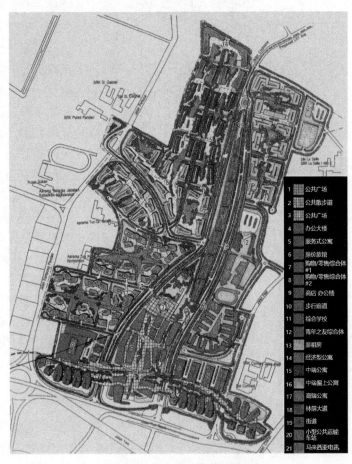

1	公共广场
2	公共散步道
3	公共广场
4	办公大楼
5	服务式公寓
6	廉价旅馆
7	购物/零售综合体#1
8	购物/零售综合体#2
9	商店 办公楼
10	步行廊道
11	综合学校
12	青年之友综合体
13	庭相房
14	经济型公寓
15	中端公寓
16	中端屋上公寓
17	高端公寓
18	林荫大道
19	街道
20	小型公共运输车站
21	马来西亚电讯

图4.25 拉曼科塔规划总平面

拉曼科塔大道
线形的阶梯状花园构成了连续的景观园林式步行区域

步行骑楼长廊
可以体验到自然通风、阳光和水的街道

变化丰富的建筑外形轮廓
建筑外形轮廓增强并限定了主要开放空间的景观

开放式庭院
栽种有大树，设计有水平，经过园林设计的开放庭院

图 4.26　局部地区生物气候设计策略

步行，采用两条贯通整个设计地段的超宽、超长的有顶步行道，确保所有组团的居民能便捷地使用它们。一条轻轨铁路线同样贯穿整个用地，可方便地连接周围建筑群。该方案还结合热湿气候条件通过对游廊步行道、拉曼科塔大道、步行骑楼长廊、拱廊、开放式庭院、建筑物形体的精心设计，力求创造一个交通便捷、节约能源、健康舒适的城镇建筑环境（图 4.26）。

4.2.2　干热地区的城市设计生态策略

　　干热地区大约在赤道南北 15°—30° 的亚热带纬度范围内，包括亚洲的中部和西部地区、中东、非洲、美洲北部和南部以及澳大利亚中部和西北部地区。我国新疆吐鲁番盆地一带，以及川西攀枝花地区、川东长江谷地、云南元江谷地以及海南岛西部的部分地区也属于这一气候区。由于西北及东南信风在经过干热地区上空时带走了大量水汽，空气十分干燥，该地区总体气候特征主要表现为干旱、高盐碱化、大面积高温和强烈的太阳辐射，通常在中午和下午风很强，但在夜间却较弱（局部干热地区夜间也有强风），从而引发当地下午共同的气候特征——沙尘暴，这也是导致不适和麻烦的主要因素之一。

　　干热地区的夏季气候条件最为严峻，但冬季通常较为舒适（局部地区也有寒冷的冬季）。干热气候给人们生活带来巨大压力，主要包括由高温和强烈太阳辐射引发的热压力、刺眼的光线、沙尘暴以及局部地区的冬季严寒。因此，该地区城市设计应以确保城镇建筑环境夏季的热舒适性为最高目标，这是因为在通常情况下，"如能满足人在夏天的热舒适条件，也就等于满足了冬天的热舒适条件"[31]。

　　1）基地选择和布局原则

　　干热地区城市设计的主要目标是如何减轻恶劣气候给人们室外活动带来的压力，尽可能提高单体建筑物的节能性能，并综合利用地形变化来获取良好的通风条件。针对夏天的燥热，在基地选择和总体布局时应注意以下几点：首先，选择合适的海拔、坡度和方位，以降低城镇建筑环境所受的太阳辐射，并应利用自然通风促进热量扩散。尽量避免位于低矮、狭长的谷地，宜选在山的迎风坡或较高海拔位置，可获得良好的通风能力和适宜的气温。其次，较为理想的状况是在基地的东南方向有大型的水域或灌溉区，可提供有益的水汽蒸发，从而能够降低该地区温度。此外，也可对地面采取特殊处理，加快白天所积聚的辐射热的扩散。最后，规划布局应使居住与工作场所能够通过快速、便捷的交通系统连接起来，并将社会公共服务设施分布于适宜的服务半径内，以减少长途跋涉，节约能源。

为了最大限度地减少干热气候对城市生活的影响，增加居住的舒适性，吉·格兰尼在谈及该地区的城市规划设计原则时强调：要有紧凑的自然环境；重点在于垂直发展，而不放在常用的传统水平发展；偏重采取向半地下和地下发展，而不是向高层建筑发展，以显著节省公共设施与基本设施的建设投资及其之后的运行和维护费用[32]。

2）·城市结构和建筑物密度的综合考虑

干热地区的城市通常呈现为高密集型、紧凑式的结构形态，这主要是由当地的气候条件所决定的，是长期以来适应自然的结果，对改善室内外环境的舒适性有着积极作用。

（1）干热地区城市建筑物密度与城市气温

对于干热地区的城市而言，狭窄的街道和密集的建筑是比较适宜的形式，与宽阔的街道相比，会产生更多的阴影。对于同高度的建筑物来说，宽阔的街道与狭窄的街道相比在白天会产生更大的温度波动。达卡（Dhaka）通过对孟加拉国（Bangladesh，北纬23º）研究后发现：在夏季白天，高宽比为1：1的街道温度会比高宽比为3：1的街道高出4℃[18]。究其原因，主要因为在白天，城市街道上空会比狭窄的街道地面温度更高，这是因为它们比地面受到更多的太阳辐射；在夜晚，与此相反，由于只有一个狭窄开口敞向天空，街道地面会比街道上空温度下降慢些，到后半夜，街道上空的冷空气就会沉降，从而改善了地面的热环境。同样高度的建筑，如果增加了城市建筑物密度，也就意味着减少了建筑周围的开放空间面积，而它的减少对城市气温的影响还在很大程度上取决于建筑物的方向、色彩尤其是屋顶的色彩。此时，如能综合利用城市密度、建筑物高度和城市中建筑构件的平均反射率，将屋顶、墙壁涂成白色，亦即干热地区的"浅色化"措施，将能明显减少建筑物对太阳辐射的吸收。

上述研究表明，无论是从对街道及其周边环境的理论分析，还是从实际测量中都可以得出，在干热地区设计高密集型的居住环境从总体上来说是有利于降低建筑物白天的温度的。但是，狭窄的街道可能会造成较为严重的空气污染、更多的噪音和较低的风速。

（2）干热地区城市建筑物密度与通风潜力

干热地区通常白天风较强而晚上较弱，令人感到意外的是一般该地区白天不需通风（避让沙尘），而夜间为确保室内比较舒适通风又成为必需。因此，我们关注的重点是如何提高城市及其建筑物夜间的通风性能。

在高密度且层数接近的区域，街道很窄，建筑物间距较小，风几乎全部从屋顶掠过，这时应结合建筑设计充分利用屋顶空间作为夜间休息的场所，其他楼层则可利用"风斗"将风向下引导用以改善底部建筑的通风条件。

此外，可利用高层建筑产生的局地风改善地面的风环境；同时，也应避免板式建筑在与主导风向垂直的方向上形成"风墙"。

（3）干热地区建筑物密度与城市开放空间

干热地区容易受地方性沙尘暴和沙尘"波"的影响，裸露的空地通常是沙尘的源泉，而植被覆盖的土地有助于过滤空气中的沙尘。但雨水的缺乏和异地引水的高昂成本限制了城市美化露天环境的能力。这时较为合理的城市设计政策就是限制建筑物之间的距离（按规则退让）至居民能够绿化的尺度，这在一定程度上也导致干热地区的城市密度要高于其他气候类型区。

3）街道网络的规划设计

在干热地区，对通风的关注主要是保证夜间建筑物的通风能力，其重要性不言而喻。街道的宽度决定了街道两侧建筑物的间距，能够影响通风能力和太阳能利用潜力。干热地区的街道布局原则是在夏季尽量为行人提供阴凉，并减少建筑物的曝晒。在当地常见的沙漠化地带，与风向平行的宽阔街道会从总体上恶化城市的沙尘问题，这是因为干热地区的风主要从西向吹来，所以与街道方向相关的阳光曝晒问题与沙尘问题之间存在矛盾，需要通过整个城市的"抑制沙尘"措施加以解决[27]。例如，通过街道铺地设计来改善地表覆盖率和近地风速；或者保持场地的自然状况，种植沙漠植物以限制沙尘的形成，降低空气沙尘污染。

不同方向的街道提供的遮阴模式也是不一样的，南北向街道与东西向街道相比，夏天具有更好的阴影条件；而呈"对角线"方向的街道从阳光暴晒角度来看，东北—西南方向比西北—东南方向更好一些，能在夏季提供更多的阴凉而在冬季获得更多的日晒［诺尔斯（Knowles），1981年][27]。在干热气候下，通常不考虑利用穿堂风来降温，建筑布局非常紧凑，就像突尼斯城，街道很窄，建筑相互遮蔽（图4.27）。哈桑·法赛为埃及巴利兹（Bariz）新城所做的规划（图4.28），也是采用狭窄的南北向街道以增大清晨和午后的阴影。再如，我国新疆喀什旧城则通过街道空间的精心设计以增加风阻、提高聚落防风能力，并利用狭窄的巷道、过街楼等增强遮阳和降温作用，其密集的院落式布局为恶劣气候下的当地居民提供了一处遮阳、防风且温度相对稳定的人工环境。

4）开放空间设计

干热地区地表水汽蒸发率较高，从覆盖植物的土壤中蒸发的水汽可以降低气温、提高湿度。因此，城市开放空间包括私人绿地、公共绿地、公园等对该地区的气候影响最为显著。从舒适性角度考虑，在绿化区附近进行户外活动要比在混凝土建筑附近更舒适。大面积的浅色屋顶与树木种植的有机结合，将会提高空气湿度，并明显降低该地区的室外温度。在炎热气候条件下，人行道应尽可能不暴露在阳光下，尤其是在白天户外活动的聚集场所。那些狭窄且具有较好遮阳设施的街道对于步行人流、室外活动以及购物环境而言都是更为舒适宜人的。

当地居民在与恶劣气候长期斗争的过程中积累了丰富的经验，一些地方性降温措施常令人拍案叫绝。在有条件的地区，水体的引入无疑具有直接而显著的作用，如西班牙阿尔汗布拉宫采用了凉快的、有遮阳的庭院和喷水池，它不只是华丽的景致，而且是最深刻、最丰饶的建筑创造力的源泉——对格拉纳达干热气候挑战的直接应对，其基本原理为：在干热气候下，尽量堵住温热空气并使之湿润，再利用水汽蒸腾降低温度。长期以来，类似应用已经取得惊人成就，诸如位于德里和阿格拉的举世无双的莫卧儿城堡——在这座有围墙的花园里，淙淙的水渠将一座座凉爽的大理石凉亭连接起来。我国新疆维吾尔族居民在各家院子里用葡萄棚遮阳，下面常有一条小溪缓缓流淌以增加空气湿度，从而将葡萄种植与改善室内外局地微气候很好地结合起来；而在吐鲁番市中心地区，竟有一条超过 1 km 长的葡萄棚步行街，能在夏日提供阴凉，颇具地方特色（图 4.29）。

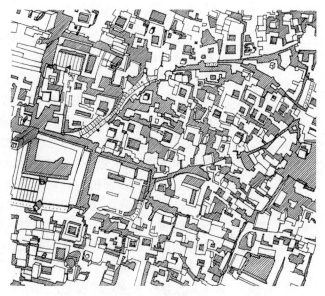

图 4.27　突尼斯城总平面

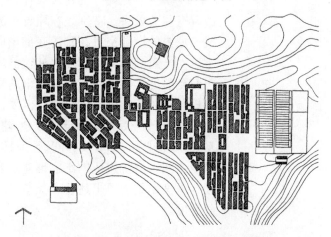

图 4.28　巴利兹（Bariz）新城总平面

图 4.29　吐鲁番青年路遮阳措施

5）建筑设计特点

干热地区的建筑设计重点应解决隔热和降温问题，通过构造设计来提高室内舒适度。为减弱太阳辐射的影响，在当地通常采用紧凑的平面布局，将主要功能房间布置在较好的东南朝向，尽量减少暴露的屋顶和墙体面积，或增加墙面的悬突物以增加阴影。在建筑内部组织单向穿堂风，或利用室内外热力差形成自然对流的原理设置"风斗"之类的垂直风道，可取得较好的效果。干热地区的建筑通常采用厚重的夯土和砖砌结构的外墙和屋顶，以适应高温和昼夜温差的影响。中东地区、我国新疆地区的住宅至今仍在使用，这是因为夯土和砖砌结构的蓄热性可以很好保持室内温度的稳定。同时，由于受风沙和日晒的影响，该地区的建筑物开窗面积相应很小，如在风沙严重的河西走廊武威地区，甚至在住宅外围设立高达 4 m 的夯土墙以抵御风沙侵袭。此外，如果地质条件许可，覆土建筑或地下建筑也是不错的选择，可以有效适应严酷的气候，也有利于降低建筑密度，形成宜人的自然景观。

院落为干热地区的建筑设计提供了一个很好的范式，它对小气候的改善有显著效果，特别是在通过对流作用有助于保持空气流通方面。夜晚，凉爽的潮湿空气在院落底部形成，慢慢流入房间，从而使房间冷却下来，一直到第二天都能保持较舒适的温度。再者，院落还在一定程度上起到缓冲器的作用，抵御外来的噪音，防止灰尘和沙粒进入室内。干热地区的院落应用非常广泛，例如，大多数传统的中东和地中海住宅就是由具有一个庭院的矩形和 L 形建筑，具有两个庭院的 H 形房子和 T 形建筑构建的，偶然还可以看到具有三个庭院的 Y 形建筑的复杂设计以及由四个庭院组成的十字形建筑设计。近年来，相当多的住区规划和设计方案都采用了上述设计类型，并取得了较为合理的开发密度和环境舒适度。

6）案例研究

（1）美国凤凰城太阳绿洲

由柯克（J. Cook）设计的美国凤凰城太阳绿洲是一项蕴含着生物气候设计思想和技术手段的综合性城市设计，它将建筑、生态、机械设计融为一体，其主要目的是想改善这个位于世界上最热的城市中心地下停车场顶部的外部空间，使之成为一处真正向市民开放的、人人能共享的交流场所。

该方案采用一个呈对角线的、不对称的张拉膜结构帐篷覆盖在广场上，方便行人穿越，一方面，可使冬日温暖的朝阳自由洒落，而在其他时间又能遮蔽阳光；另一方面，其富有动态的形体能使热气流从顶部散出，而雨水恰好可从底部排出。最为特殊的是，该方案还运用生态技术手段，在绿洲的东侧布置了两排冷却塔，对酷暑的沙漠气流加以过滤和弱化。10 个 18 m 高的冷却塔，在顶部配有可反转的烟囱罩以蒸发顶部用于被动制冷的水（图 4.30）。由于比重大的湿冷气流下沉，在底部形成一股冷气流,从而确保夏日广场上 1.7 m 高的接近人体水平面上的空气每隔 20 s 被冷却和更换一次。

(2)阿联酋马斯达尔"太阳城"[33]

作为世界自然基金会可持续发展计划——"一个地球生活"项目重要组成的马斯达尔"太阳城",占地 6.5 km^2,由诺曼·福斯特设计,于 2008 年 4 月兴建,2016 年完成。马斯达尔城的环境目标是一个全球性的创举——世界第一个完全依赖太阳能风能实现能源自给自足、污水、汽车尾气和二氧化碳零排放的环保城,为未来的可持续发展的城市设计设定了新的基准。马斯达尔城是一个没有小汽车的城市,所有来访者将车停在城外,通过步行、自行车和无人驾驶的公共电车到达各个目的地。

马斯达尔城以传统阿拉伯露天市场为蓝本,规划整齐划一,每边长 1.6 km,限高 5 层,12 m 高的城墙护城,一如古代壮阔的城池。马斯达尔城最终要实现"零碳零废物"的伟大目标,这是前所未有的宏伟创举。为此,城区内外建有大量太阳能光电设备以及风能收集利用设施,以充分利用沙漠中丰富的阳光和海上的风能资源;在城市周边种植棕榈树和红杉木,形成环城绿带,在改善环境的同时也可以提供制造生物燃料的原材料。此外,未来还利用大量的大型风车发电,这也形成茫茫沙漠中的一道独特风景(图 4.31)。

阿联酋气候干热,气温常达 50℃ 以上,空调降温能耗需求惊人。为此,太阳城采取了多项绿色降温手段。第一,用覆盖在城

图 4.30 总体鸟瞰模型(上)和冷却塔局部模型(下)

图 4.31 马斯达尔城总体鸟瞰

区上空的由特殊材料制成的滤网为城内纵横交错的狭窄街道提供林荫；第二，在城中建立一种"风塔"装置，利用风能、空气流动和水循环形成天然空调；第三，利用城中密布的河道和喷泉降温增湿；第四，结合狭窄的街道，配以绿色植物以减少阳光直射和增加阴凉。

4.2.3 冬冷夏热地区的城市设计生态策略[34]

冬天寒冷而夏天炎热的地区集中在30°—40°纬度，主要位于各大洲的东部，如中国、日本和美国等。其特点是夏季比较炎热干燥，白天的温度为30—35℃，最高可达37—39℃，甚至40℃；冬季较为寒冷，气温一般在−10—5℃；其相对湿度变化较大，白天为30%—40%，夜晚则达80%。这种气候区夏季需要制冷，冬季需要采暖，只有春秋季可通过自然通风获得较为理想的热舒适性，总体而言，能耗较大，需要特殊的节能设计。我国长江中下游地区大量人口均位于该气候区，由于不能完全依靠空调，因而舒适的热环境主要依靠科学的城市规划和建筑设计策略。

通常，对于城市环境热舒适性而言，冷是生存的最大障碍，热是舒适性的最大影响因素，这是因为人类对寒冷的保护远比对过度热应力的保护更容易获得。加热能通过简单的、相对便宜的设备获得，而用于制冷的空调比较昂贵，对于发展中国家的大多数人都不适用。因而，除了那些冬天气候比夏天严峻得多的地区以外，夏天的热舒适性问题在城市设计时应予以优先考虑。冬冷夏热地区针对夏天和冬天的"理想"的城市设计指导方针是非常不同的，甚至会发生冲突。但是，通过合理处理城市通风、街道布局和建筑规划设计，提出在这两个季节内都舒适、节能的城市设计方案还是可能的。

1）基地选择原则

在冬冷夏热气候区，夏天常高温、高湿多雨，而冬天则非常寒冷，常在0℃以下。更为重要的是，这个地区冬、夏两季的主导风向经常是不同的。如在我国东部地区，冬天的风主要来自北方，夏天则主要来自东南方向。因此，该地区基地选择一方面要保证冬季日照良好，夏季通风流畅，在东南方向没有大的地形起伏、遮挡；另一方面既能防止夏季高温辐射，又能阻断冬季寒流侵袭，在西北方向最好有高大地形或成片防护林阻隔。

2）城市结构和密度的综合考虑

冬冷夏热地区，城市结构布局首先应鼓励夏季风（我国为东南风）尽可能穿越城市空间，它要求建筑适当地分散布置；而在冬天，为了最大可能地节省采暖费用，需要拥有最小暴露、紧凑布局的建筑。因而，冬冷夏热地区要求我们通过特殊的城市规划和设计细节，建造一种由各种建筑类型混合排列的"夏天暴露分散，而冬天紧凑"的城市结构模式。

在我国大部分地区，应该依靠建筑群体形态设计尽可能地使南向、东南向的夏季风得到强化，而阻挡冬季寒冷的西北风。为了达到这个目的，可合理安排不同长度和高度的建筑物使它们尽可能的面对主导风向逐级布置，首先尽量将一些体量最小的独立住宅布置在最南边，然后依次是一些低矮的建筑类型，而在用地的北部边界则建造最高和最长的建筑（图4.32）。这样，整个地区就由高层板式公寓楼、多层方形公寓楼、两三层的联排住宅、双拼或独立式别墅组成，形成了迎合夏季东南风的"凹口"状态，同时能阻挡冬季北向来风。这些建筑类型的混合与那些由单一类型建筑组成的地区相比，城市居住区的总体密度更高一些，也具有相对更好的环境质量和热舒适性。

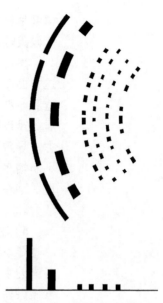

图4.32　针对冬冷夏热地区通风效果的建筑群体形态布置

3）街道网络的规划设计

街道方位对城市通风有直接影响，应尽可能通过适当的布局来适应全年的风向变化。当街道与风向垂直时，应避免通常的沿街长条形的建筑布局，该模式对城市通风具有最大的阻碍作用，将大大减弱屋顶上方的气流和地面的风速；平行于风向或与风向大约成45°倾斜角的街道，将有利于产生无障碍的"风道"，诱导风穿越市区。此外，街道方位在一定程度上还影响沿街建筑交叉通风的潜能。当街道与风向平行时，大多数的建筑处于风力的"真空"地带；而当街道与风向成30°—60°角时，对建筑内部的自然通风较为有利。因此，通过对城市空间的总体通风条件和建筑物的自然通风进行综合考虑，比较理想的街道方位应与主导风向成30°—60°，这样能产生较好的综合通风效果。

在我国冬冷夏热地区，东西走向的街道在冬天与主导风向（北风）垂直，而在夏天与主导风向（东南风）成45°斜角，这种街道方位和布局将有利于冬天最大限度地减少北风的影响，而在夏天则能增进街道和沿街建筑的通风。同时，这种布局对于加强冬日沿街建筑的日照也是一个好的方位选择，但对于人行道上的行人来说不甚理想。因此，从冬日街道自身的环境质量来看，在防风保护和阳光照射的考虑上存在冲突。但总体而言，上述推荐的街道方位在季节更替中已经能够提供比较适宜的生活环境了。

4）开放空间设计

冬冷夏热地区的夏日需要凉风习习，浓荫蔽日，冬天则需远离寒风，阳光普照。舒适的环境总由这样一系列矛盾的参数控制着，它要求我们在城市开放空间的设计过程中，充分考虑冬冷夏热地区城市特定的地域生态条件和气候特征，通过双极控制原则积极加以调适。例如，作为行道树的法国梧桐，夏日树叶茂密，给行人提供了舒适的阴凉世界；冬天树叶尽褪，又将灿烂阳光还于行人，这是自然法则所提供的最好的生物气候策略。

冬冷夏热地区室外活动较为频繁，城市开放空间非常重要，我国在这方面做得远远不够。以南京为例，由于气候原因，在炎热的夏季，街道和一些广场、街头小游园缺乏基本的遮阴设施，一到午后酷热难耐，居民难以外出活动，再加上一些公共场所不定时限电，基本丧失了吸引力，导致市民的出行明显减少；而在寒冷的冬季，随着沿街高层建筑的不断增多，冬季寒风形成的"峡谷风"、下沉湍流给行人造成很大的不便。这在一定程度上导致夏季白天和冬季夜晚南京的城市开放空间缺乏活力。

5）建筑设计特点

冬季防寒、保暖和夏季通风、隔热是冬冷夏热地区建筑物设计所要考虑的主要因素。这就导致该地区建筑形式较为折中，介于炎热和寒冷气候条件之间，既要保证一定的洞口面积以满足夏日通风和冬季日照之需，又要采用保温隔热性能良好的围护结构以满足夏日隔热和冬季防寒的需要。

建筑物布局应选择有利的南北向布置，可以减少太阳辐射的影响；平面设计力求开敞、通透，以保证夏季有良好的穿堂风。同时，应选择节能型的建筑体形特征，尽量减少热损失。针对夏季的环境热压力，在细节处理上，可采用隔热性能好的塑钢窗，或使用中空玻璃、百叶窗和热反射窗帘，在屋顶保温层贴低辐射系数的材料（如铝箔等）；也可对建筑周边和外墙进行绿化，种植爬藤植物，减少阳光的直接辐射热。

6）案例研究

（1）传统聚落研究

散落在长江中下游地区的丰富的传统聚落，大都是当地居民根据特殊的地理环境和生物气候条件经长期实践摸索出来的，它凝结了古代劳动人民的聪明智慧，体现出人类适应自然、改造自然的能力。徽州聚落由于其独特的地理位置和气候特点，成为研究冬冷夏热地区乡土气候设计不可多得的佳例。徽州地处北纬30°，属于亚热带湿润性季风气候，夏季炎热，冬季寒冷，四季分明。当地古人在防寒祛暑的两难之中选择了以适应夏季气候（防暑）为主，兼顾冬季（防寒）的指导原则，他们在适应气候等方面有许多经验至今仍值得我们学习和借鉴。

村落选址按照风水理论大都建在山南水北，无论西递村、屏山村，还是宏村，均有河水从村旁蜿蜒流过或穿村而过。村落形态根据"聚族而居"的习俗，以祠堂为中心形成一个个象形村落，如"牛形"的宏村、"船形"的西递村、"铜锣形"的豸峰村等；而对于坐落在主要河流两岸的城镇、村落之建筑，常采用吊脚楼的形式，既可防洪，又利于通风、防潮。

虽然从气候的角度来看，集聚型的聚落模式未必是徽州地区的最佳选择，但是古人却凭借其智慧通过对水体的处理而获得良好的局地微气候条件。"山水之气以水而运"，宏村在顺应自然水系的同时按风水理论进行人工改造，最终形成以月沼为核心的贯穿整个村落的水体，在夏日对气候起着明显的调节作用。经清华大学建筑学院的实地测试，临河或近水地段的温度比村中心低1—2℃，午后差值更大。古镇渔梁、瞻淇等道路系统大都沿水系和山脉展开，有一条贯穿全村的主街与水系平行，且与村落的主朝向相垂直，村落的大多数生活性街道均与水系垂直，能很好地迎纳白天从河面吹来的习习凉风，而夜间则能接受从附近山坡上吹来的山谷风，从而能够缓减夏日无风时的闷热酷暑（图4.33）。

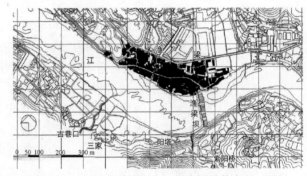

图4.33　宏村水系图（上）和渔梁总体布局（下）

在长期的实践过程中，传统民居也在适应气候方面积累了丰富的经验。徽州村落建筑间距狭小，空间紧凑，有利于夏季建筑之间相互遮阳，形成凉爽舒适的外部环境；尤其是其院落、天井与堂屋完全开敞，将自然纳入室内，很好地适应了当地夏季炎热、多雨、潮湿的气候条件，承担起采光、通风、排水、日常家庭活动以及与外界沟通的作用。天井内以条石、青砖铺地，设有排水池，院墙一侧多布置盆景、植栽，蒸发降温的作用明显[35]。

（2）现代住区设计

在构思国家康居示范小区——宜兴东方明珠花园时，我们力求将适应冬冷夏热地区城市设计的一些原则运用到这一工程实践中去，充分考虑自然环境，并结合生物气候城市设计原则综合采取以下措施：

首先，从分析当地的生物气候条件出发，建筑布局从南到北呈现了体形渐进的、丰富的群体变化，从而在夏日可以迎纳东南方向龙背山森林公园和太湖水面吹来的夏季风，而北侧连绵的商业建筑和板式小高层住宅则挡住了冬日凛冽的寒风。中部几栋点式小高层打破了多层住宅的单一高度，有利于改善局部地段静风状态时的风环境，在总体上迎合了负阴抱阳的理想风水格局（图4.34）。

其次，通过运用多种绿化手段，丰富小区环境，改善小区局地微气候。

图 4.34　国家康居示范小区——宜兴东方明珠花园总体鸟瞰

除中心绿化、组团绿化和宅边绿化外，还充分利用周边的河流、农田作为小区的"冷源"和"氧源"；在小区的东侧干道一侧设置 50 m 绿化隔离带，减少干道车辆交通噪声对小区居住和学校的影响。

最后，减少硬质地面、墙面、屋面面积，增辟草坪、水面，增加软质地面，降低热辐射作用；确定未来污水排放措施，防止生活性污水直排造成的水体污染；加强各类污水的自然处理和循环利用；加强地面的透水性能，增加地下水的补充源，形成地面与地下水的自然循环，小区内所有软质地面均与中心水面相连，强化点、线、面相结合的网络状绿地系统的生物气候调节作用，全面改善小区空间环境质量。

4.2.4　寒冷地区的城市设计生态策略

本书定义的寒冷地区是指夏天凉爽舒适、冬天（11 月至 3 月）平均温度低于 0℃的地区，主要分布在高纬度区域（纬度 40°以上）。世界上至少有 30 个国家位于地球北半部，6 亿以上的人口有着生活在严寒气候的经历。从气候特征而言，它主要分布在冰岛、格陵兰岛、瑞士、俄罗斯、加拿大、美国、中国以及阿富汗、伊朗等北半球高纬度区域。由于地理位置特殊，自然条件严峻，该地区的城市一年中很长时间总与严寒、黑暗、寒风和冰雪相伴，气候条件对其发展来说无疑会产生很大影响，甚至会成为制约经济发展的瓶颈，导致一些人群因生活无法适应而远赴他乡。

寒冷地区夏季的舒适性一般仅需良好的通风就能保证室内的舒适。因而，该地区的城市设计应以保护和改善城市生态环境、减少冬季热能损耗以及降低由于室外寒冷、降雪和刮风对人体造成的不适作为一切设计的出发点。与之相适应，该地区城市规划设计有着独特的标准和要求，为此，亟须制定一些最基本的目标：通过适当的城市形态和阳光通道政策，鼓励土地混合使用，综合开发；通过减少到户外活动场所、停车场、学校和娱乐中心的距离使路径最优；通过拱廊、走廊、穿越街区的通道以及相互连接的中庭和地下走道的一体化设计来保护行人；季节性的使用公共领域空间 [普瑞斯曼（Pressman），1989 年]。此外，寒冷地区的城市冬季严寒，景观单调，令人倍感沉重和压抑，此时适宜的城市色彩和夜景设计有利于调节生活在漫长冬季里居民的视觉、心理感受。城市色彩应遵循"明快、含蓄、温暖、和谐"的原则，基本以色彩明快的暖色调为主；在夜景设计时，采用以暖色的钠灯为主，可在夜间给人带来温暖、舒适的感觉。

为了克服气候因素的制约，发挥自身优势，包括苏联、日本和加拿大等国家都制定了针对严寒地域特点的城市规划。苏联在 1985 年制定了"北域 2005"计划，旨在提高约占国土面积一半的西伯利亚地区的城镇建设水平。世界上降雪最多的城市札幌制定了中远期综合规划、城市规划以及 5 年建设规划，都充分考虑到结合自身地域特点，严格控制发展规模，保持紧凑的用地布局模式，并制定冬季节能、防雪的特殊计划。加拿大许多城市也针对寒冷地区的特点在规划设计中采取充分措施，如在为圣琼斯郡制定的"寒地城市设计导则"中就包括了一些适应气候的策略，如保持日照、防风、防雪处理等，并在街道、公园和开放空间、住宅和商业建筑以及停车场、绿化配置等方面提出设计导则以及适宜的色彩、材质和照明等方面的指导（图 4.35）[36]。

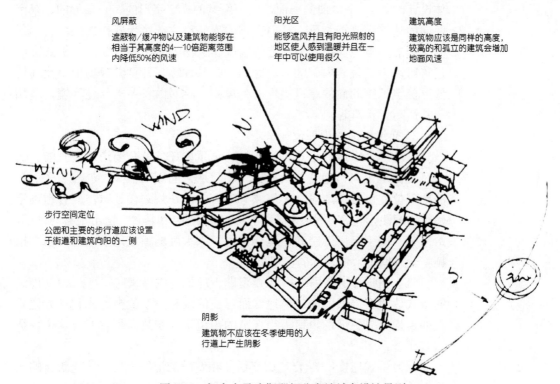

风屏蔽
遮蔽物/缓冲物以及建筑物能够在相当于其高度的 4—10 倍距离范围内降低 50% 的风速

阳光区
能够遮风并且有阳光照射的地区使人感到温暖并且在一年中可以使用很久

建筑高度
建筑物应该是同样的高度，较高的和孤立的建筑会增加地面风速

步行空间定位
公园和主要的步行道应该设置于街道和建筑向阳的一侧

阴影
建筑物不应该在冬季使用的人行道上产生阴影

图 4.35　加拿大圣琼斯郡部分寒地城市设计导则

1) 基地选择原则

对于严寒地区的城市或街区选址，那些受庇护、有阳光的地点会为居民提供更舒适的环境。因此，一方面要考虑风的来向，另一方面要充分利用地形、地貌对气候的有利"修正"。中国传统风水理论提供的"负阴抱阳"的理想模式，它遵循某种"'全息同构'的准则，是环境内各项自然地理要素的有机协调"[37]，有着一定的科学性，非常适用于寒冷地区。该模式周围的地形能够阻挡冬日的寒风，其凹口又能很好地接受太阳辐射；即使对于同一山丘，南侧比北向能够提供更充足的阳光。

2) 城市结构和密度的综合考虑

加拿大学者诺曼·普莱斯曼教授认为，寒冷地区的城市应为集中紧凑的城市形态，在确保建筑享有充分日照的前提下，合理提高建筑密度，这样有利于减少交通需求和节约能源。这是因为，高密度意味着城市土地的密集使用，寒冷地区的城市居住区、商业区和服务部门的高密集性可以节省步行和乘车的距离，减少交通需求和建筑取暖能耗。如果再结合一些特殊的构造方法，如在一定区域布置高度相同的建筑物，使冬天的冷风越过屋顶而不影响室外活动空间，能起到很好的防风效果。此外，与小型建筑相比，大型的高密度多用户使用的建筑减少了建筑表面积，可以减少热损失。

对冬天寒风进行有效屏蔽也是一项很重要的策略。在建筑布局和形体设计时，"一个弯曲的凸面，或一座宽的、V 字形的、长条形的、东南朝向的建筑可遮挡北风，从而在它的南侧产生一个受庇护的区域。一系列这样的建筑能保护一个建造了较低建筑物的大片地区"[27]。板式高层建筑可以为其院落内部的开放空间、公共设施、儿童游戏场地以及其他低层建筑抵御北向的寒风提供有效屏蔽，这对改善冬季居住环境，增加户外活动大有裨益。

3) 街道网络的规划设计

寒冷地区街道网络规划设计的一项重要任务就是街道风的预防。街道风受街道走向、宽度与两旁建筑物、绿化的影响很大，也与街区所在的地理位置以及该地段常年气候条件有关。在规划设计时，应合理确定建筑物间距，科学布置树木、灌木丛、廊架等防风隔断，留出足够的风道，给风多一些"自由"空间，这样就可以大大削弱街道风的危害。以下措施将会有助于上述目标的实现：

（1）曲折形道路系统：主要道路应尽量与主导风向垂直；沿街连续的板式建筑会降低路面的风速，而弯曲的或有角度的街道比相同方位垂直的街道具有更低的风速，当狭窄的街道走向与风向平行时，这个特征尤其显著。

（2）桥式连接：结合过街交通，在宽阔的道路上用一些建筑化的人行天桥、大型横幅等横跨在街道上，可有效降低街道的整体风速。

（3）玻璃街道：在城市商业区，带有玻璃屋顶的"街道"可为行人提供防风防雪保护。加拿大卡尔加里市以"+5 m"人行天桥步行系统而闻名。市民可在离地 5 m 高的封闭天桥内行走，不仅有效实行了人车分流，还在冬季为人们提供了气候庇护。

（4）带顶的街道：带"顶"的高速公路通常建于地下，它可连接多个城市以及市内主要网点，丝毫不受风雪影响。在挪威的奥勒松（Alesund）市，一条新建的三车道地下公路已经实现了无雪汽车交通，也减轻了城市中心区地面交通的压力[28]，并可结合地下交通组织商业、银行、酒店、办公等不受季节影响的地下公共空间。

（5）防护墙或防护林：在寒冷地区提高室外温度是困难的，由于热量很快散失到周围环境中，尤其是有风的时候，防护墙或防护林可以用来保护建筑物及其外部区域不受冷风侵袭。研究表明，逆风的墙体可以降低市区流动的风速，密植的防风林也能起到同样的功效。

东方广场是北京十大新建筑群之一，位于东长安街与王府井的交汇处，寸土寸金。虽然在城市设计层面还存在一些争议，但设计师在总体环境布局时充分挖掘潜力，巧妙构思了山水小景、花坛、喷水池等，使其肩负起潜在的防风功能，化解角流风与涡流风的冲击；并在产生"狭管效应"的通风道上加盖透明顶篷或设置小树林等多层绿化带，巧妙挡住街道强风，减轻其对行人的危害。东方广场的环境设计科学地给风留以出路，尽可能方便人们的出行。封闭性的人行通道直接与各条大街相通，避免人与风的直接接触，从而使整个广场基本上能够满足我国风环境舒适度标准[38]。

4）开放空间设计

寒冷地区的城市开放空间设计，需充分考虑特定地域的生态条件和气候特征，减少开放空间在冬夏利用率上的差异，增强它在冬天的活力。首先考虑的是避免将它建造在阴暗区和可能频繁产生近地高速风的地段，能获取阳光和免受寒风侵袭。其次，应积极利用绿化植物来获取舒适的外部环境。北半球的冬天一般吹北风，这时应在寒风来源的北方密植高大的常绿树木，可以防风而且不会遮挡阳光照射，同时需沿着树木种植常绿灌木林带以防止寒风从树冠往下渗透。在寒冷的冬天为公园提供防风设施尤为重要，公园休息场地、运动场地的南侧应多种草坪，北侧多植大树，这样冬天可挡风，夏日可遮阳，因而无论什么时候都会受到欢迎。

寒冷地区的城市规划设计面临两难选择，人们是躲在封闭的空间里"逃避"冬天，还是在开放空间中享受冬季户外运动的乐趣？这就需要制定长期的"冬季自觉"的城市开发计划，它要求积极拓展滑雪、冰上运动等"冬季文化"内容，发挥寒冷地区城市冰雪资源的独特魅力，深入研究在冬季利用公园、广场、街道和河流开展冰雪活动的方式，从总体上对城市冰雪景观做统一规划，为老人和小孩建设专门的设施；鼓励清除积雪的计划和设施，确保交通畅达，提高城市吸引力。以哈尔滨市为例，

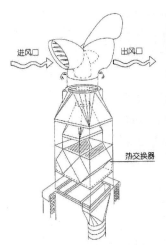

图 4.36　建筑屋顶太阳能集热器和"风帽"

其城市总体设计就充分结合松花江沿江绿带以及流经市区的马家沟河生态廊道规划建设城市冰雪观光走廊，以创造四季皆宜的城市景观。

5）建筑设计特点

寒冷地区的建筑物需要解决冬季防寒、保暖的同时还要兼顾夏季通风降温、防潮等问题，为了获得更多的日照，该地区建筑物南向开口和间距通常较大，院落开阔。为了增强建筑物采暖保温性能，应尽量减少建筑外表面积，加强围护结构保温和蓄热性能，提高门窗的气密性，同时采用复合墙体和双层中空玻璃，减少辐射热损失等。

例如，在我国东北地区，民居常采用降低层高、加厚墙体并采取各种采暖措施（如火炉、火墙等）以防寒保暖，且聚落主要道路多呈东西走向，以阻挡冬季寒流对行人的侵袭。又如，由比尔·邓斯特（Bill Dunster）负责设计的英国贝丁顿住宅小区，建筑方案结合当地寒冷的气候条件，选用紧凑的建筑形体以减少建筑的总散热面积。同时，为了减少表皮的热损失，建筑屋面、外墙和楼板都采用了 300 mm 厚的超级绝热材料，而窗户则选用 3 层玻璃窗，并在屋顶安装了太阳能集热器和"风帽"（图4.36），可为室内提供新鲜空气。

6）案例研究

（1）"风屏蔽"模式

英国的寒地城市设计专家劳夫·厄斯金在北欧寒冷地区的长期实践中，利用空气动力学特点，引导有利的夏季风，阻挡不利的冬季寒风，建立起一系列适应寒地气候、节约能源和追求环境可持续的城市设计生态策略。其中，最广为人知的要数他提出的居住区"风屏蔽"设计策略，即在场地北部建造环绕的板式多层建筑，为居住院落内的开放空间、公共设施、儿童游戏场地以及其他层数较低的住宅抵御北向寒风提供有效屏蔽。由他主持设计的英国纽卡斯尔城的贝克（Byker）地段再开发项目，位于一片朝向西南的斜坡上，在此可以鸟瞰整个城市中心。他使用连续的"薄墙型"建筑环绕整个基地的北侧边界，从而可以有效阻止北海吹来的寒风，并可以成功隔绝来自铁路、公路的噪音（图 4.37）。在设计过程中，厄斯金还成立了专门的办公室接待社区来访者。贝克住区改造获得了巨大成功，该城市设计在与特定自然生物气候和公众参与结合方面树立了典范，其设计思想具有广泛而深远的影响。

厄斯金认为，"住宅和城市应该像鲜花一样向着春夏的太阳开放，

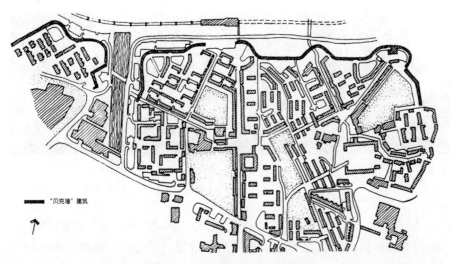

图 4.37 贝克住区总体规划

图 4.38 厄斯金的亚寒带城市

并背向阴影和寒冷的北风，同时对平台、花园和街道提供阳光的温暖和寒风的防护"[37]。他提出的巨构建筑形式的亚寒带城市模式，以风能发电为主维持城市运转，完全是从气候角度出发做出的理性判断。出于对阳光的极度关注，他将整个城市置于群山环抱之中，坐落在向阳山坡上，这样既能最大限度利用宝贵的太阳能资源，又有利于躲避严寒的侵袭。城市的步行交通系统也根据气候和季节被精心设计成彼此独立而又互为补充的两套系统，以确保在寒冷季节各种活动的正常进行（图 4.38）。

其他如瑞士、俄罗斯一些国家的寒地城市，为避免冬季暴风雪对居

图 4.39　罗斯托克城鸟瞰

住区的侵袭，将多栋住宅沿地段周边建设，形成封闭的微气候防护单元。我国东北地区的住区建设也大都采用该措施，周边式、合院式布局应用较为广泛。

（2）生态—技术城

杨经文为德国罗斯托克城设计的生态—技术城方案提出一种适合未来新千年所需的"绿色城市生活方式"的设计原型，即"适应生物气候需求的城市生活方式"。设计者选用了以前精心设计的一些不同类型的塔楼作为垂直的"空中城市"布置在用地范围内，并用不受寒冷气候影响的连成一体的步行网络连接设计地段中的主要建筑物和公共区域（图4.39）。城市设计的目标是寻求将绿化和建筑形成统一体的途径，寻求利用注重生态的技术方式，包括废弃物的再循环和当地没有被充分利用的能量系统。他们还尝试将建筑、景观园林联系起来的概念——整合、并置、混杂等关系，并将之应用在设计地段的不同区域中，将自然景园和人工景园的特点相结合[29]。

基于上述分析与阐述，我们认为绿色城市设计遵循生态学的适应与补偿原理，重点关注自然条件制约与城市和建筑形式应变的内在机理，提倡因具体时空位置和生物气候条件的不同而具有不同的结构、形态和建筑特征，处理好城镇建筑环境的规划、建设与地方生物气候条件的结合，并促使传统文化特色和技术手段得到继承与发展。这对于改变目前千篇一律、"放之四海皆准"的城市和建筑模式大有裨益。未来的城市建设应根植于地方生物气候条件，因殊途而呈现出非均态的发展，只有这样，世界才能呈现出多元、共生、丰富多彩的特征。我们应从当前的危机中寻找蹊径，与自然和谐共生，走"因时、因地、因气候"制宜的可持续发展的道路。

本章在分析了不同气候区域的地理分布和主要气候特征的基础上，重点就生物气候条件对城市环境的影响和作用方式加以剖析，并从基地选择、城市结构和建筑物密度的考虑、街道网络的规划设计、开放空间设计、建筑特征以及案例研究等方面提出基于生物气候条件的绿色城市设计的方法和策略（表4.2）。"天下同归而殊途，一致而百虑"（《易传·

系辞下》）。全球范围内的气候呈现出多样性和复杂性，受篇幅和研究条件的制约，只能就湿热、干热、冬冷夏热和寒冷四种典型的极端气候区域的城市设计模式展开研究，其他的亚气候区域也可照此类推。

表 4.2　适应不同气候条件的城市设计生态策略

气候＼类别	气候特点	地理位置	基地选择	城市结构与密度	街道网络	开放空间	建筑特征
湿热地区	高温高湿组合，关键在于通风、防洪	纬度0°—15°，包括我国南方地区、长江流域局部地区	温度较低、通风良好、周边地形适于自然排水的地方	低密度，布局松散，建筑高低错落并与主导风偏转以促进通风	与主导风向成30°倾斜角，促使风进入市区，提高建筑通风	优先考虑通风、遮阳、草坪、花圃、树木有机结合，避免高大灌木丛	"干阑式"结构形式、大屋顶、遮阳措施严密、层高较大、维护结构加厚
干热地区	夏季常干燥、炎热、强辐射、多风沙，冬季较为舒适	纬度15°—30°，包括吐鲁番盆地、攀枝花、长江和元江谷地及海南西部地区	通风良好、温度较低的迎风坡或高海拔区域，居住接近工作场所	通常不考虑利用穿堂风来降温，城市和建筑形态高度密集，相互遮蔽	街道狭窄，避免与主导风向平行，南北向、东北—西南向、西北—东南向相对更好	大面积浅色屋顶与树木种植有机结合，通过改变地面覆盖状况来改善地表风速	外墙加厚、洞口很小，采用蓄热性好的夯土、砖筑结构，利用"风斗"增强通风
冬冷夏热地区	夏天高温、高湿、多雨，以东南风为主；冬天非常寒冷，以西北风为主	纬度30°—40°，包括我国长江中下游地区	东南方向没有大的地形起伏、遮挡；西北方向最好有高大地形或防护林阻隔	"夏天暴露分散，而冬天紧凑"的城市建筑模式，密度相对较高	东西走向的街道，在冬天有利于减少北风的影响，在夏天能促进通风	考虑特定地域的生态条件和气候特征，通过双极控制原则积极加以调适	保证一定的洞口面积满足通风、日照之需，采取合理构造满足隔热、防寒需要
寒冷地区	夏季的舒适性问题相对次要，主要解决冬季严寒和防风	纬度40°以上地区，包括我国内蒙古、黑龙江和西藏局部地区	考虑风向，利用地形对气候的有利"修正"，受庇护、有阳光的地点受到欢迎	集中紧凑的城市形态，在确保建筑享有充分日照的前提下，合理提高建筑密度	街道宽敞，无遮阴设施，多呈东西走向，需科学安排防风隔断，减弱街道风危害	充分考虑当地气候条件，减少其在冬夏利用率上的差异，增强它在冬天的活力	建筑物南向开口，间距较大，院落开阔；常采用降低层高、加厚墙体等保暖措施

注释

① 本章城市设计层级分类参照王建国，徐小东.绿色城市设计与城市可持续发展[M]//中国（厦门）国际城市绿色环保博览会组委会.呼唤绿色新世纪.厦门：厦门大学出版社，2001：109-112.

② 文中数据转引自黄大田.全球变暖、热岛效应与城市规划及城市设计[J].城市规划，2002，26（9）：77-79.

③ 格兰尼（G. S. Golany）在《伦理学与城市设计》一书中，通过对不同地理气候带的城市特征的大量分析，在气候与城市形态的关联性方面形成独特见解。

④ 普林斯顿大学曾进行过类似的将同一基地（山坡地）置于湿热、干热、冬冷夏热和寒冷气候条件下的城市住区规划设计的对比研究。他们结合太阳运行规律和生物气候学的要求，在基地选择、城镇格局、开

放空间、街道布局、环境景观、种植方式、房屋类型、形式与体量、朝向、室内设计、建筑色彩等方面取得了初步的设计指导原则和模式语言。该研究虽然只是实验性的,但却直观展示了同一地块置于不同气候条件下的应变模式。

参考文献

[1] 迈克尔·霍夫.都市和自然作用[M].洪得娟,颜家芝,李丽雪,译.台北:田园城市文化事业有限公司,1998:253,278.

[2] 王建国.城市设计[M].2版.南京:东南大学出版社,2004:52.

[3] 俞孔坚,李迪华,潮洛蒙.城市生态基础设施建设的十大景观战略[M]//中国(厦门)国际城市绿色环保博览会组委会.呼唤绿色新世纪.厦门:厦门大学出版社,2001:31.

[4] 傅礼铭.山水城市研究[M].武汉:湖北科学技术出版社,2004:114.

[5] 陶康华,陈云浩,周巧兰,等.热力景观在城市生态规划中的应用[J].城市研究,1999(1):20-22.

[6] 陈国雄,史霞,尹晓波.宁淮高速为蝴蝶让路[N].金陵晚报,2004-02-17(A2).

[7] 王骏阳.库里蒂巴与可持续发展规划[J].国外城市规划,2000(4):9-12.

[8] 董宪军.生态城市论[M].北京:中国社会科学出版社,2002:58-61.

[9] 毛刚.生态视野 西南高海拔山区聚落与建筑[M].南京:东南大学出版社,2003:8,191.

[10] 岸根卓郎.环境论——人类最终的选择[M].何鉴,译.南京:南京大学出版社,1999.

[11] 芒福德·L.城市发展史:起源、演变与前景[M].倪文彦,宋俊岭,译.北京:中国建筑工业出版社,1989.

[12] 俞孔坚,李迪华.城市景观之路——与市长们交流[M].北京:中国建筑工业出版社,2003:6-7.

[13] 昆·斯蒂摩.可持续城市设计:议题、研究和项目[J].世界建筑,2004(8):34-39.

[14] 徐小东.中观层面的城市设计生态策略研究[J].新建筑,2007(3):11-15.

[15] 朱喜钢.城市空间集中与分散论[M].北京:中国建筑工业出版社,2002.

[16] Stone B J, Rodgers M D. Urban Form and Thermal Efficiency[J]. Journal of American Planning Association,2001,67(2):186-198.

[17] 崔军强.北京"热岛"面积占1/5[N].新华社,2004-06-25.

[18] Brown G Z, Mark D. Sun, Wind & Light—Architectural Design Strategies[M].2nd ed. New York:John Wiley & Sons Ltd.,2001:82,84,370,376.

[19] 王旭.美国城市化的历史解读[M].长沙:岳麓书社,2003:364.

[20] 徐小东.我国旧城住区更新的新视野——支撑体住宅与菊儿胡同新四合院之解析[J].新建筑,2003(2):7-9.

[21] 克莱尔·库珀·马库斯,卡罗琳·弗朗西斯.人性场所——城市开放空间设计导则[M].俞孔坚,孙鹏,王志芳,等译.2版.北京:中国建筑工业出版社,2001:30-32,364-365.

[22] 冷红,郭恩章,袁青.气候城市设计对策研究[J].城市规划,2003,27(9):49-54.

[23] 萨伦巴,等.区域与城市规划[Z].内部资料.北京:城乡建设环境部城市规划局,1986:114.

[24] 陈慧琳,黄成林,郑冬子.人文地理学[M].北京:科学出版社,2001:10-11.

[25] 勃罗德彭特·G.建筑设计与人文科学[M].张韦,译.北京:中国建筑工业出版社,1990:28.

[26] 林宪德.热湿气候的绿色建筑计画——由生态建筑到地球环保[M].台北:詹氏书局,1996:13,22-23.

[27] Baruch G. Climate Consideration in Building and Urban Design[M]. New York: John Wiley & Sons Ltd.,1998:373,376-380,411-412,425.

[28] Donald W F, Alan P, et al. Time-Saver Standards for Urban Design[M]. New York: McGraw-Hill, 2001:4,7-11.

[29] 澳大利亚视觉出版集团(Images公司).T.R.哈姆扎和杨经文建筑师事务所[M].宋晔皓,译.北京:中国建筑工业出版社,2001:封2,31-32,125-126.

[30] 韦湘民,罗小未.椰风海韵——热带滨海城市设计[M].北京:中国建筑工业出版社,1994:9.

[31] 董卫,王建国.可持续发展的城市与建筑设计[M].南京:东南大学出版社,1999:81.

[32] 吉·格兰尼.掩土建筑:历史·建筑与城镇设计[M].夏云,译.北京:中国建筑工业出版社,1987:240.

[33] 佚名.世界最环保城撩开神秘面纱——将完全依靠太阳能风能实现能源自给自足,2015年建成,可住5万人[N].现代快报,2008-01-22(A16).

[34] 徐小东.基于生物气候条件的绿色城市设计生态策略研究——以冬冷夏热地区为例[J].城市建筑,2006(7):22-25.

[35] 王鹏.建筑适应气候——兼论乡土建筑及其气候策略[D]:[博士学位论文].北京:清华大学,2001:236-246.

[36] 冷红,袁青.发达国家寒地城市规划建设经验探讨[J].国外城市规划,2003,18(4):60-66.

[37] 刘沛林.理想家园:风水环境观的启迪[M].上海:上海三联书店,2000:48.

[38] 佚名.城市里的风——街道风[N].央视国际,2003-09-01.

图表来源

图 4.1 源自:笔者绘制(部分根据台北市生态城市规划整理).

图 4.2 源自:Stuart G. The Canberra Legacy:Griffin, Government and the Future of Strategic Planning in the National Capital[Z].Sydney:University of New South Wales, 2007.

图 4.3 源自:Peter S. Stalinist Urbanism Polis[EB/OL].(2010-01-23)[2018-10-30].https://www.thepolisblog.org.

图 4.4 源自:Anon. Contemporary Landscape in the World[Z].Process Arch.Co.Ltd,[年份不详].

图 4.5 源自:http://www.curitiba.pr.gov.br; http://www2.rudi.net.

图 4.6 源自:萨伦巴,等.区域与城市规划[Z].内部资料.北京:城乡建设环境部城市规划局,1986.

图 4.7 源自:笔者根据岸根卓郎.环境论——人类最终的选择[M].何鉴,译.南京:南京大学出版社,1999绘制.

图 4.8 源自:吴良镛.人居环境科学导论[M].北京:中国建筑工业出版社,2001.

图 4.9 源自:Timothy B. Green Urbanism——Learning from European Cities[M].California:Island Press,2000.

图 4.10 源自:昆·斯蒂摩.可持续城市设计:议题、研究和项目[J].世界建筑,2004(8):34-39.

图 4.11、图 4.12 源自:笔者绘制.

图 4.13 源自：王建国工作室.

图 4.14 源自：Brown G Z，Mark D. Sun，Wind & Light—Architectural Design Strategies［M］.2nd ed. New York：John Wiley & Sons Ltd.，2001.

图 4.15 源自：黄琲斐.面向未来的城市规划和设计——可持续性城市规划和设计的理论及案例分析[M].北京：中国建筑工业出版社，2004.

图 4.16 源自：南京市规划局网站；图形天下网站.

图 4.17 源自：王建国工作室.

图 4.18 源自：http://bbs.Z01.com.cn.

图 4.19 源自：Klaus D. The Technology of Ecological Building[M]. Basel：Birkhäuser，1997.

图 4.20 源自：Balwant S S. Building in Hot Dry Climates［M］. New York：John Wiley & Sons Ltd.，1980.

图 4.21 源自：澳大利亚视觉出版集团（Images公司）.T. R. 哈姆扎和杨经文建筑师事务所[M].宋晔皓，译.北京：中国建筑工业出版社，2001.

图 4.22 源自：廖方拍摄.

图 4.23 源自：贝思出版社有限公司.亚太景观：澳大利亚、新加坡、香港园境规划师作品集[M].南昌：江西科学技术出版社，2004.

图 4.24 源自：笔者拍摄.

图 4.25、图 4.26 源自：澳大利亚视觉出版集团（Images公司）.T. R. 哈姆扎和杨经文建筑师事务所[M].宋晔皓，译.北京：中国建筑工业出版社，2001.

图 4.27、图 4.28 源自：Brown G Z，Mark D. Sun，Wind & Light—Architectural Design Strategies[M].2nd ed. New York：John Wiley & Sons Ltd.，2001.

图 4.29 源自：周立拍摄.

图 4.30 源自：董卫，王建国.可持续发展的城市与建筑设计[M].南京：东南大学出版社，1999.

图 4.31 源自：百度百科：马斯达尔.

图 4.32 源自：Baruch G. Climate Consideration in Building and Urban Design［M］.New York：John Wiley & Sons Ltd.，1998.

图 4.33 源自：单德启. 黟县宏村规划探源［M］//清华大学建筑系.建筑史论文集（第八辑）.北京：清华大学出版社，1987；东南大学建筑系，歙县文物管理所.渔梁[M].南京：东南大学出版社，1998.

图 4.34 源自：笔者主持设计的工程项目.

图 4.35 源自：冷红，袁青.发达国家寒地城市规划建设经验探讨[J].国外城市规划，2003，18（4）：60-66.

图 4.36 源自：夏菁，黄作栋.英国贝丁顿零能耗发展项目[J].世界建筑，2004(8)：76-79.

图 4.37 源自：Baruch G. Climate Consideration in Building and Urban Design［M］.New York：John Wiley & Sons Ltd.，1998.

图 4.38 源自：董卫，王建国.可持续发展的城市与建筑设计[M].南京：东南大学出版社，1999.

图 4.39 源自：澳大利亚视觉出版集团（Images公司）.T. R. 哈姆扎和杨经文建筑师事务所[M].宋晔皓，译.北京：中国建筑工业出版社，2001.

表 4.1 源自：笔者根据Arvind K，Nick B，Simos Y，et al. Climate Responsive Architecture—A Design Handbook for Energy Efficient Buildings[M].New Delhi：Tata McGraw-Hill Publishing Company Ltd.，2001：93-95相关内容改编.

表 4.2 源自：笔者绘制.

5 城市设计生态策略运作中的决策管理

对于那些还爱护地球，并希望把地球作为人类最终的栖息地进行保护和开发的人们，必须要求获得延长使用它的目的。是我国人民重新评价我们的价值，重新评价我们的目标的时候了。是设计新的广泛的、立法计划以加强权力机关和监护机构的权力的时候了。是建立一些巨大的研究和讲授自然科学的中心，以帮助狭义地在尚未丧失机会之前，重新发现与大自然相协调的生活方式的时候了。否则就会太晚[1]。

——J.O.西蒙兹

城市设计不同于一般意义上的设计，其中相当一部分内容应定位于特定的阶段和层面，使之成为后续具体设计可资遵循的原则和指导。它不是一种终极目标，而是一个连续的决策过程，应尽力将城市设计的成果渐进地体现到建设过程中去。城市设计作为一项参与分配社会价值的政治性活动，在社会系统中获取合法性，就需要以其行动来体现社会价值，同时依靠政治制度将规划的权力制度化。《马丘比丘宪章》指出，城市规划师和政策制定人必须把城市看作在连续发展与变化过程中的一个结构体系。……区域和城市规划是个动态过程，不仅要包括规划的制定，而且也要包括规划的实施。这一过程应当能够适应城市这一有机体的物质和文化的不断变化①。

作为一项系统工程，城市设计的编制和决策管理在其运作过程中起着重要影响。因而，绿色城市设计的可持续发展目标应将编制、决策管理纳入研究范畴，并将生物学、气象学、生态学以及可持续发展的基本理论、思想融入城市设计运作过程，使管理工作科学化、制度化，其研究的主旨在于改进当前的设计思路和方法，优化编制和决策管理过程，为城市建设提供参考。

5.1 现行城市规划管理制度及其存在问题

城市规划管理，是指按照法定程序编制和批准城市规划，依据国家和各级政府颁布的规划管理有关法规和具体规定采用法制的、社会的、经济的、行政的和科学的管理方法，对各项用地和当前建设活动进行统一安排和控制，引导和调节城市的各项建设事业有计划、有秩序地协调发展，保证城市规划实施。

传统的城市规划设计虽然也按照一定的条例规范来进行，但它们往往是规范化、法律化了的规划决策成果。城市规划设计可以帮助人们确立城市发展的目标和方向，而城市管理则尽力使这些目标与方向变为现实，两者之间实际上是一种目标确立与目标实现的关系。基于生物气候条件的绿色城市设计如何才能成为法定性导则、图则和实施策略，如何在新的时间、空间和地域环境中合理处理，都是当前急需解决的问题。除了它自身的特点决定了其实施难度外，我国现行的规划设计管理模式还受诸多因素的制约，存在一些突出问题影响了绿色城市设计思想的贯彻和落实。

1）设计成果和实施缺乏法规、政策保障

在我国，城镇体系规划、城市分区规划和控制性详细规划分别由各级人民政府、城市规划行政主管部门负责组织编制，并报请相应的主管部门审议通过而成为法定规划，而城市设计的法律地位至今仍比较尴尬，没有明确的说法。1989年颁布的《中华人民共和国城市规划法》对城市规划的制定、审批和实施均做出明确规定，但未提及城市设计；其后颁布的《城市规划编制办法》虽然提到了城市设计，但对其编制的内容、层次和深度均无明确规定，这就造成人们对城市设计的编制抱着可有可无的态度；或者仅是一种抱有良好愿望的"图上画画，墙上挂挂"的不具法律约束力的设计成果，很难保证其设计思想、成果的延续和实施。今后一段时期，应努力提高城市设计的法定地位，促使城市设计成为城市建设和管理的直接依据。

2）设计成果缺乏统一标准，可操作性较差

城市总体规划、控制性详细规划和修建性详细规划经过长期的发展完善，已经具备较为成熟的文本、图则与指标体系，而现有的城市设计本身没有固定格式可言，因而或多或少带有某种不确定性和随意性。再加上绿色城市设计的衡量标准尚处于探讨阶段，大多为不可度量性标准，如清洁、高效、美观、舒适、宜人，与管理语言的转换存在相当难度，也在一定程度上削弱了绿色城市设计成果的可操作性，给后期的实施带来较大的难度。

3）决策主体的多元化

现行的城镇建设体系由于市场经济和土地国有等多种因素的存在，从而造成决策体系、决策因素和决策参与者的多元化倾向。在市场经济体制下，省市县各级政府不再是城市建设唯一的投资者和组织者，城市发展受到多方面利益的影响。

在城市建设的现实中，规划设计涉及的效率、公平和环境的核心价值在实践的层面达到综合最佳往往非常困难，整体优先、生态优先与效益优先所导致的结果时常不能兼顾，有时甚至是矛盾的。决策因素的多元化再加上决策主体的多元化，必然造成决策价值取向的多元化，从而使得城市发展目标常陷于矛盾之中。因此，如何在我国现行的建设体制和条件下，在市场经济运作对自己职业有利的情况下，仍然能本着为大多数人和社会整体规划的职业良知，处理好现在与未来、整体与局部、理想与现实的关系，并在利益主体多元化的前提下，强调整体和公众利益的主导地位，协调好政府、公众和开发商的多边利益关系，将是我们当前迫切需要解决的棘手问题。

4）行政管理制度的不适应

一方面，基于生物气候条件的绿色城市设计的实施是人工系统与自然系统的统一调适过程，常常需要在区域或更大范围，或在城乡一体化的过程中才能达到各种物质流的平衡。这一过程中自然系统需要一定的界限（如地形地貌特征、水体、绿化、流域范围等），但这种界限常被行政壁垒的区划所分割。城乡二元分治、部门条块分割的严峻现实将导致基于生物气候条件的绿色城市设计的一些设想难以达到预期效果。

另一方面，我国目前的市场经济仍不完善，我国经济体制改革的主要目标就是政企分开，实现政府行政主体地位的确立，从现实来看距离仍然不小。市场经济虽然已占相当比例，但城市管理却仍沿袭计划经济模式，在这种情况下，绿色设计所倡导的公平原则往往不受政府重视，特别是在政绩工程"紧箍咒"的高压下，在那些需要花费政府大量经费而无法立竿见影的情况时，最终导致各种有利于绿色建设、生态建设的措施在遇到经济利益、"政绩工程"时常变得难以实施。

5）规划设计与决策管理相互脱节

原有的城市规划管理体制无法有效地将宏观、抽象的城市发展目标和战略落实到具体的操作过程中，它在社会转型中已越来越不能适应社会经济的变革，其负面作用日渐显露。当前的规划设计与决策管理存在诸多矛盾，管理与规划设计的脱节、缺乏完善的协调监督机制等现象日益突出。现实生活中规划设计照搬现成的套路，管理缺乏系统性的思想指导、不尊重规划设计，开发不服从管理的现象时有发生；再加上上下级之间缺乏监督机制，区域间缺乏协调，城市建设各自为政，环境保护措施难以落实，急需培育适宜基于生物气候条件的绿色城市设计的制度土壤。

6）规划设计自身特征的影响

基于生物气候条件的绿色城市设计是城镇建筑环境规划设计与生物气候设计理念的有机结合，体现了以高效、节能、舒适等可持续发展与生态功能为主导的利益取向，在实践中存在明显的公益性特征。在实施过程中这种公益性存在一定的时空条件，对于一些中观或微观层面的街区、住区的生态要素或设施，可引入市场激励机制，遵循"谁投入，谁享用，谁得益"的原则；而对宏观的区域——城市级的基于生物气候条件的绿色城市设计生态策略的展开只能依靠政府行政力量来统筹安排，并保证大多数人公平的享用。但是，即使是代表公众利益取向的政府部门在现实中也会受到各种利益导向的干扰而产生偏差，特别是那些代表公众利益的生物气候设计中的一些生态要素（如空气、水体、绿地等）十分容易受到挤压而被另做他用，而成为不适当的规划管理的牺牲品。

基于生物气候条件的绿色城市设计的实施是一个长期渐进的过程，无论是宏观、中观还是微观层次的环境要素，要达到一定的规模和稳定的环境调节功能都需要较长的时间。尤其是对于那些建筑物密度较大的旧城改造地区，其满足人体舒适性和生态节能要求难度更大，难以一蹴而就，从而造成其实施过程的长期性和艰巨性。

5.2 绿色城市设计的决策管理思想

一般而言，人们认为决策就是做出决定。随着 1930 年代管理科学的兴起，人们开始对决策进行科学研究，并提出一系列的理论和规则。《现代科学辞典》上认为决策就是从几个可能的方案中做出选择，美国学者赫伯特·西蒙认为管理就是决策，《城市规划决策概论》则认为不能从静态意义把决策仅仅视为一种决定，而应将之视为一个动态的过程，看作从提出问题、分析问题、确定目标、制定方案、优选方案到方案实施等一个完整的过程（图 5.1）。绿色城市设计的编制、决策管理也应从过程入手，全面、系统、稳妥地处理好其所涉及的方方面面，从整体上建构起全方位、系统化的决策管理机制。

观念创造了这个我们现在正身处其间的不稳定世界——表现在高科技、大型城市、全球能源结构和巨大的环境压力。目前我们急需务实的远见、创新的样板、可供选择的制度，也急需有关可持续发展、和平与个人权利的新思想。通过强调人类规模的解决办法，从而能够对现代都市文化的核心转变做出贡献。全世界的城市民众对加快这一进程都负有至关重要的责任[2]。

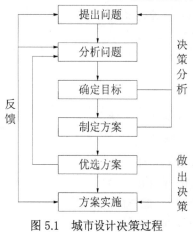

图 5.1　城市设计决策过程

1）机制创新

从前文的分析我们可知，无论是从城市设计的法律定位、编制、决策管理还是实施都与现存的内外制度存在不合理之处。目前暴露的诸多问题对于处在转型时期的城市规划设计体制而言，既是挑战，又是机遇。我们应抓住问题的关键所在，对现有的规划设计实施体系进行创新，并针对性地建立相应的保障体系，才能有助于绿色城市设计生态策略得以实施。

首先，应从城市设计的法律地位着手寻找出路。对原有的法律、规范重新论证、补充，将城市设计完整地纳入现行的规划体系中去，以保障生态策略在各地得到广泛运用。正在讨论中的"气候资源保护法"应规定在城市发展中，大的开发区以及大的项目都需要经过气候方面的论证，既要确保新项目不会影响到气候，也要保证气候不会对新项目造成影响，并针对生物气候要素专门制定相应的地方法规，如"城市绿地水体法"等。原先的《中华人民共和国城市规划法》《城市规划编制办法》也应突破城市功能布局与主导风向关系、城市绿地系统规划等各自为政的狭隘视野，增加、扩充绿色城市设计的内容，制定相关规范、条例，确保城市规划设计和建设建立在科学、理性的基础之上。

早在 1970 年代石油危机时期，美国的立法者们就已通过修改法律甚至建立新的法规来推行太阳能的利用。法国推出了酝酿已久的《空气法案》，这是一部保持空气纯净、防止污染的法律。该法律规定从 1997 年 1 月 1 日起，每一个超过 25 万人口的法国城市必须装配一套空气监测系统，定期向全社会报告该地区的空气污染程度，并要求各城市制定一个中长期的空气净化规划。最近，上海市将立法推行屋顶绿化，在新建住宅和商务楼强制实行，由此全市可增加 1 亿—2 亿 m^2 的绿化面积。当然，除考虑立法外，也可效仿日本东京政府制定行政措施，所有公共建筑先进行环境效能评估，并张榜公布，接受民众监督。美国也有类似立法，所有公共建筑必须公布年度能源消耗数据，公众能够从公开渠道获取建筑节能状况，近年来，劳伦斯伯克利国家实验室城市与建筑能源组在城市建筑能源的分析、评价、模拟和管理方面取得世界领先的研究成果（图 5.2）[3]。在城市设计层面，联合多部门制定城市气候图，以改善空气质量、缓建"热岛效应"，科学地营造未来生活环境。

其次，打破现有的行政区划和部门条块分隔，适时、灵活地建立跨行政区划的大型生物气候缓冲区或一些自然生态资源区的建设管理机构，

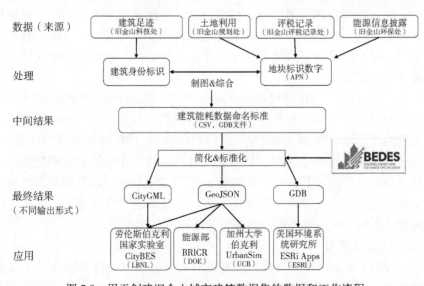

图 5.2 用于创建旧金山城市建筑数据集的数据和工作流程

在经济、人事等方面做好切实保障，并辅以专家咨询、公众参与等监督机制，提高规划设计的科学性、民主性。如面对苏锡常地区由于过量开采地下水资源而导致地表下陷的生态危机，江苏省已经成立了专门的区域协调机构并建立了巨额的区域协调基金保障机制，已初见成效[4]。

最后，建立相应激励机制和补偿机制，将目前提供城市开放空间与容积率补偿的激励机制移植到绿色城市设计中去。对于能在规划设计指标之外提供的具有生物气候调节功能的缓冲空间，可根据所提供的效应大小相应采取提高容积率、政府或社会资金补偿、发展权转移等措施，这些措施的实施对于促进城镇建筑环境的改善将具有积极而持久的作用。

（1）容积率补偿法

《新纽约城研究报告》提出利用容积率补偿的方法鼓励建筑和城市设计留出城市开放空间，其具体规定为：每留出 1 m² 的开放空间，就允许建筑物在规定的区域内多建 10 m² 的建筑面积。美国一些地区的现行建筑法规甚至一反过去约束"高空权"的建筑物顶部退缩规定和约束"地权"的覆盖率限制，进一步规定只要底层用于城市公用，就可得到 20 倍的面积补偿，甚至允许跨街建楼，这种公私双赢的措施，使得投资商乐于尝试。

（2）政府和社会资金补偿

城市生态建设应是政府职能的重要组成部分。开放空间的建设投资大，见效慢，投资难以回收。政府和社会应采取积极的奖励措施，降低土地出让金或减免部分城市建设配套费，有些项目甚至要给予适当的财政补贴，建立政府部门、社会各界和人民群众广泛参与的联动机制和利益机制，调动社会各方面的力量投入生态建设。

（3）发展权转移法

开发权转让（Transferable Development Right，TDR）[5]是一项备受瞩目的能够解决城市土地开发问题以及实现开发管理的重要应用技术之一，尤其是对生态敏感区域、城市绿地、公园及历史古迹的保护有着积极作用。它允许鼓励投资方在开发范围内降低开发强度来提供各种开放空间，作为交换，可在区划法令的限制之外提高开发强度，确保城市开放空间的建设。

1997 年，王建国教授在南京城东干道城市设计中，根据地块实际情况，制定了容积率转移和开放空间补偿的奖励导则，即"鼓励城东干道地区的单位和开发商为城市公共环境（如临街连续的廊道空间或绿地）和市政基础设施贡献空间，其损失可以用建设所在用地容积率的适当提高作为补偿奖励。具体说，每提供 1 m² 有效面积的开放空间或公用事业市政设施用地，可以满足消防、卫生、交通及景观的前提下，增加 3 m² 的建筑面积，但总数不得超过核定总面积的 20%"[6]。

2）公众参与

"城市设计过程建构具有双重内容。一方面是设计者和专业人员把握的设计过程，着重点是对设计的客体——形态、结构、空间乃至的分析过程；另一方面则是城市规划设计过程中涉及的人的维度，亦即公众参与过程。"[6]公众参与设计和建造过程这一概念早先由美国的查尔斯·摩尔（Charles Moore）在1970年代提出。此后，许多绿色设计的研究者均将之视为一个重要原则。《生态设计》（*Ecological Design*）一文指出生态设计的开放性还表现在公众积极地参与，每个人都是设计者[7]；《可持续设计导引》（*Sustainable Design Guide*）则认为建筑可以被重新定义为一项协作性很强的工作，在这项工作中，使尽可能多的建筑专业人士以及普通市民共同参与是再好不过的事，而且也是必要的。世界性的公众参与运动，可以促使城市设计的方法迈出从主观到客观、从一元到多元、从理想到现实的具有决定性的一步；也是相应的城市形态从单一性到复合性、从同质到异质、从总体到局部的一个重要转折（图5.3）。

（1）公众参与的开放性主题

参与是指人的各种行为方式，参与事件和活动之中，与客体发生直接或间接的关联。在传统的城市管理模式中，政府通常被认为是城市管理的唯一主体。由于政府在城市管理中孤军作战，结果常导致"管不好、管不了"的情况。自1960年代中期开始，城市规划设计的公众参与成为城市规划发展的一项重要内容，同时也为今后城市规划的进一步发展提供了动力。保罗·达维多夫（Paul Davidoff）在1960年代初提出的"规划的选择理论"（A Choice Theory of Planning）和"倡导性规划"（Advocacy Planning）概念，成为城市规划设计公众参与的理论基础[8]。

绿色城市设计的实施是社会效益的直接体现，只有通过全社会的监督实施，才能保证规划设计的完整实现，单凭行政行为无法体现完整的社会意识，这种缺憾需要通过建构并畅通来自公众"自下而上"的路径以达到绿色城市设计的社会特征所体现的目的。西方的民主建立在"有限的政府权力"和"有效的公众监督"的原则基础之上，公众参与是西方城市规划理论和实践的重要组成部分。如果没有公众参与，再好的规划设计构想在实施过程中也会扭曲变形。但是，倡导公众参与，并不意味着对行政手段、法规管理等规划管理体系的排斥和敌视，它们往往是相辅相成的。

公众参与也具有很大的局限性，"即使在发达国家，公众参与设计的概率和成效，也往往比意料中的差一些，而相反，专家的咨询往往使城市设计更易获得效率和公正"［黛博拉·波特（D. Portc.）］。但即便如此，在民主的社会环境中，很多城市仍然花费大量人力和财力投入公众参与设计工作，使之成为城市设计实践

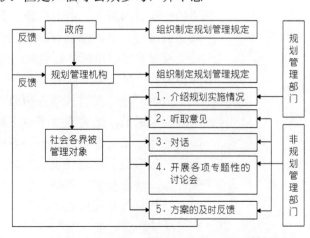

图5.3 公众参与规划设计管理的具体过程

活动得以生存并可能受欢迎和重视的重要保证之一[9]。

（2）公众参与设计

市民是城市的纳税人、使用者和建设者，城市建设的最终目标是为了满足市民的需求。因此，一个城市的规划设计不仅仅是设计人员的事，也是全体市民的共同利益所在。在规划设计中，只有"公众参与"才能体现规划设计的公平性、公正性和广泛性。缺少公众参与的设计不是完整、合理的设计，有时甚至是违背公众利益的暗箱操作。真正意义上的公众参与不是一种公众对规划结果的被动了解和接受，而是对城市规划过程的主动参与，是一种观念和思想的交流与整合的过程，在实质上体现了规划以人为本、维护社会公平和追求社会民主的精神[10]。当然，公众参与并非要替代设计师的作用，而是对设计人员提出更高的要求。设计师需随时备有各种解决方案，并将这些作为接受来自公众挑战的职业前提。

为确保公众能够真正参与进来，这些工作应在设计之初就确定下来，而不是设计完成后的成果展示。在设计的每一阶段，公众参与都是可以的，但在不同阶段、不同活动中，公众介入的成效大不一样，其最有效的阶段是在确定实施方案和执行规划规定与信息反馈方面。下文是公众参与的大致步骤：

首先，应采取多种形式的设计介绍活动会，广泛听取各阶层的意见。通过规划展览、重大规划预先咨询、情况通报会或通过电视节目定期向市民通报规划管理的内容、范围及技术指标等，给市民提供一个提问和了解规划的机会，但存在的缺陷在于市民无法对规划本身直接参与讨论。此外，也可采取问卷的方式，这种调查可以给规划设计人员提供经过统计的有代表性的信息，它反映了一定数量的公众意愿和观点。

其次，可开展一些富有建设性意义的对话并进行专题性的研讨。利用各级政府组织的民间组织参与规划设计的制定过程，鼓励以社区为单位的公众参与形式，既有广泛的代表性，又可避免群众意见过于分散难以达成统一意见。规划管理部门应将各类民间组织的要求、建议与政府政策规定等多项指标结合起来，并采取记分的形式，对主要设想逐条打分，并将主要结果汇集，以便改进。

最后，建立及时的信息沟通、反馈机制。绿色城市设计的实施应是动态、渐进的，是实施效果与实施手段的不断沟通。由于生态设计最大限度地体现了生态资源的平等享用，涉及社会公平原则，单纯凭借专家和官员的审查手段来代表广大群众的利益有时也难以遏制各种局部的违规行为。因而必须加强每一层次的生态设计实施的公众参与，使得每一步实践都在公众监督之下，使公众获得充分的知情权，提高规划设计管理的质量和透明度（图 5.4）。

在我国，阳光权、绿地权是目前社会生活中常见的"维权"焦点，其滋生的社会土壤主要因为公众缺乏知情权，对周边土地的开发利用模式一无所知，更谈不上参与设计。如果公众能够及早了解规划设计要点、内容，就会减少盲目行事或及时采取措施，维护自身权利。图5.4直观反映了美国城市区划法如何结合日照、通风需要对城市沿街高层建筑设计的指引与控制，对我们可能有所启发与借鉴。

（3）设计程序

传统的设计程序往往是"单兵作战"，内容单一，疏于考虑场所、能源、资源之间的相互制约和作用，缺少学科、目标、任务和工种之间的配合，难以产生和实现生态设计所追求的原则和目标。绿色城市设计要求在研究客观现实的基础上，周密分析地域环境的气候条件及环境要素对城市总体布局、新区设计、旧城改造等不同层级和不同气候区域的城市设计的影响，并在城市设计的全过程，即确定目标、现状调查、参数分析、分步设计、成果编制与表达，并在实施反馈中增强公众的参与和理解（图5.5）。

确定目标：首先要确立绿色城市设计的初步目标，这是问题的关键。

现状调查：这是绿色城市设计前期不可缺少的步骤，调研的内容主要包括地方气候条件、地形地貌、绿地植被、河流水体、野生动植物、能源设施、环境有害物、历史生态环境状况等。

参数分析：利用"3S"为代表的空间信息技术对地域气候条件、热场分布、水体、植被现状进行分析、比较和研究，以了解、确定城市生态系统的基本特征、场地生态资源的动态分布和优劣情况（具体可参见第6章案例研究）。这一阶段的报告非常重要，正如拉尔森所言：报告的准备是整体战略的重要组成部分。

分步设计：根据现场调研资料，制定生物气候设计的初步构想，确立设计的目标、标准，展开多维思考，进行初始设计；根据多方意见，对初始方案进行优化、调整，对一些具体准则，如地形利用、开放空间

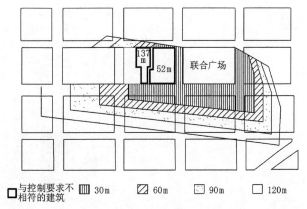

□ 与控制要求不相符的建筑　▨ 30m　◿ 60m　▢ 90m　□ 120m

以保证广场10：00—14：00的日照为标准。

美国旧金山对联合广场周围建筑体块的控制要求

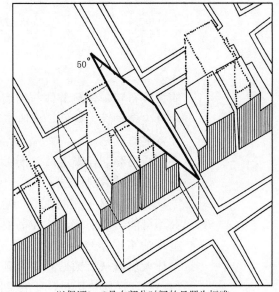

50°

以保证3—9月大部分时间的日照为标准。

美国旧金山市北市场街的建筑高度控制面

图5.4　城市设计为建筑制定的设计准则附图

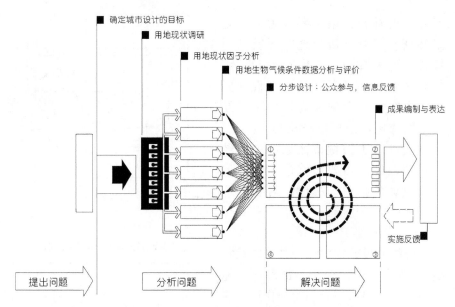

■ 确定城市设计的目标

■ 用地现状调研

■ 用地现状因子分析

■ 用地生物气候条件数据分析与评价

■ 分步设计：公众参与，信息反馈

■ 成果编制与表达

■ 实施反馈

提出问题　　　　　分析问题　　　　　解决问题

图 5.5　基于生物气候条件的绿色城市设计程序

的大致布置、建筑群体与街道布局的基本走向等进行深入研究，并制定项目生态预算。期间，应听取业主、投资商、公共管理部门和市民对设计方案的意见。

成果编制与表达：在分步设计的基础上，进一步深化与优化，完成最终的成果编制和表达。

实施反馈：根据汇总的意见进一步调整。绿色城市设计生态策略研究不可能一蹴而就，往往需要设计师对用地反复研究，带有强烈的个人主观情绪，其结论可能正确或失之偏颇。让公众有机会参与设计过程，设计人员可从反馈信息中得到有益的启迪，完善设计方案。完整的绿色城市设计还应包括对设计成果以及建成后使用成果的评价。

3）建立开放的信息网络

西蒙（Simon）的认识论思想认为人们在解决较为复杂的问题时存在许多局限性。没有一个决策过程是完全符合理性原则的。人类并不追求最优答案，而是追求满意的、基本可行的途径[11]。随着人类实践的规模、范围、深度的空前扩大，其复杂程度日益增加。现代社会的一些重大活动都要涉及大量的经济、技术以及环境、心理和伦理等问题，并常常打破行政区划的界限，要求我们用一种整合的思维方式进行跨学科的研究，吸收相关人员共同参与决策。这就要求我们建立一种开放透明的信息系统，将科学、技术和人文的知识有机结合起来，跨越层次并打破空间界限以解决开放、复杂的巨系统问题。

绿色城市设计本身也是一个复杂系统，需要一个整体而又融贯的设计过程，设计者的社会责任感和开放的知识结构对设计结果至关重要。因此，须采取包容的态度，建立开放的设计体系，鼓励城市规划设计人员、建筑师、工程师、气象学者、能源分析的专业人员一起参与，形成强有力的合作，从而有利于实现设计与社会环境的对话，避免设计者自身的主观片面性，保证了决策的科学、有效和可操作性。

在城市设计过程中，为了加强信息的透明度和开放性，通常可以采取以下方法：普及知识的方法、公众识别的方法、广泛合作的方法、交换观点的方法以及创造性设想的方法，并可通过上述方法的综合利用促进信息网络系统的建立和完善。

4）制定适宜的城市设计"产品"

在我国目前的体制下，城市设计职能与管理职能是分离的，设计人员和管理人员往往是"双盲操作"，很少沟通，经常容易导致设计、管理上的脱节。这就要求设计成果既要充分展示设计人员的思想，也要易于操作。在现阶段，城市设计成果宜采用图文并茂的文本形式，既要有准确的文字导则保证设计实施的具体化，也要有形象的图表、模型，简明易懂，便于决策管理人员理解，并最终落实到城市设计法规条例中去。

城市设计导则可进一步细分为规定性导则和指导性导则。规定性导则提出环境要素和体系的基本特征和要求是下一阶段设计工作必须遵循的模式和依据；而指导性导则只是对环境要素和特征的描述，解释说明对设计的要求和意想，不构成严格的限制和约束。比如，旧金山中心区城市设计就制定了一系列设计导则，包含规定性导则和指导性导则。规定性导则对城市公共空间的面积提出具体要求，指导性导则对日照、通风等提出要求，以保证公共空间的可用性，并针对当地特点，提出"扇形日照面"的控制概念（图5.6），并对公共空间中局地微气候条件、开放程度等方面提出了设计标准和一些奖励办法[12]。

再如，2003年"非典"（SARS）在中国香港高密度的淘大花园肆虐不已，虽然病源及传播途径至今未有明确定论，但已敲响了环境对人类健康影响休戚相关的警钟。为此，香港房屋署在同年年底颁布了"作业备考"（PNAP）278号令，对房屋的"对流风"做了明确界定；同时也针对城市设计及小区设计层次在年底展开咨询研究，对城市空气流通评估方法（AVA）做可行性报告。两者分别从微观和中观层面，针对香港独特的生物气候条件和密度制定了可持续发展的宜居设计的技术指引。

当然，就目前而言，要使城市设

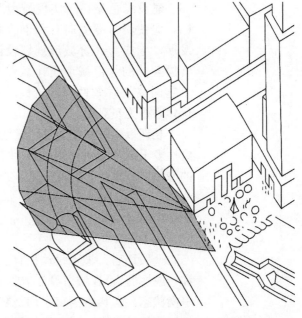

图5.6 旧金山中心区城市设计导则的"扇形日照面"控制概念

计活动从设计、决策管理到实施成为一种可持续的社会行为，真正起到管理和引导城镇建筑环境建设的作用和目的，还需要经历一段艰难曲折的探索和实践之路。在这个过程中需要面临诸多不确定的因素，如政策的改变、领导的变更、观念的更新、环境的变化以及投资主体与投资环境的变化，它要求城市设计成果既要能够保持一定的严密性和延续性，也要能够具有适应各种变化因素的灵活性，注重远期与近期的相互结合，给下一阶段的创作留有余地。

长期以来，城市设计在城乡规划编制、实施和管理中的地位一直处于尴尬的境地，但是近年来得到有效改善与提升。2013年，中央城镇化工作会议确立了具有中国特色的新型城镇化发展的基本思路；2015年，中央城市工作会议明确了如何进一步发挥城市设计作用的战略任务；2016年，颁布了《中共中央国务院关于进一步加强城市规划建设管理工作的若干意见》；2017年3月，公布了全国首批城市设计试点单位，如北京、哈尔滨、南京等城市都在其列。为了进一步提高城市建设水平，推进城市设计工作，完善城市规划建设管理，依据《中华人民共和国城乡规划法》制定了《城市设计管理办法》，该办法共25条，对城市设计相关工作进行了明确的规范和要求，并自2017年6月1日起开始施行。至此，我国城市设计管理工作进入了"有法可依"和"示范实践"的新的发展阶段。

5.3 基于生物气候条件的绿色城市设计的评价标准与模型

建设绿色城市，实现城市可持续发展，是世界各国共同追求的目标。促使城市环境向有利于改善生活、工作环境以及节省能耗等方面发展，应成为评价城市规划设计方案优劣的重要标准。由于基于生物气候条件的绿色城市设计客观上涉及众多的学科、因素和角度，再加上它面临的时效性和区域性，因而其建立在多学科综合基础之上的评价体系极为复杂。

长期以来，城镇建筑环境领域内的评价标准一直是"模糊多于清晰，定性多于定量"，亟待建立一种新的评价标准与模型为基于生物气候条件的绿色城市设计的决策管理提供技术支持。

5.3.1 评价标准

一般而言，城市设计拥有三种评价标准——可度量的、不可度量的和一般性的[②]。在城市设计实践中，上述三种标准虽然会出现极端情况或平衡状态，但通常而言它们是交织并存的。以往城市设计的实践多关注不可度量的标准，现在我们倡导在城市设计中应当寻求可度量的（定量的）、不可度量的（定性的）和一般性的标准的平衡并给予适当的评价方式。

具体操作时，对于定性和定量评价的权重应置于同等重要的程度，如果操作起来有困难的话，最好排除掉那些具有较少细节的定性部分，而依靠那些描述性的评价。另外，也有一些定性打分指标较为模糊，不能作为评价指标的一部分，但通常可以作为描述评价的一部分。

通常，评价指标的选择至关重要，应遵循一定的原则：首先，应有一定的代表性。在科学分析的基础上，选取具有代表性的指标，所选取的指标要能反映该城市的本质特征、复杂性和质量水平。其次，应具有全面性。指标体系应具有反映自然、经济和社会系统的主要特征及它们之间的相互联系，并且应使静态指标和动态指标相结合。最后，要具规范性。指标的选择应遵循使用国内外公认的、常见的指标原则，使指标符合相应的规范要求。

5.3.2 评价模型

《21世纪议程》充分认识到评价标准与指标体系的重要性，并倡议建立衡量可持续发展的指标体系，以便能够在不同的国家和地区进行可持续发展的比较。目前针对绿色城市、生态城市的评价使用了多种不同的方法，如城市代谢法、生态足迹法、生命周期评价法、模糊数学法、单指标评价、综合指标评价模型等，它们对基于生物气候条件的绿色城市设计评价模型的确立具有一定的参照作用。

1) 几种常见的评价模型

（1）综合指标评价模型

曹慧、胡锋、李辉信等人在《南京市城市生态系统可持续发展评价研究》中尝试采用了一种完全递阶的层次结构，他们建立了分成三个层次的城市生态系统评价的指标体系，基本涵盖了上文所述的三种评价标准。第一层次是目标层，以城市综合发展能力为目标；第二层次是准则层，即发展水平、发展力度和发展协调度三个准则；第三层次是指标层，选择了30项具体指标，并运用层次分析、模糊综合评价以及线性隶属方法对南京市城市生态系统全面进行了评价。经过研究发现：南京市城市生态系统总体上向着高效、和谐的方向发展，但也存在着发展水平较低、发展的协调度年际变化较大等问题，并且其子系统及其组成要素存在着发展的非均衡性。通过这些评价标准的建立和评析，对南京市生态系统有了清晰地认知，并为进一步调整南京市生态系统的结构和功能做出规范和指示[13]。

（2）全生命周期评价方法

生命周期是生物活力与生态系统功能的维持过程所呈现出的周期循环特征。生命周期评价（LCA）是对所有输入与输出产品和整个生命阶段产品系统对环境潜在影响的评价，它能帮助使用者以量化的形式反映对环境的影响，以便从环境角度出发，对产品做出正确的决策和选择。目前，国外对于绿色设计思想的探讨已经扩展到城市建设的整个生命周期（Life-cycle）。

在 19 世纪及其以前，人们主要以永恒的观念静止地看待世界，但到了 20 世纪人们则认识到世界无论是物质的还是精神的，都处于不断变化之中。城市作为客观的物质世界的一部分，与生物有机体一样也是不断进化的，经历着由出生、发育、发展到衰落的过程，应将它置于全生命周期的视野中加以思考。城市是由建筑物等有机体构成，新陈代谢是其发展的客观规律，我们应将城市的物质对象看作一个循环的体系，其生命周期不仅结合城市的产生、发展和运行阶段，还要基于最小的资源消耗、最低的"灰色能源"消费、最少的污染排放以及最大限度的循环使用，并随时对环境加以治理。

建立全生命周期成本分析机制，可以帮助决策者从众多方案中选择能够取得最大价值的方案。确定一个项目的成本可以简单地计算"最初成本"，即项目建设期间投入的资金，但更严谨的计算能确定项目的"生命周期成本"，即包括项目的环境和经济价值，以及在整个生命周期内节省的资金、资源和维护投入等。不论哪个项目，都应该根据其环境和社会价值来计算项目的生命周期成本。

基于此，绿色城市设计要求我们建立一种比传统的线性城市规划更加以网络和系统为核心的全面、完整的程序，以城市环境生态系统的健康性为目标，以城市设计全生命周期健康评价为工具，综合考虑城市生命周期及其环境影响、能源消耗相关的生态环境问题，设计出环境友好的城市空间环境。

（3）"压力—状态—响应"模型

新近发展起来的"压力—状态—响应"模型（Pressure-State- Response, PSR），成为描述城市环境状态的一种较为直观的模式，它是由联合国环境规划署和经济合作与发展组织等部门所研究的一项反映可持续发展机理的概念框架[14]。

PSR 概念模型中使用了"原因—效应—响应"这一逻辑思维来描述可持续发展的调控过程和机理，并在此理论指导下建立可持续发展指标体系。该模型主要用以解释发生了什么、为什么发生以及我们将如何应对这三个问题。"压力"是指造成发展不可持续的人类活动、消费模式或经济系统中的一些因素，这是影响可持续发展的一些"负效应"——资源消耗和环境污染；"状态"反映可持续发展中各系统的状态，它既反映经济的状态，也反映环境资源的状态，表示发生了什么，因而是问题的核心；"响应"过程表明人类在促进可持续发展进程中所采取的有效对策，因此是"正效应"——减少对资源的耗竭和对环境的污染、对环境设施的投资。"状态"的变化不会只与一个或一类特定因素有关，也不是只与一个或一类特定的反应有关，而是与许多因素包括自然的、社会的各因素都有关，各因素之间相互作用的过程和程度是极其复杂的，利用 PSR 模型有利于简要和概念化地揭示这一过程（图 5.7）。

2）基于生物气候条件的绿色城市设计的初步评价模型

（1）千层饼分析模型

基于生物气候条件的绿色城市设计研究的核心是要对制约城镇建筑环境的热舒适性和影响能源消耗的相关因素加以分类、整合，以便客观地描述各因子之间的耦合关系，解释各因子综合作用的过程、结果和调控方式。这一过程需要依赖各种因素的整体作用，它涉及地理环境、自然气候、城镇建成环境特征等各方面的内容。

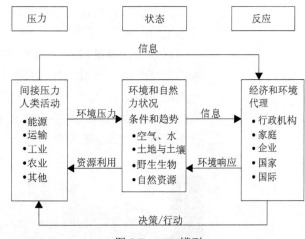

图 5.7　PSR 模型

麦克哈格提出的"设计结合自然"的思想为我们提供了许多有益的启示，他的学说理念在城市社区设计与自然环境的综合方面，尤其是在生态规划方面为城市设计建立了一个新的基准，揭示了作为过程和价值的自然赖以存在的理由。麦克哈格的理论基于对自然历史、物理和生物学过程的综合考虑，它们具有动态性并且构成社会价值。他的技术体现在一个包括自然、土壤以及地理学、工程学的自然和文化的资源因子系统中，他提出了以因子分析和地图叠加技术为核心的生态规划方法，包括气候、地形地貌、水文、植被以及土地现状等，形成单因子图，可直观描述为"千层饼分析模型"。该技术主要根据单因子图，用叠图的方法分析土地利用的发展潜力和发展极限，得出土地适宜性评价，从而制定出土地利用规划。

综合指标评价模型、全生命周期评价方法和 PSR 模型大都以描述性为主，但是，从指导设计的操作层面来看，千层饼分析模型是一种最为直观、简便的分析方法。在绿色城市设计的过程中，如果时间较紧或仅用于概念性构思，可以该方法为基础，列出城市设计所关注的若干因子，如太阳辐射、主导风向、温度、湿度、地理纬度、地形地貌、水文条件、绿化植被、城市形态、建成环境特征等，并根据它们的相互作用机理，分别就以下几方面展开研究[6]：

生物气候因子现状调查：基于生物气候条件的绿色城市设计的第一步就是对生物气候信息，包括原始信息和派生信息的收集。这一过程可借助 GIS 等空间信息技术从宏观上加以把握，并可借助计算机进一步分析出各单项信息，如温度场分布、绿地水体分布等。

生物气候因子综合分析：对各种因素进行分类分级，构成单因素图，再根据具体要求利用叠图技术进行叠加或用计算机技术归纳处理出各因素的综合作用图。

自然过程规划与选址：视自然过程为资源，"场所就是原因"，与麦克哈格在叠图法中所倡导的对自然过程的分析类似，通过叠合这些图片，找出具有良好开发价值又满足环境保护要求以及能够形成良好局地微气候环境的区域。

规划设计成果表达：基于生物气候条件的绿色城市设计的结果是土地适宜性分区以及城市形态特征与气候等自然因素的吻合。它要求在单一土地利用基础之上进行综合研究，通过矩阵表分析各种因素的重要程度，绘在现存的和未来的土地利用图上，最后得出"社会效益最大而环境损失最小"的方案（图 5.8）。

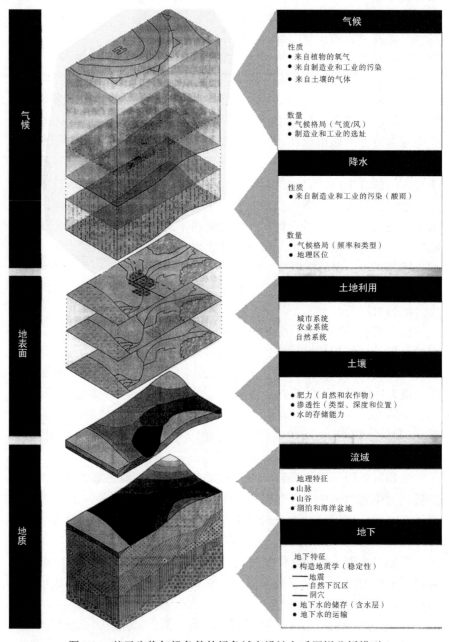

图 5.8　基于生物气候条件的绿色城市设计之千层饼分析模型

（2）环境热力学景观格局分析模型

环境热力学景观格局分析模型从分析城市景观格局在热力学上的表现入手，通过辐射温度场的结构与动态变化来剖析热力因子与环境的关系，评价人类活动的环境影响、能量转化过程以及能源使用，并以城市环境为背景提出基于生物气候条件的绿色城市设计纲要。

城市的热场主要来源于太阳辐射和人为热的排放。城市环境要素将在很大程度上影响城市的热量循环和平衡。一方面，由于城市环境要素物理性质的差异导致太阳辐射能的吸收、反射差异，造成物体辐射温度和温度变化上的差异。城市环境景观要素的几何形态会直接影响热量辐射扩散的效率，也会对局地微气候产生影响，改变局地环流的路线及大小，从而间接影响城市环境。另一方面，城市环境中的人为活动和能耗因素对城市环境具有直接影响。因而，一个城市的热环境可以综合表现城市的建筑、人口、能耗、污染等负荷和水体、绿化等生态结构（具体可参见第 3 章相关内容）。如果城市的各种负荷分布不合理，将会引发环境的结构性失衡。尤其是在热耗形成规模效应时，会形成热循环，改变局地环流，导致城市热量积累形成恶性循环[15]。

经过长期观测与研究发现，城市热环境的辐射温度差异与城市工业区分布、建筑物密度、人口密度、绿地、水体、道路面积等密切相关。陶康华等人在对统计样本 6 000 多个单元回归分析的基础上，初步建立了环境热力学景观格局分析模型，即

$$Y=15.3+0.02X_2+0.1X_4+0.03X_6-0.02X_7$$

其中，Y 表示城市热场亮度温度场值（℃），显著性水平为 0.01；X_1 表示人口密度；X_2 表示燃耗；X_3 表示绿化覆盖率；X_4 表示建筑容积率；X_5 表示水泥及沥青表面率；X_6 表示砖瓦表面率；X_7 表示水域面积（X_1、X_3、X_5 因子影响很小，公式中忽略不计，但仍应作为因子排列出来）。

通过上述数学模型我们可以发现城市环境与热力因子间的相互关系，即热场分布与建筑物容积率成正相关，而水体、绿地对热场是负效应。把握了城市热环境的产生机理后，在基于生物气候条件的绿色城市设计时，可根据环境要素对局地热环境与生态环境的影响原理，初步确定各因子的大致分配比例，合理布局，引导城市环境走向良性发展。

未来的城市设计应遵循"整体优先"和"开放空间优先"的原则[16]，采取打破传统做法，预先留出绿地、水体等城市开放空间，然后考虑建筑物布局。在海口总体城市设计和厦门钟宅湾城市设计③（图5.9）项目中，针对当地特定的生物气候条件，并结合滨海的特殊地理环境，预先留出开放空间用地作为城市的通风走廊，在城市和大海之间形成畅通无阻的进气通道和出气通道，并在此基础上进行规划设计。

图 5.9　厦门钟宅湾城市设计

5.4　新技术在城市设计决策管理中的应用

同传统城市规划设计中运用的分析和综合方法相似，城市设计中包含了能量平衡和生物气候学规划的新方法，作为解决问题的先决条件。随着现代科学技术的迅速发展，各种空间技术和计算机模拟技术日益成熟，已能初步完成城市规划设计与气象条件以及大气污染之间的数值模拟分析。随着以"3S"技术为代表的空间信息技术和以计算流体力学（CFD）为代表的计算机模拟技术的引入，科研人员已能够对城镇建筑环境内的热环境、风环境、声环境以及绿化措施、建筑物布局等进行有效预测和数字化模拟。

5.4.1　空间信息技术的引入与应用

地球空间信息科学是指以遥感（RS）、全球定位系统（GPS）、地理信息系统（GIS）等空间信息技术为主要内容，并以计算机技术和通信技术为主要技术平台，用于采集、测量、分析、存贮、管理和应用与地球及空间分布有关数据的一门综合集成的信息科学和技术。该技术是地球科学的一个前沿阵地，在基于生物气候条件的绿色城市设计过程中具有重要作用，尤其是在城市设计的宏观和中观层面具有广阔的应用前景。

遥感是一种远距离对地观测获取空间信息的技术，可为人类提供近地空间的大量目标信息。我们可以利用通过遥感获得的城市建成区和周边广大区域的下垫面遥感影像，如地形地貌、建成区与非建成区、绿地系统、水体分布、建筑物布局等。其中，1 m分辨率的全色图像可以对道路、街区、旷地等的图像提供精确位置的数字信息；而4 m分辨率的多光谱图像除了能提供色彩视觉效果以外，还能对各种信息进行处理，并提供50多种分类信息，如城市热场分布、土地适用性分类、绿化覆盖率、水体密度、城市空间可发展度等。

全球定位系统是一个高精度、全天候、全球性和快速高效的无线电导航、定位和定时的多功能系统。基于生物气候条件的绿色城市设计可结合全球定位系统进行地理定位，实现动态的数据采集和维护，将需要的信息数字化后直接输入电子地图，避免了传统手工操作的繁复与不准，使用方便，经济效益高。利用该技术，可直接发现并定位城市局地微气候条件较差的区域，为分析与设计提供可资借鉴的数据和资料。

地理信息系统是收集、存贮、处理、操作和分析数字化空间信息的系统。可利用地理信息系统所具有的形象直观的显示方式和拓扑分析等功能与数据库技术和多媒体技术相结合，为基于生物气候条件的绿色城市设计提供了强大的技术后盾。GIS技术可以提供空间数据和属性数据的管理、空间信息的分层管理、电子地图的显示，并可进行空间分析，这也是它最为显著的特点之一。其中，缓冲区分析是空间分析的重要内容，在评价设计对周边地区的影响时非常有用。此外，它还可用于城市选址、开放空间布局以及城市生态廊道的路线选择等。

吴良镛先生在《人居环境科学导论》中曾前瞻性地提出了一种基于遥感和地理信息系统的人居环境研究模型，如图5.10所示，进一步丰富了研究城市的方法与途径。可以预见，随着城市管理的进一步系统化、信息化以及相关技术的发展和引入，3S技术在基于生物气候条

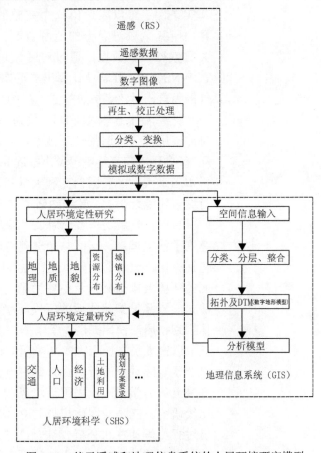

图5.10 基于遥感和地理信息系统的人居环境研究模型

件的绿色城市设计中的应用将更为广泛与深入。

5.4.2　计算机数字化模拟技术

通常情况下可以采用风洞实验模拟建筑物外部物理环境，但周期长、费用高，不利于方案阶段的分析、比较和研究。随着计算机模拟技术的日臻完善，以数值计算为主的计算机模拟技术，相比风洞模型实验的方法周期短、价格低廉，同时还能比较直观、形象地展示各种处理后的结果，有利于不同专业的人员通过形象的流场图和动画了解场地设计前后的局地微气候状况，是设计初期指导和优化规划设计方案的有力手段。

TOWNSCOPE Ⅱ是在 POLIS 计划（城邦计划）（1996—1998 年）进行中发展起来的计算机应用程序，是计算某一地区可获得的太阳能和进行生物气候学分析的主要工具。通过使用计算机软件 AutoCAD 绘制出带有精确地理坐标的区域数字地图，并以三维模型输入 TOWNSCOPE Ⅱ中。区域的气候数据是近期的，通过计算机软件 SUN、MOON&EARTH APPLET4.10 精确计算出太阳照射角度。通过绝大多数影响区域的因素进行分析考虑，使建立研究模型时对地区的模拟在最大程度上接近真实条件，可以表达出一个完整的状况。通过对上述元素的处理，计算出研究区域可获得的能源资源。同时，运用从现场的调查研究和相关文献得来的数据，通过对区域进行合理的投影形成主球面，并运用 TOWNSCOPE Ⅱ软件计算出与形态学和该地区可获得太阳能相关的生物气候因素，对该区域进行进一步的分析[17]。

计算流体力学（CFD）、集总参数（CTTC）模型计算机模拟技术是目前应用较为普遍的一项技术，它可以通过各个子软件分别对城市的风环境、热环境和声环境等做出描述和评价。从国内外的实际应用情况来看，日本东京大学、美国伯克利大学和国内清华大学都已经开发出类似软件对城市环境设计进行过细致研究和论证[18]。

目前，气象工作者已通过"城市规划建设对大气环境影响评估系统"建立了覆盖城市、街区与单体建筑物等不同层级的数字化模拟，实现了包括绿化、道路、风向风速、温湿度、人体舒适度、大气污染等 11 个方面的环境气象指标以及主要污染物扩散的定量评估。在城市规划实施之前科学预测设施建成后的气候环境状况，就可以准确、快捷地为城市整体规划和局部设计提供决策依据。以北京为例，近年来，城市设计人员、气象研究人员在城市大气环境研究过程中已取得显著成绩：一是使用气象要素实际观测进行对比，掌握气象条件的水平和垂直分布情况。二是开展流体力学试验，采用环境风洞实验方法对城市局部地区进行示范与比较研究。三是数字化模拟与立体可视化技术相结合，运用高配置计算机进行科学计算和分析。综合这三方面的技术，能够对几十千米内的区域—城市范畴、几千米内的片区范围以及地段级的城市设计方案进行气

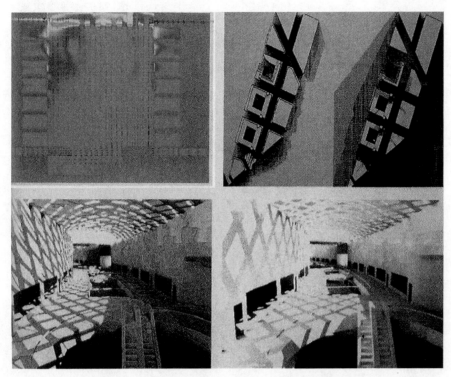

图 5.11　柏林波茨坦广场空气流通分析的计算机模拟

候环境条件的定量评估，为决策、管理提供技术支持[19]。

　　数字模拟系统不仅能对旧城改造的方案进行量化分析，也可对未来的城市设计方案进行直接的、可视化的局地微气候环境分析。在柏林波茨坦广场改建时，就利用数字模拟技术有效分析了新建筑对公共空间局地微气候的影响（图 5.11）。针对中国香港地区特殊的地理环境和高密度的城市空间结构，为了保证良好的居住环境，2004 年以来，香港房屋署针对每个公屋项目基本都采用流体力学的计算程式对环境和微气候进行分析，尽可能利用当地的日照条件、风向分布和污染物扩散状况，力求实现最大化的自然通风、日照和能源效益。建筑师根据分析结果与数据进行总体布局、体形、朝向和外表皮的设计，以达到最佳的节能、健康和舒适状态。

　　在北京奥运场馆设计时，生物气候环境评估模式也发挥了重要作用，对拟建的奥运村内的建筑物密集地区的气温及风场分布规律、建筑物布局方式对气流和污染物扩散的影响以及复杂建筑物的迎风区、背风区气流升降情况，该系统都进行了直观模拟。在北京奥林匹克公园方案选择时，北京气象台的研究人员曾对其中两套方案的设计模型进行了数值模拟分析，其中一套方案设计中间有人工湖，不管是夏天东南风，还是冬季西北风，南北向的人工湖都能形成一个贯穿南北的通风走廊，减少了

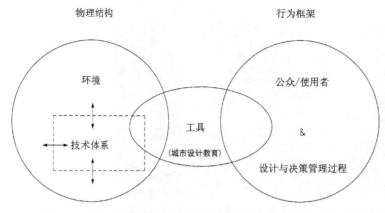

图 5.12　基于生物气候条件的绿色城市设计的决策管理框图

局部地区污染物的聚集，从而使整个区域通风性能很好，自身净化污染的时间只是另一套方案的一半，上述数值分析的结果为方案的最终抉择提供了直接的科学依据，避免了"以奇取胜"的主观臆断[19]。

因此，不管是旧城改造，还是新区建设，都要充分考虑到城市环境能够满足人体舒适度的标准。数值模拟分析为城市设计研究提供了新的技术平台，它的普及与应用对快速提供选择方案、启发和推动设计者思路方面具有显著功效，对提高市民的生活质量和行政部门的决策管理水平、改善城市生态环境同样具有非常重要的意义。

总括以上可以察见，基于生物气候条件的绿色城市设计的编制、决策管理和实施是一个长期、复杂的过程，需综合考虑城市与环境特定需要的复杂状况，以城市环境的物理现象以及设计、使用、决策管理在实际运作中的现实情况作为研究的出发点，尊重使用者的需要，倡导公众参与，在现代技术体系的支持下，得出能够被设计者和使用者都满意和认同的结果（图5.12）。为此，我们必须努力达成以下基本目标：

（1）建立强有力的城市设计职能机构和协调机制；

（2）加强城市建设的立法工作，确保城市设计成果的顺利实施；

（3）促进公众参与城市设计编制和决策管理的全过程；

（4）加强现代新技术在城市设计和决策管理过程中的引入和应用；

（5）编制基于生物气候条件的绿色城市设计的评价标准和指标体系；

（6）建立基于生物气候条件的绿色城市设计导则，指导城市可持续发展；

（7）在本科与研究生阶段加强绿色城市设计的概念、理论和方法的教学。

注释

① 参见http://orcp.hustoj.com。

② "偏重技术的人趋向于把城市设计看作功能和效率的东西。因而，他们使用了可度量的设计评价标准；另有一些设计者则是艺术家，在规划和设计过程中，他们更多地强调城市设计的艺术方面，他们的评价标准常常是不太具体和不可度量的，而是更多地根据他们同行们的判断来评价；一般性标准则从实践中产生，并在1960年代达到极盛，强调社会公正、平等、公平是这类标准的基本内容，其性质亦属于

不可度量的标准。"参见雪瓦尼.城市设计的评价标准[C].王建国,摘译//《城市规划》编辑部.城市设计论文集.上海:《城市规划》编辑部,1998:412。

③ 厦门钟宅湾城市设计由东南大学建筑学院王建国教授、阳建强教授共同主持完成。

参考文献

[1] 西蒙兹•J O.大地景观——环境规划指南[M].程里尧,译.北京:中国建筑工业出版社,1990:4.

[2] 赫伯特•吉拉德特(Herbert Giradet).绿化都市社区IUCN50周年庆典学术研讨会专题报告——社区[R].杨敏,译.[举办地不详]:绿化都市社区IUCN50周年庆典学术研讨会,1999:91-105.

[3] Tianzhen H.Urban Modeling For Large-Scale Assessment Of Building Energy Efficiency Improvements[EB/OL].[2018-10-30].https://sciencetrends.com.

[4] 张京祥.论中国城市规划的制度环境及其创新[J].城市规划,2001,25(9):21-25.

[5] Anon. Planning Implementation Tools—Transfer of Development Rights(TDR)[EB/OL].[2018-10-30].https://www.uwsp.edu.

[6] 王建国.城市设计[M].南京:东南大学出版社,1999:107,211,233.

[7] Sim V D R, Stuart C. Ecological Design[M]. Tenth Anniversary Edition. California: Island Press,1996.

[8] Paul D, Thomas A R. A Choice Theory of Planning[J].Journal of the American Institute of lanners,1962(28):108-115.

[9] 庄宇.试析城市设计中的三个基本问题[J].城市规划汇刊,2001(1):74-76.

[10] 孙施文.城市规划中的公众参与[J].国外城市规划,2002(2):1,14.

[11] Simon H A. Models of Man, Social and Rational[M].New York:John Wiley & Sons Ltd.,1957.

[12] 金广君.美国城市设计导则介述[J].国外城市规划,2001(2):6-9.

[13] 曹慧,胡锋,李辉信,等.南京市城市生态系统可持续发展评价研究[J].生态学报,2002,22(5):787-792.

[14] Harold L.Instrumental Learning and Sustainability Indicators:Outputs from Co-Construction Experiments in West African Biosphere Reserves[Z].OECD,1994.

[15] 陶康华,陈云浩,周巧兰,等.热力景观在城市生态规划中的应用[J].城市研究,1999(1):20-22.

[16] 徐小东.开放空间应优先成为城市设计的重要准则[J].新建筑,2008(2):95-99.

[17] 基安诺普洛(M. Giannopoulou),鲁库尼斯(Y. Roukounis).传统聚居区的规划:一种可持续方法[J].陈琨,译.国外城市规划,2003,28(6):56-57.

[18] 林波荣,朱颖心,江亿.生态建筑室外环境设计中的技术问题[M]//中国(厦门)国际城市绿色环保博览会组委会.呼唤绿色新世纪.厦门:厦门大学出版社,2001:168.

[19] 佚名.城市里的风——街道风[N].央视国际,2003-09-01.

图表来源
图 5.1源自:笔者绘制.
图 5.2 源自:Yixing C, Tianzhen H, Mary A P.Automatic Generation and Simulation of Urban Building Energy Models Based on City Datasets for City-Scale Building Retrofit Analysis[Z].Applied Energy 205,2017.

图 5.3 源自：曲箴波，杨春林.城市规划管理中的公众参与浅析[J].规划师，1999，15(4)：81-82.

图 5.4 源自：金广君.图解城市设计[M].哈尔滨：黑龙江科学技术出版社，1999.

图 5.5 源自：笔者根据墨菲(M. D. Murphy)综合的编程和设计过程图改绘.

图 5.6 源自：金广君.美国城市设计导则介述[J].国外城市规划，2001(2)：6-9.

图 5.7 源自：曹伟.城市生态安全及其环境要素影响探讨[D]：[博士学位论文].南京：东南大学，2003.

图 5.8 源自：Donald W F，Alan P，et al. Time-Saver Standards for Urban Design [M]. New York：McGraw-Hill，2001.

图 5.9 源自：王建国工作室.

图 5.10 源自：吴良镛.人居环境科学导论[M].北京：中国建筑工业出版社，2001.

图 5.11 源自：Sophia B，Stefan B. Sol Power—The Evolution of Solar Architecture [M]. Munich：Prestel，1996.

图 5.12 源自：笔者根据设计阶段综合环境评价方法(ESCALE)运作框图改绘.

6 实践与教学

> 我们的所作所为，意在寻求两个问题：一为何者是人类与环境之间共栖共生的根本；二是人类如何才能达到这种共栖共生的关系？我们希望能和居住者共同设计出一个以生物学和人类感性为基础的生态体系[1]。
>
> ——劳伦斯·哈普林（Lawrence Halprin）

人类社会正步入一个以绿色为标志的"可持续发展"的新纪元。近年来，城市规划设计领域对"可持续发展"的研究已获得一定的实质性进展，尤其是在计算机环境模拟技术方面取得长足的进步。虽然通过"仅以城市规划学科领域作为认识基点，要想广泛而全面地涉猎可持续发展领域并解决一些相关重大问题不仅是不现实的，而且也是不可能的"，但是，作为规划设计工作者，"完全可以将这一思想和价值观念转化为自己的专业技术语言和实际行动；在思想上追求'绿色'道德基础和最高境界的同时，在行动上脚踏实地，一步一步推进我国城镇跨世纪可持续发展的进程"；并进一步与其他相关专业、技术领域相结合，通过各个学科、专业的交叉整合，最终实现"造健康之所，育健康之人"的有限理性和目标[2]。

本章以连云港市总体城市设计、江苏宜兴城东新区城市设计和地段级绿色城市设计教学研究为例，以期通过对不同规模、性质和不同地理环境与气候特征的城市设计案例的分析、比较和研究，在实践中探索和检验适合我国现阶段绿色城市设计的途径和方法。

6.1 连云港市城市设计生态策略研究

6.1.1 连云港市城市总体概况[3]

1）区位

连云港市位于江苏东北部，东临黄海，与日本隔海相望；北与山东日照市接壤；西与徐州市毗邻，由新浦、海州、连云三区以及经济技术开发区组成。

连云港市东西长 129 km，南北宽约 132 km，土地总面积为 7 444 km²，海域面积为 1 759 km²，市区海岸线长 58.6 km。其中低山丘陵面积为 442 km²，占土地总面积的 5.9%；岗地面积为 1 290 km²，占土地总面积的 17.4%；水域面积为 179 km²，占土地总面积的 2.4%；平原面积为 5 533 km²，占土地总面积的 74.3%。

连云港东临黄海，位于海州湾西侧，其东南侧有云台山作为天然屏障，南侧有锦屏山和孔望山，城市依山傍海，风景秀丽、景色宜人，是江苏三大旅游区之一。全市共有 14 个风景区、116 个风景点，名胜古迹众多。

2）地形与地质承载

连云港市主要处于平原地带，地势由西北向东南倾斜（平均比降 1‰—9‰），市区内大部分地带属于淤泥质土和多层软土，云台山区为岩基。地质条件较为复杂，但大多数力学强度好，适宜城市开发建设；也有一部分为高压缩性土，属不良工程地质层。

3）水文

连云港市境内有河道 120 余条，河流多发源于西部低矮山丘地区，由西向东流。汛期和干涸期之间的水位差异大，地表径流拦蓄能力较差。连云港全市共有水库 168 座，其中石梁河水库、塔山水库、安峰山水库规模较大。

4）自然气候

连云港市位于暖温带和北亚热带的过渡地带，属暖温带南缘湿润性季风气候，既有暖温带气候特征，又有北亚热带气候特征（云台山南麓）。气候总体特点是四季分明，气候温和，光照充足，雨量适中，雨热同季。该地区年平均降雨量为 900—950 mm，年平均日照时数达 2 500 h；年平均温度为 14℃，1 月平均温度约为 0℃，极端低温为 −18.1℃；7—8 月平均温度为 26℃以上，极端高温可达 38.5℃。

连云港地区是典型的季风气候区，风向全年变化明显。冬季受大陆冷高压控制，盛行偏北风，气候寒冷、干燥；夏季受西太平洋副热带高压影响，盛行东南风，受海洋调节，气候湿热、多雨。

6.1.2　连云港市区域—城市级的城市设计生态策略

1）城市形态演变

连云港市源起于海州，随着海岸线的不断东移和港口的变迁，城市空间形成了"海州—新浦—大浦—连云"由西向东的演变轨迹。港口与城市的关系也历经多次变动，在不同时期形成不同的组合关系。

自秦设县起至 19 世纪，海州一直是连云港市的中心，现在的新浦原为海滨滩涂，行使着港口的职能，老沭河下游的前河、后河分布着各类码头，海州与新浦构成了最初的港城关系［图 6.1（a）］。20 世纪初至 1930 年代，陇海铁路延伸至新浦，从此新浦成为港口的后方物资集散基地，形成了由新浦与大浦构成的一种新型港城关系，而呈现为"大浦（港口）、新浦（经贸中心）、海州（行政中心）"三点一线式布局［图6.1（b）］，大浦成为对外的主要联系通道。此后，随着临洪河口的逐渐淤塞，大浦港日益衰落，新港选址于连云老窑，铁路也随之延伸，促进了连云地区的迅速发展。1938年，县政府由海州迁入新浦，形成了由新浦与连云构成的新型港城结构关系。1950—1960年代，市区突破沿河、沿铁路的布局方式，开始向纵深发展，逐步形成新浦区、海州区连片发展的新格局［图6.1（c）］。1990年代，随着港口的进一步发展，连云—墟沟作为城市新的建成区也逐渐成长起来。在连云港最近一轮城市总体规划中（1991年），城市形态明显呈现为由新浦、连云两片区构成的"一市双城"模式，以新浦为中心，连云为副中心，相对独立又互为协调，形成连云港城市空间演化的新格局［图6.1（d）］。

连云港市虽然是一个海滨城市，但由于岸线资源的限制，港口优先占据了海滨岸线，生活和旅游岸线被局限于有限的地段，城市生活性用地尤其是公共空间用地没有很好地与滨海景观结合，因而，虽然在地理上位于海滨，空间上并不具备海滨城市的形象，很难利用海洋独特的气候特征改善城市生物气候条件。走向大海，应是未来城市空间发展的优先选择。

近年来，连云港市城市空间总体上呈现一定的轴向发展趋势，新浦、海州向东北呈团块状结构形态发展，连云城区则向西呈带状形态发展，并通过不断完善的陆上铁路和公路相连。按目前趋势，如不加控制，新海、连云两城区将不可避免地连为一体，将改变现有的组团发展模式，长远来看会对城市生态环境产生不利影响，下文将加以说明。

2）城市发展模式选择

传统的单核—中心圈层模式是紧凑城市中最为极端的概念，几乎所有的城市功能都集中在中心区，商业、居住、交通和服务功能的集聚往往造成城市用地拥挤、秩序混乱，并随着

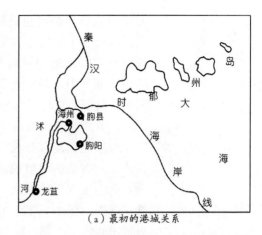

（a）最初的港城关系

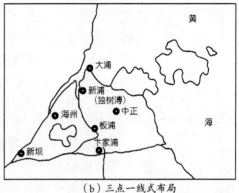

（b）三点一线式布局

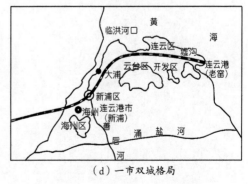

（c）连片发展新格局

（d）一市双城格局

图6.1 连云港城市形态演进图

人口的增长，城镇建筑环境质量不断恶化，污染问题日益严重。因此，连云港市城市发展不宜重蹈国内许多城市已经经历的失误，宜结合连云港目前的城市形态格局与发展趋势，保持现有的"双组团"松散模式，防止过度集中。基于连云港当前的城市空间发展态势，有必要对城市未来的布局形式进行科学分析和决策。

（1）关于带状城市

根据连云港市目前的发展趋势，最容易形成的城市布局可能是带状模式。此方案的主要观点就是城市沿连接东西城区的新墟公路铺展，不分重点、主次发展新海、中云和连云等片区，构成"一城多区"的带状结构形式。但是，带状布局也会带来一些弊端：首先，过分依赖单向交通，城市中心地位不强，"无核"将给城市增长带来不利影响，也容易造成未来城市交通发展瓶颈。其次，该模式使得云台山国家自然风景保护区受到侵蚀，连云港的山、海关系被隔断，不利于整体山水格局的形成，也不利于维护生物环境的多样性和连续性，也无助于维系城市风道的畅通。因此，该模式不是连云港未来城市空间发展的最佳选择。

（2）关于双组团发展模式

综合《连云港市城市总体规划专题》研究成果，我们认为，在未来一定的时间内，应构建以新海城区和连云城区组成的组团式结构模式。该模式能较好地体现连云港城市特点，也有利于城市未来规模扩张和空间的有序发展。双组团发展模式布局特点主要为：划定新海城区和连云城区东西延展的最终界线，保证两城区之间合理的生态间隔空间，并加以严格控制和保护；同时，进一步优化两组团内部结构，紧凑布局，避免无序蔓延（图6.2），从而使城市形态具有"分散—集中"的明显特征和优势。各个主要节点应高度集中，节点与节点之间依靠高密度、多方向的道路连接成网络；而在高度集中的节点网络之外，则为广袤的田园生态空间、开放的乡村和公园形成的低密度区，即城市的"基底"，可作为城市中心区的天然"氧源"和"冷源"。

双组团发展模式，山、海、城兼备的自然地理条件，决定了连云港市形成由西南向东北发展的"山—城—山—城—山—海"的总体框架结构，其合理的布局和适宜的绿地空间组合，为城市预留了有利于空气流动的"通风地带"和有利于促进生物多样性的"生物气候缓冲区域"，

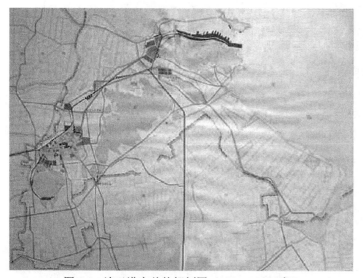

图6.2　连云港市总体规划图（1980—2000年）

从而能够有效缓减城市"热岛效应"、增强城市的通风排污能力（图6.3）。

（3）城市形态远景规划——由双组团到双核多组团模式

在相当长的时期内，连云港市城市形态将保持双组团结构，但两个组团的扩展应受到一定限制，否则会形成"摊大饼"的结局。再加上两城区的用地扩展余地受到山体、河流等自然因素的阻碍，尤其是连云区还受到核电站防护距离的限制，较为有限。未来连云港的发展，须打破现有的行政区划范围，将临近市区、交通区位优越的浦南、宁海纳入市区范畴，其他如云台山的南片区、北片区虽也可供选择，但需辅以一定的先决条件。

基于对连云港城市远景空间发展的评估，为实现连云港"活力之城、生态共生城市、最佳人居城市、海滨山水城市"的发展目标，该市总体规划提出了"拥山、抱河、海上连云"的远景城市空间架构，发展多个城市组团，从而完成连云港由双组团到以新海和连云为核心的

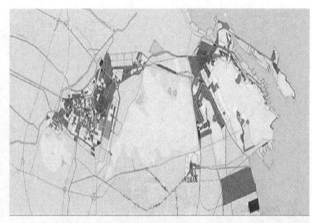

图6.3　连云港市总体规划图（1991—2010年）

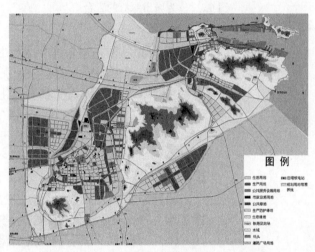

图6.4　连云港市总体规划图（2003—2020年）

双核多组团城市的布局。该模式的发展可使云台山融入城区，最大限度地接触自然，但也要防止城区完全割断山体与外界的生态联系，其实从生态学意义上来讲，常熟"十里青山半入城"远比"城抱青山"更为合理。通过浦南地区的发展，促进"母亲河"蔷薇河的整治、清理和保护，营造连云港的"外滩"，使之成为连接城区与海洋的生态纽带。与此同时，也应避免云台山北片区不受限制的发展，造成新海、连云与云台山北片区之间具有生物气候调节功能的缓冲空间消失，破坏原有的组团城市格局，导致城市无序蔓延，最终形成摊大饼的发展模式，影响市区良好的栖息环境（图6.4）。

3）城市开放空间设计

未来连云港的城市发展应走城乡一体化的道路，对市域范围内的土地进行功能分区，确定城镇体系布局、交通网络规划、基础设施建设等，并着重就生态与环境保护进行专门规划，从市域范围内合理组织城镇体系空间布局，协调各区之间的职能分工、道路交通、基础设施和环境保

图 6.5 作为城市绿心的云台山

护，探索一种城乡一体化的经济发展模式和"海滨田园型"城市布局形态。在城市开放空间设计时，以横贯城市东西的蔷薇河为沿河自然生态轴，云台山和锦屏山为城市绿脊，居于两者之间的用地为城市发展轴，其主要策略如下：

（1）依托绿心：以前、中、后云台山共同组成城市绿心，充分发挥其自然生态优势，维护并强化城市总体山水空间格局特征（图 6.5）。

（2）绿块串联：强调类型与主题各异、特色鲜明的公园、绿地、绿岛和森林公园之间的相互整合，利用绿带将城市公共绿地连成一体，形成生态网络。建设体系化和多样化的城市绿地系统，结合自然地形，选用本地植物，提高乡土气息和保护地方动植物资源。

（3）绿带成网：4 条河岸线、6 条主要交通道路干线形成一个具有景观层次和生态功能的绿网，构成网络化、多层次复合的城市通风廊道，最大限度地发挥其调节城市气候、减轻城市空气污染的作用。

此外，还应充分利用现有的生态资源，建构以云台山、蔷薇河和植物园为主的城市生物气候中心骨架，打造城市"冷源"和"氧源"基地。

（1）云台山：云台山是连云港得天独厚的自然资源，淋漓尽致地发挥其自然生态功能与潜在价值，是构筑"山海"型生态城市必不可少的因素。遵照"亲近云台山，保护云台山，利用云台山"的原则，转变山区居民从业性质，实施封山育林，迅速恢复云台山植被，充分开发旅游资源，将云台山真正变成城市灵魂。

（2）蔷薇河：蔷薇河水系在城市空间演化中具有无可替代的重要作用，规划应强调生态功能的恢复和景观重建。在蔷薇河、新沭河和临洪河三河交汇处建设水闸，将目前的水塘扩建改造为一个面积约为 10 km² 的人工湖，作为重要的水源保留地。从连云港市地形地貌特征来看，其重要功能在于：增加城市防洪能力，实现大容量蓄水，同时又可为城市增添壮丽的生态景观。

（3）植物园：在进花果山通道靠近水库一带，规划建设大型植物园，规划面积约为 9 km²。植物类型不求名贵，以当地土生土长反映过渡带特征的植物为主。同时划出一定面积，建设主题明确的中草药园。

4）城市交通体系的组织

（1）目前存在的问题

近年来，随着城市路网建设的不断完善，新浦、海州城区的交通有了明显改善，但存在的问题也不少。例如，一些道路改建不久，就已不能适应城市交通发展的需求；一些道路过宽过直，两侧绿化不及时，裸露的沥青和水泥路面热容量小，反射率大，蒸发散热几乎为零，再加上高浓度的粉尘和二氧化碳，易于形成一条热浪带，导致局地微气候的恶化；在冬季则由于缺少林木挡风，沿路寒风凛冽，影响市民出行。

随着城市规模的不断扩张，城市逐渐呈现出东西向线性发展的趋势，原先联系新海城区与连云区的新墟高速公路已逐渐成为穿越城区的交通干道，噪声和尾气污染将会严重影响人们的生活起居，必须采取措施在其外围设立平行道路以缓解城区内部交通压力。

与大多数中等城市一样，摩托车成为城市交通工具的主流，大量的摩托车流容易造成上下班高峰期道路拥挤堵塞，且其占地面积大，污染和噪声严重。

（2）建立先进的公交体系，倡导步行与自行车交通

未来连云港交通体系的优化，应优先考虑集体交通运输方式，鼓励步行、骑自行车和电动助力车等环保、节能型交通模式等。

首先，倡导"公交优先"的出行方式，积极改进技术发展公共交通，采用高效清洁的汽车，逐步提高公共汽车的舒适、安全、方便、准时性，解决"乘车难"的问题，加强自行车等慢车道的建设和管理。目前，连接新浦区与连云区之间的快速交通系统（BRT）已成为该市最为关键的公共交通设施，也是市民出行的首选交通工具，也已取得很好的社会效益、经济效益和环境效益（图6.6）。

其次，开辟城市步行商业区，进一步整合海州古城商业街区以及新浦老城区的陇海步行街和万润花园商业街之间的商业资源，结合连云港冬季气候寒冷的特点，采用玻璃连廊、半封闭走廊等建筑空间形式，为室外活动创造良好条件。

最后，在各类旅游区（花果山风景区、连岛海上旅游区）、传统商业区（海州古城区）等人口流动较多的地区，由于路途不远，"打的"不便，从方便外来游客观光旅游的角度，建议投放一定量的观光三轮车；同时，适当限制小汽车进入，严厉打击摩托车非法载客行为。观光人力或电动三轮车可以带动一部分人员的再就业，同时作为一种"绿色"交通工具，比较清洁、健康，可作为城市公交系统的有益补充。

（3）改善交通政策，提高交通网络的综合效率

连云港新浦、海州市区上下班高峰期交通

图6.6　测试运营中的连云港BRT

拥挤已初显端倪，较为行之有效的方法就是及时改变交通政策，鼓励公共交通，限制市区汽车数量尤其是私家车的增长，增加私家车牌照费，遏止私家车数量膨胀；进一步完善市区交通管制，通过电子实时监控，整体调控市区车流分布，局部地段实行步行化（如南京正洪街地区通过步行街区建设，很好地分散了大量车流进入，提高了商业街区的人流量和经济效益），以及在部分路段辅以单行线措施，将在一定程度上改善市区的交通状况。

6.1.3 连云港市片区级的城市设计生态策略

阳光、空气、绿地、水体和开放空间等，是城市生活中的重要生态因子，其中绿地、水体是城市各项用地中非常重要的组成部分。城市绿地系统建设也是城市规划设计的重要内容，它有助于进一步优化城市结构，促进具有生物气候调节功能的缓冲空间的建设，使城市走上良性循环的发展道路。

我国目前采用的城市规划规范和方法带有浓厚的工业时代色彩，绿地、水域等开放空间在城市规划设计中只是一个附属物，而不是整个规划的前提。用生物气候的观点来评价连云港市的城市绿地系统现状，可以看出还带有明显的薄弱环节，综合起来主要是绿地系统结构不合理，在各项绿地中，公共绿地和生产绿地不足，尤其是旧城居住区建筑密集，绿化难以立足，再加上旧城改造时经济条件的制约，集中绿化难以实现；新区建设的绿化用地，或是先天配套不足，或是被逐渐蚕食。由此看来，老城区自然要素的生态恢复和新城区的生态建设势在必行[4]。

1）老城区自然要素的生态恢复及其重建

（1）河流水系整治

龙尾河与东西盐河水量充沛，河岸植被丰富，应将其规划为物种迁移的通道。在水道两侧种植 50—100 m 的绿化带，使之成为联系城市和水系之间的缓冲空间。同时，沿河两岸建设 30—60 m 宽的带状绿地公园，添加活动设施，形成通榆运河、龙尾河、东盐河、西盐河、蔷薇河沿河公园绿带，作为居民日常娱乐、休闲的场所。

（2）道路绿化整治

加强城市道路绿地系统的网络化建设。海连路作为新浦区第一干道，目前绿化水平太低。为塑造生态城市的良好形象，提高城市绿量，有必要对其进行改造，重新加以绿化，营造高标准的城市绿色大道。市区其他主干道两侧也可根据道路等级和地形条件规划 10—30 m 的林荫绿化带。

加强中心区绿色步行系统的建设，沿人行道营造绿色开放空间，增加沿街绿色小品和垂直绿化，形成绿树成荫的生态走廊。

（3）公园绿地整治

根据物种迁移易达性原理，以 2 km 为最大服务半径，以 500 m 为最佳服务半径，规划增加公园、绿地数量。在东小区、西小区、蔷薇小区、巨龙小区、南小区、北小区等居住区的改建及产业用地调整中，尽可能地留出公园绿地，建成各种类型的小游园。

（4）建成区环境改造

旧城改造以降低居住建筑密度和人口密度、提高居住水平为目的，严格控制单纯的私房改造，尽量避免零星改建，应成片、成街区的大规模统一规划设计和改造，进一步加强老城区交通通行能力，增加城市公共绿地，提高市政设施水平，使老城区形成良好的绿色空间环境（图6.7）。

积极推广屋顶花园和垂直绿化，扩大城市绿量；逐渐减少城市道路、广场的硬质铺装面积，增强地表的雨水渗透能力，这些措施对夏日降温、缓减"热岛效应"具有积极作用。

2）新城区生态建设

（1）新浦与港区生态廊道

新浦区与港区之间存在的空间距离，由云台山、铁路、高速公路和新港路相连。处理好两个城市组团之间的生态联系是城市生态建设的关键所在。在新港路两侧规划建设100 m的绿化带，在铁路和高速公路两侧建设50 m的绿化带，与云台山一道组成城市生态廊道体系（图6.8）。

（2）新老城区交界处的景观建设

以东盐河为界，拉大新老城区之间的空间距离，调整建筑、广场、绿地、水体的布局模式，建设集现代化与生态化为一体的城市景观。

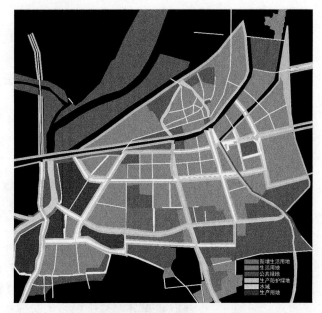

图6.7　连云港市老城区生态重建规划

图6.8　连云港市新城区生态建设规划

在新老城区交界处将东盐河拓宽到300 m，建设1—2 km^{2}的集中水面，作为新城区的景观中心，同时带动人工湖周围的土地开发。

（3）新城区生态建设

充分利用新区地形地貌、新建主干道、通榆运河等有利条件，建立完整连续的城市绿地空间体系；合理处理新区与云台山、高速公路之间的空间联系，用成片林隔离高速公路，起到美化景观和降低噪声的双重目的。

控制建筑物密度，以植草砖替代大面积的硬质铺装（砖石、混凝土、花岗岩砌体），规定新城区的绿地覆盖率应达到35%—50%，以发挥其调节城市局地微气候的作用。

保护云台山西麓的自然生态敏感区，搬迁现有污染企业，严格控制非保护性的开发建设活动，并尽快对已遭破坏的山体进行修复与生态恢复，严禁绿地被挪作他用。

3）街区（街道与建筑群体）布局与设计

街区是城市开发建设的基本单元，规划设计应从当地气候条件出发，遵循局部紧凑、功能混合的总体原则，结合局部地形地貌、绿化、水体，合理调节和处理各种影响街区环境的外在因素，促使局部环境朝有利于人体舒适、健康的方向转化。

（1）疏密有致，非均匀布局

由于气候的特殊性，夏季自然降温、冬季防风御寒成为当地街区设计的重要任务。针对连云港狭长的双组团城市形态以及现有的基础设施，采用局部紧凑与分散相结合的非均衡模式，将主要的生活性街区布置在近山、近水的风景优美之地，建筑物密度不能太高，宜疏密有致，尽可能减少建筑对山体、海景的遮挡。

（2）混合功用，综合开发

街区的混合使用，主要有功能的多样化、使用者的多元化和组成成分的多元化三种基本模式，须多管齐下，才能使街区充满活力和具有可持续发展的潜力。上述结合生物气候条件设计的能够良性循环的海滨城市街区可有多种形式，如建立以太阳能、风能、潮汐能为基础的可再生能源街区；建立以步行为主的紧凑型街区；建立以电子、信息技术为支撑的SOHO（小型办公室或家庭办公室）街区等。

（3）加强街区环境质量

遵循人与环境和谐的原则，保证良好的生态环境，确保街区的各环境要素应具备符合国家相关标准的整体生态环境质量，具有较好的通风、日照和空气条件，远离污染源和噪声源。首先，应确保街区良好的自然环境特色，使之具有一定比例的自然空间，如一定比例的自然"山水"空间或一定比例的森林空间。其次，与地方传统生境有良好的连接度，不仅可以增加街区内自然空间的延展性和丰实度，而且可以增加街区自然生态系统的多样性，有利于建立生物迁移廊道和网络化的生物迁移、栖息生境。

（4）改善街区物理环境

街区外部空间作为人与自然交流的场所，其环境质量的好坏直接影响到人们的日常生活。这就要求我们在设计时须注意以下几方面内容：

首先，应通过合理的规划布局和建筑设计，防止高密度建设出现"握手楼"和"接吻楼"等现象，尽量避免由于建筑群体布局或单体设计不当造成冬季室外风速过大，影响室外活动，或导致强风卷起物体、撞碎玻璃等事故。

其次，选择高效美观的绿化形式，合理设置水体景观，降低局部"热岛效应"。

最后，通过传导、对流、自然通风等形式，降低夏日建筑维护结构的外表温度和室内气温，减少采暖、空调费用，节约能源。

（5）体现地方特色风貌

建筑比例尺度既要体现苏北地区的传统底蕴，又要展现海滨城市的轻盈飘逸，色彩宜以清新淡雅为主。建筑空间形式充分考虑地方特色和场所精神，朝南方向可考虑新式骑楼、半室外的过渡空间的设置，而朝北方向宜封闭为主，尽量满足自然采光以及夏日通风、冬季防风的要求。主城区可结合实际需求，在充分考虑到高层建筑对环境影响的前提下，可在局部地段适量点缀一些。在临近山体、海滨的区域，应保证建筑与山、海大环境的协调，体量不宜过大，应以轻盈、明快为主，对建筑物高度需要严加控制，避免出现板式或连续高层建筑物而影响整体山水风貌。

4）新老城区环境污染的综合治理

当前，连云港市城市开发建设仍存在不少问题：老城区改造力度不够，总体环境质量虽有改观但仍然存在差距；新区综合建设的步伐缓慢，一些项目定位不高；其他诸如城乡结合部的"城中村"现象，乱建、违建等问题凸显，以及城市建设用地与耕地保护存在一定矛盾等现象。这些问题长期以来成为阻碍城市健康发展的毒瘤，危害不可等闲视之。

首先，应采取有效的环境管理办法，整治和减轻环境污染，努力建成几个经济发展较快、环境清洁优美、生态良性循环的片区。城市建设、产业结构布局，要充分考虑生态环境因素；健全环境质量公报制度，创造条件尽早开展城市空气质量预报；严格依法管理城市环境，建立公众参与环境保护的监督机制；大力发展公共交通，限制机动车污染，逐渐取消摩托车；在"十五"期间将污染治理投资占 GDP 的比例提高到 2.0%左右。

其次，力争蔷薇河段水质达到 II 类水域标准，城区饮用水源全部达到或好于水环境质量 II 类水域标准。二氧化硫、尘和化学需氧量等主要污染物排放量不超过 2000 年水平。城区环境空气质量达到国家空气质量二级标准，地表水环境质量达到连云港市划定的水域标准。城区声环境质量全部按功能区达标。城市绿化覆盖率不低于 35%，人均公共绿地面积近期达到 10 m^2/人，远期超过 15 m^2/人。

总体而言，在生态原理与可持续发展思想的指导下，连云港市总体城市设计重点从宏观与中观层面入手，结合当地的气候条件、地形地貌、水文、植被和城市发展状况，合理选择与确定连云港市的空间发展模式、开放空间系统、道路交通以及新老城区的生态环境建设、街区与建筑群体的合理布局等，强化组团式发展，充分预留城市通风廊道和生态走廊，在区域—城市级的规模层次上对城市设计生态策略研究进行分析和探讨。

6.2 宜兴城东新区城市设计生态策略研究

2003 年秋，东南大学建筑学院受江苏省宜兴市人民政府和宜兴市建设局委托，就宜兴城东新区城市设计和导则编制展开研究，其间几易其稿，于 2004 年 5 月最终完成，并经宜兴市规划委员会审议通过，纳入总体规划修编而得以整体实施。规划设计中，我们重点就绿色城市设计与我国现阶段城镇开发建设的契合问题进行了深入探讨，尤其是"3S"技术和数字模拟技术的引入与应用，打破了基于传统美学和经济学的设计思路，为片区级城市设计研究探索了新的技术方法和研究途径。

6.2.1 宜兴市城市总体概况[5]

1）区位

宜兴位于北纬 31°07′—31°37′、东经 119°31′—120°0′，地处江苏南部，与浙、皖两省交界，是沪、宁、杭三市等距中心地。东濒太湖，西邻溧阳，南交浙江长兴，北接武进，西北、西南分别与江苏金坛和安徽广德毗连。东西长 49.8 km，南北长 54.2 km，市域面积为 1 753 km²，总人口为 110 万人左右。市区宜城、丁蜀两镇呈"一城双核"模式，中有龙背山森林公园相间，东西两氿左右拱卫，形成"一山枕双城，五水系两氿"的独特形态。

城东新区建设用地位于宜城镇东部，北起沪申运河，南至龙背山北麓，西起东氿路，东至东氿东岸线，东西宽约 3.8 km，南北长约 3.2 km，规划总用地 9.2 km²（含水面）。该地区原为农业用地以及利用东氿水面的水产养殖场和部分湿地。

2）地形和地质承载

建设用地位于龙背山北麓、东氿西岸、沪申运河南侧，西侧紧邻老城区。用地以村庄、农田、荒地、沿氿湿地等为主，境内总体地势较为平整，局部地区水网密布，沿水岸及周边地区绿化、植被良好。

根据已有的勘探资料，除东氿沿线地区为近年淤积的土地，承载力较低外，其余用地力学强度良好，适宜城市建设开发。

3）气候和空气质量

该地区属于亚热带南部季风区，春夏多东南风，秋季多偏东风，冬季多西北风。四季分明，温和湿润，雨量充沛，年平均降水量为 1 191.3 mm，年平均雨雪日为 136.6 天，年平均温度为 15.6℃，极端最低

气温为 −13.1℃，最高温度为 39.6℃。该地区年平均日照为 1 941.9 h，是江苏日照最少的地区之一，年平均无霜期为 239 天。

由于城东新区所在地位于老城东侧边缘，周边水文、植被良好，没有工厂、矿山开采等污染源，再加上濒临东氿和太湖，气流通畅，空气质量优良，能见度指数很高。

6.2.2 地理信息系统和遥感技术在宜兴城东新区环境分析阶段的应用[①]

景观格局是指环境组成因子的类型、数目及其空间分布与配置。景观格局指数能够高度浓缩环境信息，反映其结构组成和空间配置方面的特征。通过对景观格局的分析，可以帮助我们了解环境因子的类型、形状、大小、数量和空间分布状况，也有助于我们对城市环境现状及其发展趋势进行科学评估。

1）地理信息系统图库建立

遥感（RS）信息的可重复性读取使其成为城市生态学研究的基本数据源之一。地理信息系统（GIS）则利用遥感数据，为研究城市环境及其动态状况提供一个有力的工具。在用地环境分析阶段，我们以宜兴市 2001年的增强型专题绘图仪（ETM）影像数据（图6.9）进行计算机分类和人工目视解译的结果作为基本资料，在地理信息系统软件（ArcGIS）的空间分析（Spatial Analysis）模块支持下，得到该地块的环境景观分类栅格图（格网分辨率为 30 m），并从土地利用和生态角度出发用水域、植被、农田和建设用地四大类（图6.10）加以标示。通过此图，我们可以对用地范围内的

图 6.9　宜兴市 ETM 卫星影像图

图例
土地利用现状分析图

■ 水域
■ 植被
▨ 农田
▨ 建设用地

图 6.10　土地利用现状分析图

生态条件和建设现状有一直观了解，为下一步的深入分析做好铺垫。

2）结果与分析

在 ArcGIS 空间分析模块支持下，通过景观分析软件（Fragstats）对计算所选取的景观指数进行分析，我们发现：环境总共有 7 400 个斑块（表6.1），分布于四个类型之中（表 6.2）。在各环境因子类型中，水域的斑块数最少，共 791 个，植被斑块数最多，共 2 615 个，占总数的 35.3%，其次是建设用地和农田。在环境因子面积结构特征上，水域、植被、农田、建设用地所占总面积的比例分别为 13.9%、27.8%、41.7%、16.6%，表明植被和农田所占的面积最大，超过其他类型（表 6.3）。

3）环境分形分析

分形分析主要分析斑块类型及整个环境的景观破碎度。分形指数具有很强的尺度依赖性，对斑块的范围和数量均有一定的限制，本书选用的是面积加权平均斑块分形指数（AWMPFD）。用地范围内景观面积加权平均斑块分形指数为 1.423，这说明环境中各因子的形状不太复杂。各个斑块类型中，水域的 AWMPFD 值最大（1.426 27），植被为 1.392 67、农田为 1.359 35、建设用地为 1.265 31，说明水域和植被斑块形状最复杂，受人类活动影响较小，其 AWMPFD 值大；而农田和建设用地则由于受到人类活动的影响，其 AWMPFD 值偏小。

由此可见，受人类活动干扰小的自然环境的分形指数高，而受人类活动影响大的人工环境的分形指数低。因此，在开放空间设计时应尽量选取分形指数较高的区域加以保留，这对保护当地自然生态环境有着积极作用。

4）温度场分布分析

通过对 ETM 卫星影像图的解读，我们可以大致了解城市温度场的

表 6.1 环境级别计算指数

斑块数量（NP）	斑块平均大小（MPS）	平均斑块分形指数（MPFD）	斑块面积标准差（PSSD）	最大斑块指数（LPI）	面积加权平均斑块形状指数（AWMSI）	面积加权平均斑块分形指数（AWMPFD）	香农多样性指数（SHDI）	Simpson多样性指数（SIDI）	修正Simpson多样性指数（MSIDI）	香农均度指数（SHEI）	Simpson均匀度指数（SIEI）	斑块丰富度（PRD）
7 400	8.702	1.376	174.99	14.204	12.592	1.423	1.294	0.703	1.211 6	0.933	0.936	0.006

表 6.2 类型级别计算指数

土地利用	斑块类型面积（CA）	斑块数量（NP）	斑块平均大小（MPS）	平均斑块形状指数（MSI）	平均斑块分形指数（MPFD）	斑块面积标准差（PSSD）	斑块所占景观面积比例（PERCLAND）
水域	8 992.80	791	11.368 90	1.548 07	1.362 72	177.140 71	13.965 47
植被	17 910.63	2 615	6.849 19	1.658 71	1.384 01	170.241 30	27.814 51
农田	26 810.46	1 665	16.102 38	1.788 71	1.378 35	241.401 36	41.635 60
建设用地	10 679.22	2 329	4.585 32	1.599 89	1.371 22	111.438 38	16.584 41

表 6.3　土地利用现状分析表

土地利用	景观面积（TA）	最大斑块指数（LPI）	斑块密度（PD）	斑块面积 变异系数（PSCV）	面积加权平均斑块形状指数（AWMSI）	双对数分形指数（DLFD）	面积加权平均斑块分形指数（AWMPFD）
水域	64 393.109 38	7.169 04	1.228 39	1 558.116 58	4.194 52	1.363 43	1.426 27
植被	64 393.109 38	12.177 58	4.060 99	2 485.568 60	7.570 81	1.384 75	1.392 67
农田	64 393.109 38	14.204 05	2.585 68	1 499.165 89	16.209 22	1.379 54	1.359 35
建设用地	64 393.109 38	8.324 35	3.616 85	2 430.327 15	19.005 48	1.371 51	1.265 31

分布规律，即水域、绿化较为集中的区域温度相对较低，而建筑物密集、交通繁忙地段则温度较高（图 6.11）；新区用地范围内温度较低，而与之相邻的老城区温度较高。

据此，在总体构思阶段，我们可以对用地范围内温度较低的水体、绿化等区域加以保留使之成为城市"冷源"；而对"热岛效应"较为明显的老城区，则可通过加强"绿道"和"蓝道"系统的建设、降低建筑物密度等措施来提高城市通风、降温能力。

6.2.3　计算流体力学技术在新区城市设计局部地段优化中的应用

数字模拟技术形成的流场图可以直观展示建筑群体内的气流流动情况，是设计初期检验方案环境优劣的有力工具。目前，

图 6.11　用地温度场分布图

随着计算流体力学（CFD）等应用技术的发展和成熟，已能较为方便地对局部地段的气温、湿度、通风、日照和噪声条件进行数字化模拟，并可根据运行结果对方案进行调整和优化。

1）新区"热岛效应"的控制和室外风环境设计

理论上，通过 CFD 运算模型，将太阳辐射、风、建筑物结构和类型、下垫面情况、人口密度、外界各种排热状况等因素综合考虑进去，可以获取用地范围内的温度场分布结果。但在实际模拟时，由于各种参数较为复杂，有些甚至无法定量确定，因此，模拟结果较为粗糙，有时甚至超出常规经验值范围。但通过实验，我们仍能大致确定增强通风、减少硬质铺装、增加绿化和水体开放空间等措施，对降低室外温度、缓减城市"热岛效应"具有明显效用。

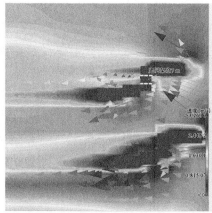

图 6.12　板式高层建筑的比照实验

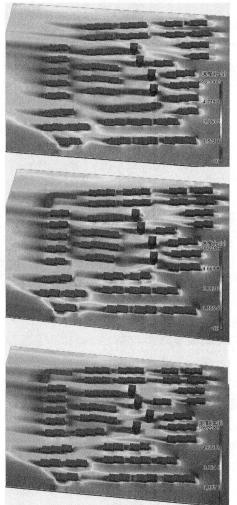

图 6.13　改善局地风环境的模拟实验

注：在计算机模拟技术帮助下通过建筑物位置的调整来进行。

这一阶段，我们将计算机模拟的重点放在街区、组团或建筑群体布局上，根据模拟结果，对建筑群体布局重新加以组织和优化，以期产生良好的局地微气候环境。

通过一组板式高层建筑的比照实验，我们发现，通过简单的设计手法——局部底层架空 7 m，此举可以大大改善建筑群背风面的室外风环境（图 6.12）。

如图 6.13 所示，我们选取位于用地中间临近水面的一个住宅组团为研究对象，输入其主要信息，通过模拟实验，得出初步流场图，找出其中通风不佳之处，调整建筑物布局和位置，重新输入数据再次模拟，直到得出满意结果为止。其他组团和建筑群体的外环境设计也都可以通过此法加以验证和优化。

2）新区声环境设计

现今，噪声已日益成为市区扰民的罪魁祸首。噪声形成的声源种类较多，主要有工业噪声、交通噪声和社会生活噪声等，应区别对待。

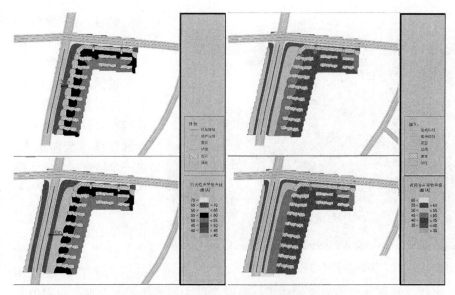

图 6.14　宜兴市城东新区噪声分析图

注：左图为离道路 25 m（左上）和 50 m（左下）时建筑物周边噪声强度；右图为离道路 50 m 时无绿化隔离带（右上）和有绿化隔离带（右下）时建筑物周边噪声强度。

（1）调整功能布局，优化道路系统

新区路网结构力求合理，使居住区尽可能远离主要道路交叉口。科学安排商业中心、公共交通中心，尽量降低商业活动、公共交通产生的噪声，以免干扰居民日常生活。

（2）利用声屏障技术，积极改善交通噪声干扰

在降噪应用中，声屏障技术是一种最为简单、经济的方法。新区规划设计时，为了避免和减轻交通噪声的干扰，可通过设置不同形式的声屏障来达到降噪效果。如在用地东西两侧的南北交通干道沿线设计时，可结合高压走廊，加大建筑物与道路的退让距离，并利用层次丰富的绿色声屏障减轻交通噪声对市民的影响（图 6.14）。此外，也应加强住区、广场、街道、游憩公园等局地声景的营造。

6.2.4　城东新区城市设计生态策略

1）城市总体山水格局的建构

根据环境分形指数和温度场分布状况，保护和加强城东新区的生态环境与景观格局，处理好城市建设与周边环境（东氿水体、龙背山森林公园、沪申运河）的总体协调关系。规划设计尊重以东氿水体、龙背山森林公园、河流等为主要特征的环境肌理，尊重场地所具有的原始生物气候条件，并以其作为设计的依据；注意保持和强化整体山水格局的连续性和整体性，形成"一城两翼，山水拱卫，蓝绿经纬"的总体格局，为新区的开发建设打下良好的生态基础。

图 6.15　宜兴市城东新区总体鸟瞰

2）具有生物气候调节功能的缓冲空间和生态廊道的建设

遵循"开放空间优先"的理念，保留基地范围内原有的两条南北向和四条东西向水系，进一步拓宽南北向道路两侧的绿化带，形成"七横四纵"交错布局的城市通风走廊。

保留和改善用地范围内的自然绿地和水体，发挥其平衡温度的作用，及时疏散中心区热浪。合理分布用地范围内的开放空间，围绕"生物气候中心骨架"，点、线、面相结合均匀分布，最大限度地发挥其生态效用（降温、增湿）。

充分利用水陆风（由太湖、东氿所形成）和山谷风（由龙背山森林公园所形成），并预留足够的通风走廊，以利于通风、降温、减噪和排污（图 6.15）。

3）采用新型交通模式，优化城市能源结构

确定新区合理的交通模式，公交优先；提倡清洁交通，鼓励步行和自行车交通，避免汽车交通挤压步行和自行车交通的空间；防止非人尺度的景观大道、环路工程、高架快速路破坏长期以来形成的城市肌理。在远期，引入轻轨交通等高效运输系统，进一步减少汽车交通所造成的环境污染和安全隐患。

充分考虑当地雨水充足、日照时间长、濒临太湖风力资源丰富的优势，提前做好雨水的收集、回收以及太阳能、风能等洁净能源的开发利用。鼓励新建社区采用太阳能一体化设计，在滨水岸线设置小型风力发电装置，力求能源供应多样化。

4）确定新老城区的承接关系，合理组织城市建筑空间

城东新区总体布局采用"隔离式"发展模式，充分利用道路、高压绿化走廊、绿化隔离带等在新区与旧城之间形成宽 150—500 m 的绿色通风走廊，作为两者之间具有生物气候调节功能的缓冲空间。

妥善处理滨水区建筑物的界面设计，尽量减少板式高层建筑沿湖密集布置，以增强水面风压的正效应；尽量避免高层建筑沿地块或城市周边布局，以免造成"盆底效应"。同时，可在用地西北方向适当布置板式建筑，以遮挡冬日的寒风；或利用不同建筑物（高层与低层）的合理布置（交错式、并联式、合院式等）和建筑形体的改善，创造良好的局地"再生风环境"。

5）城市生态基础设施的建设和生态服务功能的完善

科学合理地进行土地开发利用、组织道路交通和市政设施安排，实现城市发展、基础设施建设、旅游开发与自然环境保护之间的平衡。改变传统"先破坏，后治理"的开发模式，以预防为主，在环东氿水面沿线的生态敏感区内禁止开发；保留大片连续的山林和湿地作为野生动物的栖息地；加强"蓝带"和"绿带"系统的网络化建设。

2017年，宜兴市人民政府进行了新一轮城市总体规划修编，经过15年的快速城市化建设过程，城东新区建设基本完成。值得欣慰的是规划管理部门基本严格落实了总体城市设计指引的城市形态格局、路网结构、功能布局和开放空间体系，目前建成环境效果得到社会各界认可。

6.3　地段级绿色城市设计教学研究[6]

城市设计主要研究城市空间形态的建构机理和场所营造，是对包括人、自然、社会、文化、空间形态等因素在内的城市人居环境所进行的设计研究和工程实践活动[7]。我们除了在东南大学建筑学院研究生中开设"现代城市设计"核心课程、在本科生中开设"城市设计导论"等基础理论课外，还重点在本科四年级建筑设计课程中展开城市设计专题教学活动。区别于建筑学本科教学前三年的建筑设计基础，城市设计隶属于建筑学下的二级学科，是以一定规模的城市地段作为研究对象，在设计过程中也注意与城市规划、景观设计的交叉融合，在设计对象的尺度范围和学科的广度上对于学生来说有一定的挑战性。地段级绿色城市设计课程主要考查学生综合分析与解决城市问题的能力，通常要求课题具备功能与环境的复杂性，设计问题要有一定的研究性，基地规模大小要适中，其教学要点如下：

（1）通过设计实践领会并初步掌握城市设计的基本策略与方法，形成并运用城市设计的多维思考方法，能够处理一般地段的城市形体环境和建筑群空间组织的设计问题；能在土地高效集约利用、能流系统的优化、交通体系的构建、绿色社区、混合街区、气候适应性等1—2个方向取得进展。

（2）课题突出强调城市游憩商业区（RBD）中心区环境塑造与城市空间组织的互动关系。研究如何从绿色设计理念出发，在限定的地域语境下将城市设计模式研究与环境软件仿真模拟相结合，并基于特定的目标导向对城市设计的对象、空间进行适度、有效地设计界定和策略引导。

（3）学习并掌握绿色城市设计方案所表达的基本方法和技能，初步了解我国城市设计成果编制的一般要求和格式标准，通过设计训练初步具备独立从事城市设计工作的能力。

6.3.1 教学要求

城市设计是对自然环境和人工环境的综合考量,它涉及可观、可触、可感等诸多的物理因素。纵观城市发展历程,此前自然环境往往是城市建设中最容易被忽略的部分。因此,正确认识城市建成环境的自然要素(包括环境要素和气候要素)和人工要素的时空分布规律及其相互作用机制,对于合理进行城市规划设计和建设、改善城市生态环境、走可持续发展的道路具有十分重要的意义。我们在本科四年级城市设计课题中设置绿色城市设计专题研究,并针对关键问题提出相应教学要求,主要体现在以下四个方面:

1)气候适应性设计

特定地域的生物气候条件在很大程度上决定了一个城市的结构形态、开放空间设计、街道与建筑群体布局等。从城市设计的角度来看,设计师需关注城市建设中影响微气候的可控因素,如城市空间结构、下垫面材料、人为热排放等,"形式追随气候"应成为绿色城市设计的重要准则[8]。在四年级城市设计课题中,首要的教学要求是学习和认知自然要素和人工要素的相互制约与适应关系,通过案例分析及相关气候模拟软件的学习,熟悉与了解城市设计中以气候为出发点的一般方法与策略。

2)绿色交通设计

随着快速城市化进程,城市机动车辆、非机动车辆数量和交通流量急剧增加,从而引发城市道路拥挤、交通事故频发和环境污染等一系列社会问题。绿色交通系指采用低污染乃至零排放、适合城市环境的运输方式(工具),来完成给定的社会经济活动。这一概念旨在通过促进环境友好的交通方式来展开,建立维系城市可持续发展的交通体系,以最小的社会成本满足人们的交通需求,实现交通效率最大化,从而减轻交通拥挤和环境污染,节约利用能源,并使城市变得更加宜居。

针对绿色城市设计交通结构层面,要求学生遵循以下交通原则:首先,强调公共交通优先。为了实现基于环境友好概念的城市交通模式,人们就需要建立和保持一种相对快捷、舒适和可靠的公共交通系统,并赋予它们优先权。其次,限制小汽车数量,为市民增加宽敞舒适的步行环境。最后,低碳环保型自行车交通在绿色交通体系中起到越来越重要的作用。学生在设计过程中,需要时刻关注城市设计中交通结构的组织,重点解决场地内外车行系统、动态交通与静态交通等问题,并将以上三大策略落实到可行的物质空间层面,打造便捷、低能耗、可持续的交通系统[9]。

3)开放空间优先原则

开放空间是指城市外部空间,也是城市设计主要的研究对象之一。作为城市绿色基础设施的开放空间在城市中发挥着生态、游憩和审美功能。积极探索开放空间与城市生物气候设计的综合作用机理,最大限度地发挥其生态功能尤为关键。

在四年级的城市设计教学过程中，课题对空间组织的要求进一步提高。在本科前三年的教学中，学生主要关注建筑内部的空间设计，而本次设计侧重于城市外部空间的塑造，要求设计形成的空间能够产生积极的环境效益，可以提升城市公共空间品质。学生需认知不同种类的开放空间对城市环境的影响，逐个考虑影响因素，如城市外在条件、景观破碎度和连接度、开放空间布局和形态等。同时，通过案例学习城市开放空间的布局原则，并将之运用于未来的方案构思中。

4）"低能耗"城市设计

"石油时代"的城市也已经成为高能耗代名词，意味着能源的消耗与环境的退化。随着城市人口集聚功能日益增强、城市规模结构变化，城市的能源结构也随之变化，给建筑空间布局、构造与运营方式带来不同影响。

目前，我国正处于工业时代向后工业时代发展的转折点，这一时期对于城市而言，不仅要克服前期工业化的能源使用障碍，还要绕开后工业化打着新能源开发口号却依旧大幅使用不可再生能源的陷阱。通过研究中国快速发展阶段的城市发现，大城市有序发展，其能源使用结构均相对传统，问题源于以下三个方面：人口高密度，快速城市化导致人口进一步集聚；经济增长模式，如对不可再生资源的过度依赖；中小城市无序扩张，其人口规模聚集效应滞后于城市的蔓延速度，能源使用结构也未合理优化[10]。

四年级的绿色城市设计课题中，需着重挖掘"超越传统能源城市"的相关理念，在绿色城市设计中运用降低能耗的策略。学生需要去关注城市中个人生活方式的改变，例如零能耗步行、骑行交通，绿色邻里营造，降低个人碳排放量。利用导则设计引导共享形式的消费习惯与半自足的城市运行模式，在宏观及微观层面协同降低对生态环境的压力。

6.3.2 典型教案与教学记录

1）教学主题

（1）RBD 中心区

RBD 通常译为"游憩商业区"，一般指城市中以游憩与商业服务为主的各种设施（购物、饮食、娱乐、文化、交往、健身等）集聚的特定区域，是城市游憩系统的重要组成部分。课题突出强调城市 RBD 中心区环境塑造与城市空间组织的互动关系。如何建设功能定位合理、特色鲜明、充满活力的高品质 RBD，是课题需要重点研究的内容。

（2）绿色城市设计策略

绿色城市设计是在理论与方法上贯彻低碳节能和环境友好的思想，在操作层面上，向上与同一层次的城市规划中的专项规划协调，向下则为绿色建筑规划和设计提供了城市尺度的依托平台。在课题中，绿色城市设计策略主要关注于以下几方面内容：土地的高效集约利用、能流系统的优化、绿色交通体系的构建、多元复合的功能分区、气候适应性城市设计以及绿色城市设计评价体系的构建。

（3）技术手段与工具

研究如何从绿色设计观念出发，特定地域语境下的绿色城市设计模式研究；与环境软件仿真模拟相结合；强化 CFD、Ecotect 等软件的教学与应用。

（4）能源综合策略

研究如何从绿色设计观念出发，基于特定的目标导向对城市设计的对象、空间进行适度、有效地设计界定和实施引导。鼓励学生利用以被动式技术（空间调节）为主、主动式技术为辅的生态策略研究方法；鼓励学生积极利用可再生能源，初步领会能源中心与能源系统建设的概念。

2）项目场地

基地一：位于宜兴氿滨大道以东、解放东路东端地区，南北长约 1.2 km，东西宽 0.6—0.9 km，绿色设计协调区约为 1 km²，设计核心区约为 0.36 km²。基地呈半岛形突入水面，环境优美。

基地二：位于南京江心洲中新生态科技城核心区，用地约为 15 hm²，协调区 20hm²。基地现状为四面环水，环境优美，地块内部地势较为平坦。目前，岛上市政道路局部地段已修建完成，交通相对便利。

3）任务要求

（1）调查研究

在区位分析、上位规划解读的基础上，展开地块及其周边自然条件、道路交通、功能业态、绿地系统、土地利用、城市肌理、建筑形态与特征的调查研究。

（2）现状分析

重点调查分析设计基地的现状及其所面临的发展问题，初步掌握利用态势分析法（SWOT）、学会利用统计产品与服务解决方案软件（SPSS）等对基地优缺点进行分析与比对。

（3）策略选择

建立适宜基地特征和绿色城市设计要求的交通组织、绿地系统建构、功能复合、城市空间组织及绿色建筑设计与构思。在现有的技术和环境条件下，选择适宜的技术手段和生态策略，如气候适应、复合功能、低碳交通、高效能源系统等 1—2 个方向加以突破。

4）城市设计理论与实践

在梳理城市设计发展历程的基础上，结合当下绿色城市设计研究的主流方向与领域，对初次接触城市设计的四年级学生进行概念性城市设计训练。此次课程目的并非介绍所有的城市设计方法，而是着重将"绿色"设计的理论贯穿于城市设计教学中。

（1）以"理论讲座＋互动研讨＋自主设计"实现"理论＋理解＋实践"

课题教学主要包括三个环节：首先，主讲老师以讲座形式介绍理论；其次，结合学生的课外阅读，深入研讨绿色城市设计的原则与方法；最后，每位学生借助该方法展开概念方案设计并进行深化与分阶段演示汇报。

讲座环节首先对绿色城市设计进行课题讲解，随后几周分章节介绍"基于生物气候条件的绿色城市设计""超越石油的城市""森林城市""绿色交通"等专题讲座，让学生学习基本原理与方法，结合课后阅读深入理解，设计环节遵循理论指导实践，各阶段紧紧相扣，在较短的时间内实现学生能有效掌握城市设计的一般原理、原则和方法。

（2）通过同一基地多方案比对推进绿色城市设计方案构思与发展

针对不同的设计方法与策略，主讲老师讲授设计原则，指导学生进行绿色城市概念方案的构思。这些原则主要关注自然要素与人工要素的关系、城市地段的形态组织、公共空间的营造、气候条件的影响等架构性问题。

针对同一基地，在概念方案空间结构大体可行的基础之上，要求学生基于绿色交通、绿色建筑、公共空间优先、综合管廊和海绵城市等不同专题进行选择并逐步深入发展。

5）课程结构与教学组织

该教案设计任务包括在地段级绿色城市设计的基础上向单体绿色建筑设计层级适度延伸。作为绿色城市设计的教学实践，教学结构包含了三条教学线索，教学时间共8周，在这8周中各线索平行推进，相互交织（图6.16）。

线索一：课程组织、授课与评图。主讲教师根据教学内容和进度，在为期8周、每周2次的设计课中集中授课6次。第4周和第8周为系里统一组织的公开评图周，其中第4周是由本校老师参与交叉评图的中期答辩，第8周是由校外专家、本系其他年级教师和本年级相关方向其他课题教师参与的终期评图与答辩。

线索二：城市设计课程规定了周密翔实的空间

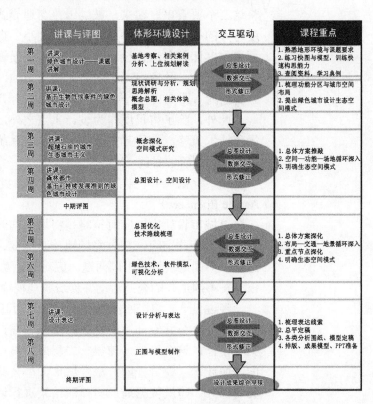

图6.16　课程教学框架

塑造和环境设计教学内容与进程，包括总图、重要节点设计、建筑形体设计三种尺度由大及小、内容逐级深入的进阶模块，成果包括相应比例的模型和图纸。

线索三：引入绿色城市设计策略学习和应用环节。学生需要学习运用必要的模拟分析软件，如天正、Ecotect等来推敲和推进设计。这一过程会反复多次，在体形环境与软件模拟分析之间进行多次交互，模拟与方案设计之间相互调整与适应，直至最终获取令人满意的方案。

6.3.3 优秀作业

1）"MIX"——学生：吴奕帆、姚舟、陈乃华

课题从绿色设计出发，针对目前国内大规模兴建写字楼、空置率居高不下的现状进行了反思，设计者将这种现象的原因归结为空间的隔离，并认为这种缺乏活力的"空城"造成了资源的极大浪费，成为城市最大的"不绿色"原因之一。因此，前期三位学生花了很多时间去研究宜人尺度的绿色街区，包括巴塞罗那等城市，在一定程度上了解欧洲绿色城市主义、美国精明增长等最新的城市设计理念。

该方案首先面对水湾打开一条"绿轴"作为视觉轴线，在面对龙背山和太湖的方向打开引入两个港湾水系以激发场地活力，并用滨水步道将这三个要素串联起来，鼓励绿色交通模式。在此基础上，探讨街道尺度与人的行为关系，并逐一对街区大小、街区开口数量、街道界面等展开多方案比较和深化设计。与此同时，根据城市风环境优化的需要来切削建筑形体，并留出充足的公共活动用地，以期创造出一个充满活力的办公港湾（图6.17），重塑滨水的活力与乐趣。

此外，除了将尺度作为设计重点之外，在单体设计中也运用了一些绿色技术策略，如构建完整的雨水回收系统和太阳能系统，较好实现了此次课程训练的目的。

2）"绿毯"——学生：王倩妮、钟强、奥塞·阿桑蒂·埃比尼泽（Osei Asante Ebenezer）

该城市设计方案应对策略是将场地的开放程度最大化，以得到高品质的城市公共空间。首先将场地分为商业、酒店、办公、企业总部四个地块，不同地块解决不同问题。应对场地功能分区，调整公共空间形式，以激发不同形式的公共活动并创造景观视线。

经过设计，将滨水区商业街打造成为商业与休闲一体化的公共区域；中央办公区公共空间视野开阔，层高较高，可远眺城市山水，其中二层架空设计，遍布绿植，使得一二层成为城市的"绿毯"；酒店区公共空间三面环水，视野开阔，激发城市大型公共活动，从而转化为城市公园的一部分。建筑依据通风模拟的结果进行切削形成风廊，并充分兼顾了日照条件（图6.18）。

总平面图

MIX 宜人尺度 复合功能
中型城市RBD中心区绿色城市设计

姓名：吴奕帆 姚舟 陈乃华 　　指导老师：徐小东

基地位于宜兴东氿新城，作为宜兴新城的形象窗口，本设计从城市绿色设计着眼，旨在使新城以整体城市形象而非单体建筑形象为特色。近年来诸多"大气"的、千城一面的新城开发反而造成城市活力的丧失，我们提出活力和人气才是绿色城市的本源。在分析美国精明增长理论研究和先例的基础上，我们以"宜人尺度、复合功能"作为设计要点，结合基地周围的自然景观，恢复传统街区的特征，增加交往空间，加强城市认同感和归属感，创造出一个人与人、人与自然、人与城市对话的新城面貌。

场地现状

面对由文化中心和湖心岛组成的水湾打开一条绿轴，形成视觉轴线

面向龙背山和太湖方向的场地打开两个港湾，将水引入场地，激发场地活力，使整个设计呈现两湾一带的格局

用一条木质步行长廊串联起这三个要素

以容积率为2为基础铺平建筑体量

以活力街道的必要条件——75%闭口率为出发点，打通东北风道和视觉廊道，初步切割出建筑形体，同时留出部分活动空间

升高部分体量，平衡容积率并改善城市总体风环境

在建筑体量中掏挖内院，改善建筑采光和风环境

进一步切削体量，创造出有活力的港湾新城

设计分析

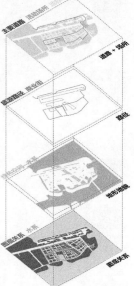

现状分析

南立面图

（a）方案示意一

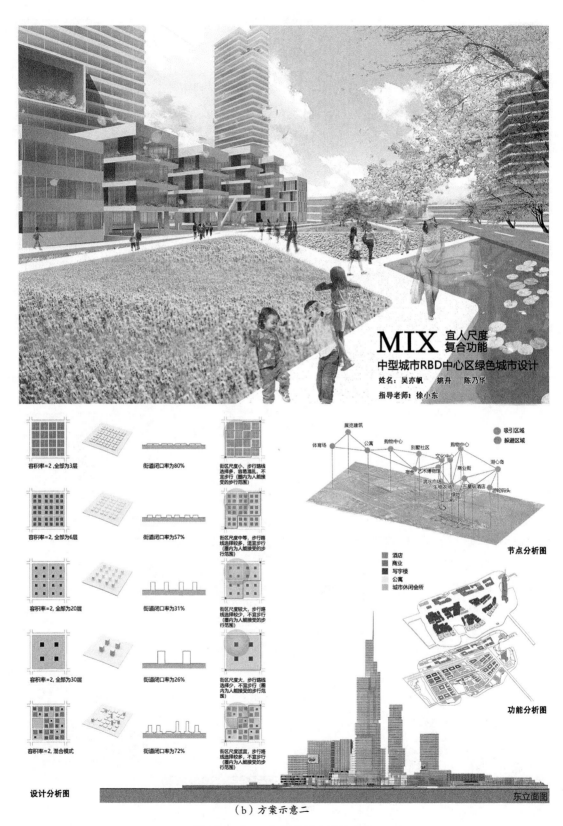

图 6.17 "MIX"绿色城市设计方案

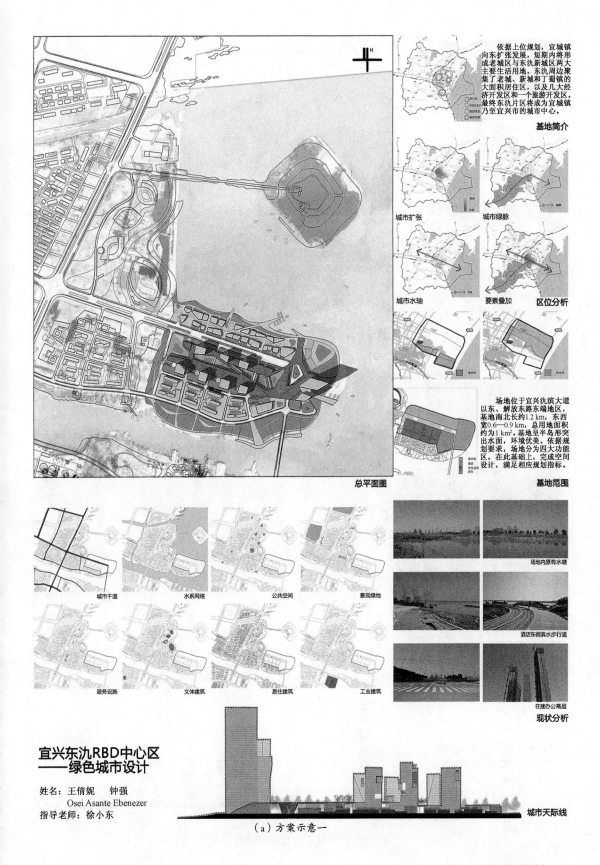

依据上位规划，宜城镇向东扩张发展，短期内将形成老城区与东氿新城区两大主要生活用地。东氿周边聚集了老城、新城和丁蜀镇的大面积居住区，以及几大经济开发区和一个旅游开发区。最终东氿片区将成为宜城镇乃至宜兴市的城市中心。

基地简介

城市扩张　城市绿脉

城市水轴　要素叠加　**区位分析**

场地位于宜兴氿滨大道以东、解放东路东端地区，基地南北长约1.2 km，东西宽0.6—0.9 km，总用地面积约为1 km²。基地呈半岛形突出水面，环境优美。依据规划要求，场地分为四大功能区。在此基础上，完成空间设计，满足相应规划指标。

基地范围

总平面图

城市干道　水系网络　公共空间　景观绿地

服务设施　文体建筑　居住建筑　工业建筑

场地内原有水塘

酒店东侧滨水步行道

在建办公高层

现状分析

宜兴东氿RBD中心区
——绿色城市设计

姓名：王倩妮　钟强
Osei Asante Ebenezer

指导老师：徐小东

（a）方案示意一

城市天际线

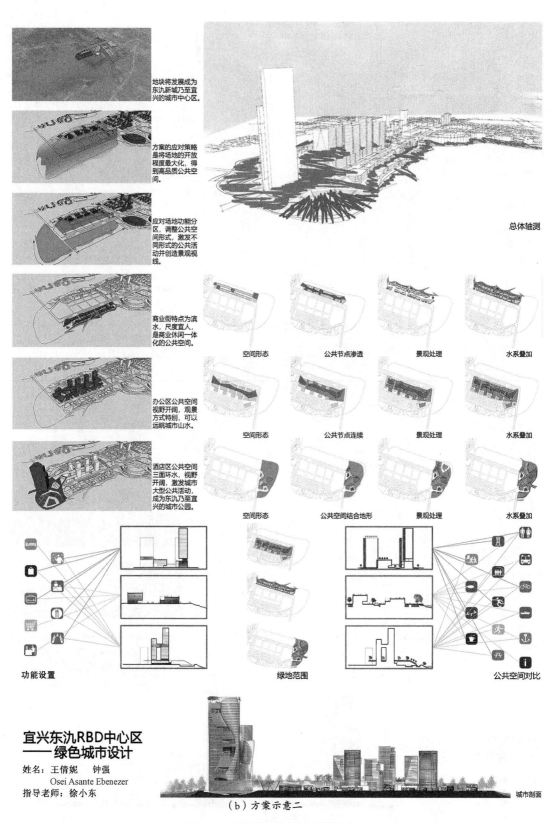

地块将发展成为东氿新城乃至宜兴的城市中心区。

方案的应对策略是将场地的开放程度最大化，得到高品质公共空间。

应对场地功能分区，调整公共空间形式，激发不同形式的公共活动并创造景观视线。

商业街特点为滨水，尺度宜人，是商业休闲一体化的公共空间。

办公区公共空间视野开阔，观景方式特别，可以远眺城市山水。

酒店区公共空间三面环水，视野开阔，激发城市大型公共活动，成为东氿乃至宜兴的城市公园。

总体轴测

| 空间形态 | 公共节点渗透 | 景观处理 | 水系叠加 |

| 空间形态 | 公共节点连续 | 景观处理 | 水系叠加 |

| 空间形态 | 公共空间结合地形 | 景观处理 | 水系叠加 |

功能设置　　　　　绿地范围　　　　　公共空间对比

宜兴东氿RBD中心区——绿色城市设计

姓名：王倩妮　钟强
Osei Asante Ebenezer
指导老师：徐小东

城市剖面

（b）方案示意二

图 6.18 "绿毯"绿色城市设计方案

结合气候条件，精心打造适应不同季节特点的中心立体步行空间，通过二层平台与东北角游艇俱乐部形成一个整体。提高太阳能、风能、雨水回收等自然资源的利用，严整构思建筑表皮、垂直森林等生态设计方法和策略。

3）"绿网城市"——学生：周星宇、沈略

基地位于南京江心洲中心区域，结合其特殊的交通与地理优势，该方案在核心区设置了一个绿色交通换乘中心，以最大化发挥其优势。绿网城市设计概念融合了交通网、湿地水系网络、江道绿网三层含义，交通网作为通达四方的手段，水系网作为蓝色生态的溶解，绿网作为绿色生态网络的溶解（图6.19）。

该方案在创作过程中，首先系统完整地调研基地的生态、交通、土地利用、功能等现状条件，在此基础上，进一步整合气候适应性城市设计、立体交通、功能混合以及水敏性城市设计等理念，尤其在体现城市活力的公共空间塑造层面强调以人为本。在具体细节处理时，充分考虑对活动人群微气候舒适度需求的满足，同时兼顾自然洁净能源的利用，力求塑造一个生态高效，立体复合的城市开放街区，重塑城市RBD中心区的活力。

在系统设计阶段，重点考虑建筑单体自身的生态设计，包括室内外风环境模拟、太阳能利用、雨水回收等；在室外，考虑水敏性城市设计策略的落实，做好海绵道路、海绵社区的规划设计；综合各种环境要素，积极打造人性化的室外公共空间与活动场所。

虽然"整体优先，生态优先"的绿色城市设计的原则是普遍的，但城市的结构形态、地理环境、生物气候条件等都带有明显的地域性特征，这就决定了具体的城市规划设计必须与特定的时间和空间相结合，与更大范围的环境资源相结合。"全球化思考，地方化行动"应是城市可持续发展的行动指南。

鉴于此，本章案例研究以连云港市总体城市设计、宜兴城东新区城市设计和地段级城市设计教学研究为例，选取了不同气候地区（寒冷地区、冬冷夏热地区）和不同规模层次（区域—城市级、片区级、地段级）的三个案例分别从不同角度进行比较、分析和研究，是绿色城市设计理论研究的具体实践、经验总结和教学推广。连云港市总体城市设计从规划、管理入手，重点阐述了基于生物气候条件的绿色城市设计生态策略在宏观和中观层面的实践和应用；宜兴城东新区城市设计则对空间信息技术（3S技术）和计算机模拟技术（CFD）在片区级城市设计总体环境分析和局部地段物理环境重塑方面进行了具体尝试。最后，结合教学活动，将绿色城市设计的有关原理、方法和策略加以整合与利用，这对本书的体系也起到一定的充实、补益作用。

绿网城市

学生： 周星宇 沈路   **指导教师：** 徐小东

南京江心洲位于长江之中，夹于南京主城区与浦口区之间，作为连接两城区的喉喉要道，势必成为未来城市形象设计的重点。

江道两岸滨河区是连续的湿地公园，对应的长江两岸的区域也被开发成为各种公园系统，因此生态绿色设计是江心洲城市设计的主题。

本次城市设计的地块位于江心洲中心区域，中有上位规划的绿廊连接两岸湿地，北有天空之城的绿化带，结合其特殊的交通与地理优势，我们考虑将其设置为一个绿色交通线路的换乘中心从而将自身优势发挥出来。

绿网城市设计概念包含交通网、湿地水系网络、江道绿网三层意义，交通网作为通达四方的手段，水系网络作为蓝色生态的溶解，绿网作为绿色生态网络的溶解。

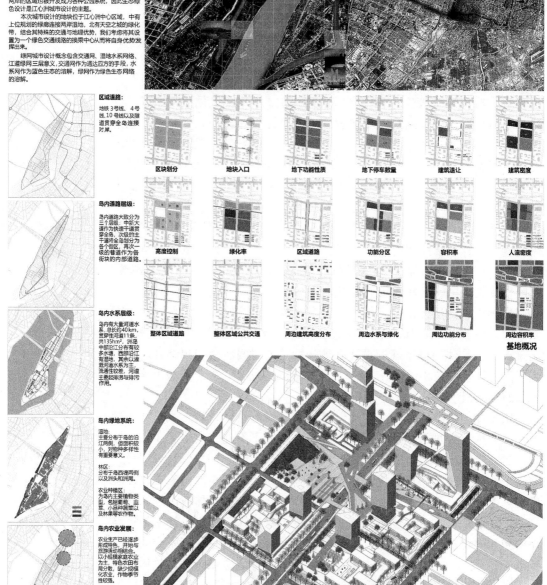

区域道路：
地铁3号线、4号线、10号线以及隧道贯穿全岛连接对岸。

岛内道路层级：
岛内道路大致分为三个层级：中新大道作为快速干道贯穿全岛，次级的主干道将全岛划分为各个街区，再次一级的普通作为各街块的内部道路。

岛内水系层级：
岛内有大量河道水系，总长约40km，宽窄性河道11条，共135hm²，洲岛中部沿江分布有较多水塘，西部沿江有湿地，其余以灌溉沟通水系为主，流通性较差，河道主要起排涝与排污作用。

岛内绿地系统：
湿地：
主要分布于岛的沿江两侧，但面积较小，对物种多样性有重要意义。
林区：
分布于岛西堤两侧以及洲头和洲尾。
农业种植区：
为岛内主要植物类型，包括葡萄、韭菜、小品种蔬菜以及林果等农作物。

岛内农业发展：
农业生产已经逐步形成特色，开始与旅游活动相结合。以小规模家庭农业为主，特色农田布局分散，缺少规模化处理，作物季节性较强。

区块划分   地块入口   地下功能性质   地下停车数量   建筑退让   建筑密度

高度控制   绿化率   区域道路   功能分区   容积率   人流密度

整体区域道路   整体区域公共交通   周边建筑高度分布   周边功能分布   周边水系与绿化   周边容积率

基地概况

区位分析   总体鸟瞰

（a）方案示意一

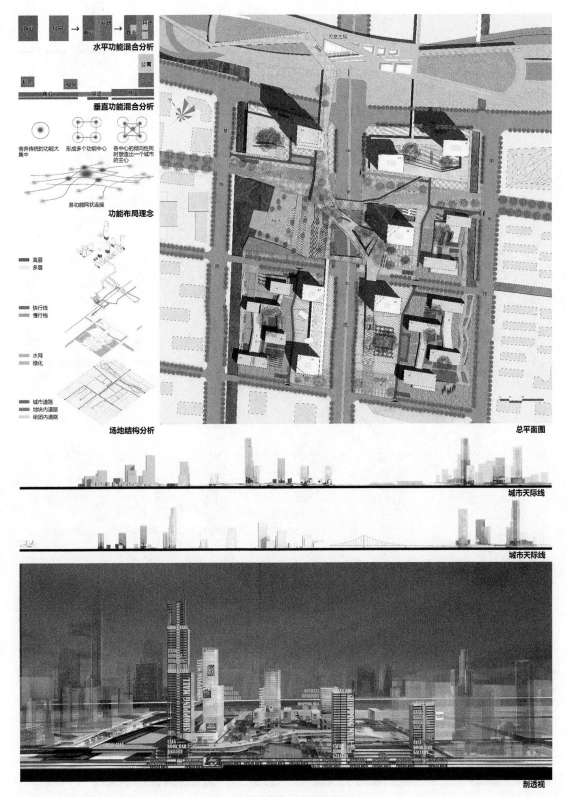

水平功能混合分析

垂直功能混合分析

舍弃传统的功能大集中　形成多个功能中心　各中心的倾向性同时塑造出一个城市的主心

各功能网状连接

功能布局理念

高层
多层

快行线
慢行线

水网
绿化

城市道路
地块内道路
组团内道路

场地结构分析

总平面图

城市天际线

城市天际线

剖透视

（b）方案示意二

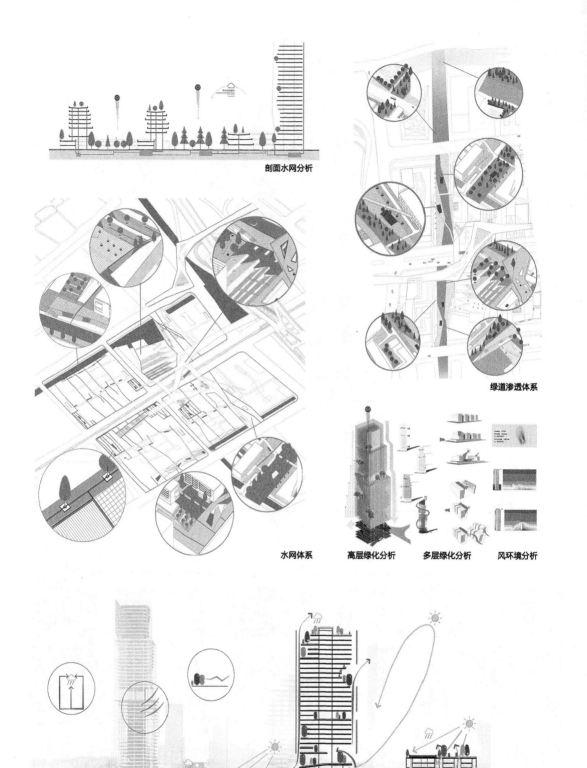

剖面水网分析

绿道渗透体系

水网体系　　高层绿化分析　　多层绿化分析　　风环境分析

剖面生态绿化分析

（c）方案示意三

图 6.19　"绿网城市"绿色城市设计方案

注释

① 本节部分内容参见王建国、徐小东、李海清、付秀章、胡明星等完成的《江苏省城市设计生态策略研究》之《宜兴市城东新区城市设计环境分析报告》。

参考文献

[1] 西蒙兹•J O.大地景观——环境规划指南[M].程里尧,译.北京:中国建筑工业出版社,1990.

[2] 王建国.绿色城市设计原理在规划设计实践中的应用[J].东南大学学报(自然科学版),2000,30(1):10-15.

[3] 连云港市人民政府,苏州科技大学.国家生态示范区——连云港生态市建设总体规划(2001—2020年)[Z].连云港,2002.

[4] 江苏省城市规划设计研究院,连云港市城市规划设计研究院.连云港市城市总体规划专题[Z].连云港,2003.

[5] 江苏省宜兴市地方志编撰委员会.江苏省宜兴地方志[M].上海:上海人民出版社,1984:2.

[6] 徐小东,吴奕帆.东南大学本科四年级绿色城市设计教案研析——以宜兴东氿RBD中心区绿色城市设计为例[M]//全国高等学校建筑学学科专业指导委员会,深圳大学建筑与城市规划学院.2017全国建筑教育学术研讨会论文集.北京:中国建筑工业出版社,2017.

[7] 王建国.中国城市设计发展和建筑师的专业地位[J].建筑学报,2016(7):1-7.

[8] 徐小东,王建国.基于生物气候条件的绿色城市设计生态策略研究——以湿热地区为例[J].建筑学报,2007(3):64-67.

[9] 王建国,徐小东.基于可持续发展准则的绿色城市设计交通策略——来自《绿色城市主义》的启示[J].城市发展研究,2008(6):8-13.

[10] 吴志强.超越石油的城市[M].北京:中国建筑工业出版社,2009:1-3.

图表来源

图 6.1 至图 6.4 源自:连云港市规划局.

图 6.5 源自:http://www.fjms1984.com.cn.

图 6.6 源自:小手网.

图 6.7、图 6.8 源自:连云港市规划局.

图 6.9 至图 6.14 源自:《江苏省城市设计生态策略研究》课题组.

图 6.15 源自:王建国工作室(2003年).

图 6.16 源自:笔者绘制(2015年).

图 6.17 至图 6.19 源自:学生绘制.

表 6.1 至表 6.3 源自:《江苏省城市设计生态策略研究》课题组.

7 结语

为星球和谐而设计，为精神和平而设计，为身体健康而设计。[1]

—— 戴维·皮尔森《盖娅住区宪章》

"可持续发展"思想和绿色城市、生态城市的概念自引入我国以来，就一直得到各界的积极响应，相关文章从理论阐述、技术引进到作品介绍，汗牛充栋。但与学术界的热闹形成鲜明对比的是，我国城乡建设与此相关的实践活动却相对平静，有关的经验和教训总结也不够充分与全面。这固然有其深层原因，即"生态"和"可持续性"是城市和建筑的一种内在品质，而不是易于操作的外显形式，需要我们进一步的探索和发现。

对城市可持续发展的研究，关键在于如何将生态学原理引入城市规划设计，如何减少城市建设对自然生态环境的影响和破坏，自觉保护自然生态学条件，最大限度地节约资源，将人的生物舒适感重建在与自然环境、生物气候条件相结合的基础上。设计者需要从自然要素、地域特征及其处理方法中得到启发，关注自然环境制约与城市形式应变的内在契合机制，将城市建设与地理环境、生物气候条件有机整合，这无疑对经济条件尚不发达而又具有多种气候特征的广大发展中国家有着重要意义。未来的城市设计和建设应基于对城市整体范围的气候、能源和空气污染模式的理解之上，以生态学原理为指导，实现对城市生态环境的有效利用与改善，营造健康、舒适的城镇建筑环境。

基于上述认识，本书在"可持续发展"的背景下，尝试性地从基于生物气候条件的绿色城市设计视野来探索城市未来可持续发展的图景。严格意义上说，有关结合生物气候条件的城市设计思想并不是一种全新的理念，而是经历了一个长期演变、发展和成熟的过程，早期的一些社会思想和运动都对其产生过重要的影响。结合近年来对城市可持续发展理论和实践的探索，我们逐渐形成以下几点认识和体会：

（1）建立科学的发展观和直面未来的理性精神仍是当前最根本和紧要的任务。绿色城市建设将是一项长期而艰巨的任务，其理想与现实的关系需要辩证地看待，完全按照生物气候学原理建设个别"实验性的、小规模的生态城镇固然可以，但对于大多数城市，还得建设一个阶段性科学合理、可望可及的生态建设目标，走改善、调适和提高的道路"[2]，处理好理想与现实、整体与局部、持续发展与近期效益的关系。

（2）对现今环境条件的应对是复杂和艰难的，它们需要更先进的技术和更卑微的渴望［比尔·麦克基本（Bill McKibben），1998年］。绿色城市设计的核心是观念问题。如何吸收和改进传统的城市建设理念，如何引进计算机模拟技术和空间信息技术，以及如何实现城市设计和建设的本土化、适宜性，都需在科学理性的基础上依托多学科的紧密配合，持续不断地开展贯彻"生态优先"准则的城市建设和建筑专业实践，同时，积极探索符合特定地域的生物气候条件、文化背景和社会经济基础的生态设计途径，鼓励技术和问题解决的多样性，积极探索一条适合我国具体国情的绿色城市设计之路。

（3）充分认识到绿色城市设计的编制过程及其后的运作、管理都需要教育和技能培训，广泛深入地进行生态意识和可持续发展观的教育，确定城镇建筑环境设计的指导思想、决策评价标准、规划设计市场需求的价值取向等问题。城市的可持续发展、生物气候设计等，其投资往往是"社会性的贡献"，很少有直接的回报，必然导致其实践缺乏原动力，亟待制定相应的引导、激励机制和政策。

（4）城市规划设计不再是设计师个人的行为，而且是一项综合性、社会性很强的实践活动。作为一个有科学态度和肩负可持续发展重任的城市设计者，应逐步建立和进一步拓展自己的开放知识体系，不断提高自身素质，增加相关横向学科知识，积极与城市气候工作者及其他专业技术人员协同合作，使城市规划设计和建设真正建立在科学的理性基础上。

（5）以生物气候设计思想为核心的绿色城市设计的理念应当贯穿于城镇建筑环境建设的始终，但并不排斥其他城市生态设计思想和方法，又特别强调结合地方气候条件，将最新的技术、社会、经济资源整合在一起，以形成一个具体可行的规划设计方案，实现社会效益、经济效益和环境效益的协调发展。当然，这一动态、持久的规划设计过程需要得到各方的广泛参与、足够的资金和政策扶持才能顺利实现。

基于上述理解和认识，本书主体架构采用先背景后现象的递进结构，在系统分析和把握基于生物气候条件的绿色城市设计的概念、内涵、特征和基本原理的基础上，以时间为主线，对农耕时期、工业化时期与后工业化时期三个阶段基于生物气候条件的城市设计思想、方法和类型加以回溯和综述，初步勾画出其发展脉络和基本趋向。本书重点就城市环境的影响因素及其作用机理进行了分析和探讨，进而提出相应的城市设计生态原则。通过研究，从操作层面和地域性出发，形成一套适应不同规模层次（宏观—中观—微观）和不同气候条件（湿热、干热、冬冷夏热、寒冷）的城市设计生态策略和方法，并对城市设计生态策略运作过程中的决策管理提出合理化建议。本书最后结合案例研究进行分析，在实践中再检验和分析理论与方法的科学性和可操作性。

本书在基于生物气候条件的绿色城市设计的操作层面、技术手段和运作管理等方面形成一整套阶段性成果，对我国现阶段城市建设活动具有一定的现实意义和可参考性。然而，这些研究还只是初步的，本书中的不足在所难免。我们深知，要想真正弄清楚生物气候设计的作用机理和制定正确的设计方法和策略，尤其是深入到最后的定量阶段，将是一个十分庞大而复杂的研究课题。限于目前的研究手段和技术水准，本书中一些地方只能以定性讨论为主，有时难免缺乏说服力；理论和方法也有待进一步探讨、论证，有待多学科的交叉研究和共同努力，不断发展和完善。目前，美国、瑞士等国学者[①]在城市建筑能源系统的分析、构建方面已经取得积极进展，如何从建筑、社区与城市等不同尺度将建筑群体节能与气候、规划结合起来加以综合考虑，是未来极具潜力的前沿领域之一。

注释

① 目前，美国劳伦斯伯克利国家实验室、斯坦福大学、纽约大学以及瑞士的苏黎世联邦理工学院(ETH)等高校科研人员在该领域已经取得积极进展和初步成果。

参考文献

[1] Pearson D.The New Natural House Book：Creating a Healthy，Harmonious，and Ecologically Sound Home[Z].Rob Roy，1984.

[2] 王建国.生态要素与城市整体空间特色的形成和塑造[J].建筑师，1999(9)：20-23.

中文文献·译作

埃比尼泽•霍华德.明日的田园城市[M].金经元,译.北京:商务印书馆,2000.

岸根卓郎.环境论——人类最终的选择[M].何鉴,译.南京:南京大学出版社,1999.

澳大利亚视觉出版集团(Images公司).T. R. 哈姆扎和杨经文建筑师事务所[M].宋晔皓,译.北京:中国建筑工业出版社,2001.

贝纳沃罗•L.世界城市史[M].薛钟灵,葛明义,岳青,等译.北京:科学出版社,2000.

波索欣•M B. 建筑•环境与城市建设[M].冯文炯,译.北京:中国建筑工业出版社,1988.

布赖恩•爱德华兹.可持续性建筑[M].周玉鹏,宋晔皓,译.北京:中国建筑工业出版社,2003.

德内拉•梅多斯,乔根•兰德斯,丹尼斯•梅多斯.增长的极限[M].李涛,王智勇,译.北京:机械工业出版社,2013.

迪特尔•普林茨(Dieter Prinz).图解都市计划[M].蔡燕宝,译.台北:詹氏书局,1995.

霍尔•P. 城市和区域规划[M].邹德慈,金经元,译.北京:中国建筑工业出版社,1985.

吉•格兰尼.掩土建筑:历史•建筑与城镇设计[M].夏云,译.北京:中国建筑工业出版社,1987.

吉伯德•F,等.市镇设计[M].程里尧,译.北京:中国建筑工业出版社,1989.

吉沃尼•B. 人•气候•建筑[M].陈士鳞,译.北京:中国建筑工业出版社,1982.

凯文•林奇.城市意象[M].方益萍,何晓军,译.北京:华夏出版社,2001.

克莱尔•库珀•马库斯,卡罗琳•弗朗西斯.人性场所——城市开放空间设计导则[M].俞孔坚,孙鹏,王志芳,等译.2版.北京:中国建筑工业出版社,2001.

克利夫•芒福汀.绿色尺度[M].陈贞,高文艳,译.北京:中国建筑工业出版社,2004.

克罗基乌斯•B P.城市与地形[M].钱治国,王进益,常连贵,等译.北京:中国建筑工业出版社,1982.

理查德•罗杰斯,菲利普•古姆齐德简.小小地球上的城市[M].仲德崑,译.北京:中国建筑工业出版社,2004.

马克斯•T A,莫里斯•E N.建筑物•气候•能量[M].陈士鳞,译.北京:中国建筑工业出版社,1990.

迈克尔•霍夫.都市和自然作用[M].洪得娟,颜家芝,李丽雪,译.台北:田园城市文化事业有限公司,1998.

麦克哈格•I L.设计结合自然[M].芮经纬,译.北京:中国建筑工业出版社,1992.

芒福德•L.城市发展史:起源、演变和前景[M].倪文彦,宋俊岭,译.北京:中国建筑工业出版社,1989.

美国公共工程技术公司,美国绿色建筑协会.绿色建筑技术手册:设计•建造•运行[M].王长庆,龙惟定,杜鹏飞,等译.北京:中国建筑工业出版社,1999.

世界环境与发展委员会.我们共同的未来[M].王之佳,柯金良,译.长春:吉林人民出版社,1997.

舒马赫•E F.小的是美好的:一本把人当回事的经济学著作[M].李华夏,译.北京:译林出版社,2007.

斯科特•坎贝尔(Scott Campbell).绿色的城市 发展的城市 公平的城市——生态、经济、社会诸要素在可持续发展规划中的平衡[J].刘苑,译.国外城市规划,1997(4):17-27.

维特鲁威.建筑十书[M].高履泰,译.北京:知识产权出版社,2001.

西蒙兹•J O.大地景观——环境规划指南[M].程里尧,译.北京:中国建筑工业出版社,1990.

希莫斯•亚那斯.环境性建筑:主要的议题与近来的设计[J].李华,沈康,译.世界建筑,2004(8):40-49.

亚历山大•C,奈斯•H,安尼诺•A,等.城市设计新理论[M].陈治业,童丽萍,译.北京:知识产权出版社,2002.

杨经文.生态设计方法[J].郝洛西,译.时代建筑,1999(3):61-65.

伊利尔•沙里宁.城市:它的发展、衰败与未来[M].顾启源,译.北京:中国建筑工业出版社,1986.

英格伯格•弗拉格,等.托马斯•赫尔佐格:建筑+技术[M].李保峰,译.北京:中国建筑工业出版社,2003.

约翰• O. 西蒙兹.景观设计学——场地规划与设计手册[M].俞孔坚,王志芳,译.3版.北京:中国建筑工业出版社,2000.

约翰•沙克拉.设计——现代主义之后[M].卢杰,朱国勤,译.上海:上海人民美术出版社,1995.

中文文献•原作

鲍世行,顾孟潮.城市学与山水城市[M].北京:中国建筑工业出版社,1994.

鲍世行.跨世纪城市规划师的思考[M].北京:中国建筑工业出版社,1990.

车生泉.城市绿地景观结构分析与生态规划——以上海市为例[M].南京:东南大学出版社,2003.

陈喆,魏昱.规划与设计中城市气候问题探讨[J].新建筑,1999(1):67-68.

成少伟.建立自然的梯度 创造舒适的环境[J].建筑学报,1999(7):17-19.

董卫,王建国.可持续发展的城市与建筑设计[M].南京:东南大学出版社,1999.

董卫.关于生态城市与建筑的发展[J].建筑学报,2000(9):15-17.

董宪军.生态城市论[M].北京:中国社会科学出版社,2002.

傅礼铭.山水城市研究[M].武汉:湖北科学技术出版社,2004.

顾朝林,甄峰,张京祥.集聚与扩散——城市空间结构新论[M].南京:东南大学出版社,2000.

洪亮平.城市设计历程[M].北京:中国建筑工业出版社,2002.

胡京.存在与进化——可持续发展的建筑之模型研究[D].[博士学位论文].南京:东南大学,1998.

胡渠.生物气候要素在城市和建筑设计中的运用[D].[硕士学位论文].南京:东南大学,2000.

黄大田.全球变暖、热岛效应与城市规划及城市设计[J].城市规划,2002,26(9):77-79.

黄光宇,陈勇.生态城市理论与规划设计方法[M].北京:科学出版社,2002.

金经元.社会、人和城市规划的理性思维[M].2版.北京:中国城市出版社,1996.

冷红,郭恩章,袁青.气候城市设计对策研究[J].城市规划,2003,27(9):49-54.

冷红,袁青.发达国家寒地城市规划建设经验探讨[J].国外城市规划,2003,18(4):60-66.

李敏.城市绿地系统与人居环境规划[M].北京:中国建筑工业出版社,1999.

李敏.现代城市绿地系统规划[M].北京:中国建筑工业出版社,2002.

林宪德.热湿气候的绿色建筑计画——由生态建筑到地球环保[M].台北:詹氏书局,1996.

刘贵利.城市生态规划理论与方法[M].南京:东南大学出版社,2002.

刘沛林.风水:中国人的环境观[M].上海:上海三联书店,1995.

刘彦.城市生态设计理论与实践研究——附珠江三角洲地区暨肇庆市案例研究[D].[博士学位论文].南京:东南大学,2000.

柳孝图.城市物理环境与可持续发展[M].南京:东南大学出版社,1999.

吕爱民.应变建筑观的建构[D].[博士学位论文].南京:东南大学,2001.

马光,胡仁禄.城市生态工程学[M].北京:化学工业出版社,2003.

毛刚,段敬阳.结合气候的设计思路[J].世界建筑,1998(1):15-18.

毛刚.生态视野　西南高海拔山区聚落与建筑[M].南京:东南大学出版社,2003.

齐康,东南大学建筑系,东南大学建筑研究所.城市环境规划设计与方法[M].北京:中国建筑工业出版社,1997.

清华大学建筑学院,清华大学建筑设计研究院.建筑设计的生态策略[M].北京:中国计划出版社,2001.

沈清基.城市生态与城市环境[M].上海:同济大学出版社,1998.

沈玉麟.外国城市建设史[M].北京:中国建筑工业出版社,1989.

宋德萱.建筑环境控制学[M].南京:东南大学出版社,2003.

宋晔皓.结合自然　整体设计——注重生态的建筑设计研究[M].北京:中国建筑工业出版社,2000.

孙成仁,郑声轩.可持续设计:从概念到实施[J].新建筑,2002(1):51-54.

孙施文.城市规划哲学[M].北京:中国建筑工业出版社,1997.

陶康华,陈云浩,周巧兰,等.热力景观在城市生态规划中的应用[J].城市研究,
　　1999(1):20-22.

同济大学城市规划教研室.中国城市建设史[M].北京:中国建筑工业出版社,
　　1982.

王建国,徐小东,周小棣,等.滨水地区城市设计——宜兴团氿滨水地段改造
　　[J].建筑创作,2003(7):84-89.

王建国.城市设计[M].南京:东南大学出版社,1999.

王建国.城市设计生态理念初探[J].规划师,2002,18(4):15-18.

王建国.从理性规划的视角看城市设计发展的四代范型[J].城市规划,2008
　　(1):9-19.

王建国.绿色城市设计原理在规划设计实践中的应用[J].东南大学学报(自然
　　科学版),2000,30(1):10-15.

王建国.生态要素与城市整体空间特色的形成和塑造[J].建筑师,1999(9):
　　20-23.

王建国.现代城市设计理论和方法[M].2版.南京:东南大学出版社,2001.

王鹏.建筑适应气候——兼论乡土建筑及其气候策略[D]:[博士学位论文].北
　　京:清华大学,2001.

王鹏.诺曼·福斯特的普罗旺斯情缘——兼论"高技派"的气候观[J].世界建筑,
　　2000(4):30-33.

王如松.高效　和谐:城市生态调控原则与方法[M].长沙:湖南教育出版社,
　　1988.

王绍增,李敏.城市开敞空间规划的生态机理研究(上)[J].中国园林,2001,17
　　(4):32-36.

王绍增,李敏.城市开敞空间规划的生态机理研究(下)[J].中国园林,2001(5):
　　32-36.

王祥荣.生态与环境——城市可持续发展与生态环境调控新论[M].南京:东南
　　大学出版社,2000.

韦湘民,罗小未.椰风海韵——热带滨海城市设计[M].北京:中国建筑工业出
　　版社,1994.

吴良镛,等.发达地区城市化进程中建筑环境的保护与发展[M].北京:中国建
　　筑工业出版社,1999.

吴良镛.关于建筑学未来的几点思考(上)[J].建筑学报,1997(2):16-22.

吴良镛.关于建筑学未来的几点思考(下)[J].建筑学报,1997(3):30-33.

吴良镛.广义建筑学[M].北京:清华大学出版社,1989.

吴良镛.世纪之交的凝思:建筑学的未来[M].北京:清华大学出版社,1999.

徐祥德,汤绪,等.城市化环境气象学引论[M].北京:气象出版社,2002.

徐小东,王建国,付秀章,等.城市新区规划设计中的生态策略研究[M]//邹经
　　宇,等.永续和谐:快速城市化背景下的住宅与人居环境建设(第六届中国
　　城市住宅研讨会论文集).北京:中国建筑工业出版社,2006.

徐小东,王建国.基于生物气候条件的绿色城市设计生态策略研究——以湿热地区为例[J].建筑学报,2007(3):64-67.

徐小东,徐宁.地形对城市环境的影响及其规划设计应对策略[J].建筑学报,2008(1):25-28.

徐小东,虞刚.互通性与分类矩阵——《绿色摩天楼》和杨经文生态设计思想综述[J].新建筑,2004(6):58-61.

徐小东.基于生物气候条件的绿色城市设计生态策略研究——以冬冷夏热地区为例[J].城市建筑,2006(7):22-25.

徐小东.开放空间应优先成为城市设计的重要准则[J].新建筑,2008(2):95-99.

徐小东.中观层面的城市设计生态策略研究[J].新建筑,2007(3):11-15.

杨培峰.城乡空间生态规划理论与方法研究[D]:[博士学位论文].重庆:重庆大学,2002.

杨士弘,等.城市生态环境学[M].2版.北京:科学出版社,2003.

姚士谋,帅江平.城市用地与城市生长——以东南沿海城市扩展为例[M].北京:中国科学技术大学出版社,1995.

俞孔坚,李迪华,潮洛蒙.城市生态基础设施建设的十大景观[M]//中国(厦门)国际城市绿色环保博览会组委会.呼唤绿色新世纪.厦门:厦门大学出版社,2001.

俞孔坚,李迪华.城市景观之路——与市长们交流[M].北京:中国建筑工业出版社,2003.

俞孔坚,李迪华.多解规划:北京大环案例[M].北京:中国建筑工业出版社,2003.

张兵.城市规划实效论:城市规划实践的分析理论[M].北京:中国人民大学出版社,1998.

张京祥.城镇群体空间组合[M].南京:东南大学出版社,2000.

中国地理学会.城市气候与城市规划[M].北京:科学出版社,1985.

周浩明,张晓东.生态建筑——面向未来的建筑[M].南京:东南大学出版社,2002.

周曦,李湛东.生态设计新论——对生态设计的反思和再认识[M].南京:东南大学出版社,2003.

朱喜钢.城市空间集中与分散论[M].北京:中国建筑工业出版社,2002.

外文文献

Anne W S. The Granite Garden: Urban Nature and Human Design[M]. New York: Basic Book, Inc., 1984.

Anon. Declaration of the United Nations Conference on the Human Environment [EB/OL].(1972-09-03)[2018-10-22].http://www.unep.org.

Anon. Inside Arcosanti: Paolo Soleri's Experimental Town in the Arizona Desert

［EB/OL］.（2016-05-19）［2018-10-22］. https：//www.designboom.com.

Anon. Planning Implementation Tools—Transfer of Development Rights (TDR)
　　　［EB/OL］.［2018-10-22］. https：//www.uwsp.edu.

Arvind K，Nick B，Simos Y，et al. Climate Responsive Architecture— A Design
　　　Handbook for Energy Efficient Buildings［M］. New Delhi：Tata McGraw-Hill
　　　Publishing Company Ltd.，2001.

Brandon P S. Evaluation of the Built Environment for Sustainability［M］.London：
　　　E & Fn Spon，1999.

Balwant S S. Building in Hot Dry Climates［M］. New York：John Wiley & Sons
　　　Ltd.，1980.

Baruch G. Climate Consideration in Building and Urban Design［M］. New York：
　　　John Wiley & Sons Ltd.，1998.

Brian R. Future Transport in Cities［M］. London：Spon Press，2001.

Brown G Z，Mark D. Sun，Wind & Light— Architectural Design Strategies
　　　［M］.2nd ed. New York：John Wiley & Sons Ltd.，2001.

Chip S. Garden and Climate［M］. New York：McGraw-Hill，2002.

Dani A H . Critical Assessment of Recent Evidence on Mohenjo-Daro［R］.
　　　Mohenjo-Daro：Second International Symposium，1992.

Donald W F，Alan P，et al. Time-Saver Standards for Urban Design［M］. New
　　　York：McGraw-Hill，2001.

Eliel S. The City，Its Growth—Its Decay—Its Future［M］. New York：Reinhold
　　　Publishing Corporation，1943.

Elizabeth C，Wendy K. Arts & Crafts Movement［M］. London：Thames &
　　　Hudson，1991.

Frank R. Priene：A Guide to the Pompeii of Asia Minor［J］. Turkey：Ege
　　　Yayinlari，1998.

Frederick L O. Public Parks and the Enlargement of Towns［M］.Cambridge，MA：
　　　The Riverside Press，1991.

Gary O R. Landscape Planning for Energy Conservation［M］. New York：VNR
　　　Company，1983.

Gideon S G.Design and Thermal Performance：Below-Ground Dwellings in China
　　　［M］. Newark，DE：University of Delaware Press，1990.

Hader F. The Climatic Influence of Green Areas，Their Properties as Air Filters and
　　　Noise Abatement Agents［R］. Vienna：Climatology and Building Conference
　　　Paper in Proceedings. Commission International de Batiment，1970.

James L. Gaia：A New Look at Life on Earth［M］. Oxford：Oxford University
　　　Press，1979.

James L.Gaia：A New Look at Life on Earth［M］.Oxford：Oxford Landmark
　　　Science，1987.

James S. Sustainable Architecture［M］. New York：McGraw-Hill，1997.

Joe R. City Region 2020: Integrated Planning for a Sustainable Environment[M]. London: Earthscan Publications Ltd., 2000.

John O'Connor. Chicago District Evokes Blue-Collar History[M].New York: Associated Press, 2008.

Karen M K, Ralph K. Work in Progress: Solar Zoning and Solar Envelopes[J]. ACADIA Quarterly, 1995,14(2): 11-17.

Lynch K. A Theory of Good City Form[M]. Cambridge, MA: MIT Press, 1981.

Maslow A H. A Theory of Human Motivation[J]. Psychological Review, 1943, 50 (4):370-396.

Mats E.Ralph Erskine: The Humane Architect[J].Architectural Design, 1977(6): 333.

Michael P. Urban Geography—A Global Perspective[M]. London: Rout Ledge, 2001.

Michiel H. City Form and Natural Process: Towards a New Urban Vernacular[M]. New York: VNR Company, 1984.

Norma S.Design for a Limited Planet — Living with Natural Energy[M].New York: Ballantine Books, 1977.

Norman F, Hermann S. Solar Energy in Architecture and Urban Planning[M]. Amsterdam: H. S. Stephens and Associates, 1993.

Oke T R. The Distinction Between Canopy and Boundary-Layer Urban Heat Islands[J]. Atmosphere, 1976, 14(4): 268-277.

Paul H S. Ecology & Planning— An Introductory Study[M].London: George Godwin Ltd., 1981.

Peter H, Ulrich P. Urban Future 21—A Global Agenda for Twenty- First Century Cities[M]. London: E & Fn Spon, 2000.

Peter K.The New Urbanism—Toward an Architecture of Community[M]. New York: McGraw—Hill,Inc., 1992.

Robert V B. Green Architecture—Design for a Sustainable Future[M]. London: Thames and Hudson, 1996.

Rodney R W.Urban Environmental Management[M].New York: John Wiley & Sons Ltd., 1994.

Sima I.ABC: International Constructivist Architecture, 1922-1939[M].Cambridge, MA: MIT Press, 1994.

Simonds J O. A Manual of Environmental Planning and Design[M]. New York: VNR Company, 1978.

Sophia B, Stefan B. Sol Power—The Evolution of Solar Architecture[M]. Munich: Prestel, 1996.

Susan B. Environmental Planning and Sustainability[M].New York: John Wiley & Sons Ltd., 1996.

Tianzhen H, Yixing C, Sang H L, et al. CityBES: A Web-Based Platform to

Support City-Scale Building Energy Efficiency[Z]. Urban Computing, 2016.

Timothy B. Green Urbanism— Learning from European Cities [M]. California: Island Press, 2000.

Timothy B.The Ecology of Place[M]. California: Island Press, 1999.

Tom T. Landscape Planning and Environmental Impact Design [M].London: UCL Press, 1998.

Wiebenson D. Utopian Aspects of Tony Garnier's Cité Industrielle [J].Journal of the Society of Architectural Historians, 1960, 19(1): 16-24.

Xiaodong X, Jingping L, Ning X, et al. Quantitative Study on the Evolution Trend and Driving Factors of Typical Rural Spatial Morphology in Southern Jiangsu Province, China[J]. Sustainability, 2018, 10(7): 2392.

Xiaodong X, xinhan X, Peng G, et al.The Cause and Evolution of Urban Street Vitality under the Time Dimension: Nine Cases of Streets in Nanjing City, China[J].Sustainability, 2018, 10(8): 2797.

Yinka R A.Climate and Human Settlements: Integrating Climate into Urban Planning and Building Design in Africa [M]. [S.l.]: United Nations Environment Programme, 1991.

Yixing C, Tianzhen H, Mary A P.Automatic Generation and Simulation of Urban Building Energy Models Based on City Datasets for City-Scale Building Retrofit Analysis[Z].Applied Energy 205, 2017.

在王建国院士工作室的架构下，我们对绿色城市设计生态策略的研究已进行多年。最早我们的着眼点主要在城市不同空间尺度方面所体现的绿色城市设计策略，并试图将其与我国法定的城市规划编制层次有所对应，以使"生态优先"准则能够为处在快速城市化进程中的中国城市建设实践提供"非经济、非物质、非文化"的理念参考。大约从 2002 年开始，我们的视野和关注对象逐渐从城市规模尺度的垂直层面扩展到基于生物气候条件的城市设计生态策略，亦即不同生物气候条件的水平层面，其中主要包括湿热地区、干热地区、冬冷夏热地区和寒冷地区的城市设计，这样就可以使绿色城市设计本身的理论和方法架构更具系统完整性。本书即根据由王建国教授指导、徐小东所完成的相关主题的博士学位论文改写而成。

在该论文和本书选题与写作阶段中，南京大学崔功豪教授、南京大学鲍家声教授、南京林业大学徐大陆教授、东南大学杜顺宝教授等多位专家教授都提出过切实中肯的意见，特别感谢已故的重庆大学黄光宇教授，他抱病对论文进行了评阅初稿，其严谨治学的态度和宝贵意见使本书内容不断臻于充实和完善。本书的出版也是对他的纪念。

同时，还要特别感谢香港中文大学顾大庆先生为我们在香港就绿色城市和建筑领域所展开的后续研究提供的资助，他所在的建构工作室独特的教学和研究方法也给了我们许多有益的启发。

在本书出版编辑、案例研究和资料收集过程中，连云港市规划局杜胜利先生，宜兴市规划局朱乾辉、陈建平、蒋雅峰诸位先生以及江苏省建设厅的胡渠等朋友和同仁提供了大力帮助和支持，笔者还请魏广林重绘了部分插图。此外，还要感谢工作室的老师和同学，在与他们日常性的工程合作和学术切磋与交流过程中，我们获得了许多有价值的启示和建议。谨此一并感谢。对东南大学出版社的徐步政先生、孙惠玉女士所给予的精心策划与编排深表谢意。2018 年夏，笔者利用在加州大学伯克利访学的机会，对原书部分内容进行了更新、补充和重新修订。在此衷心感谢洪天兵先生提供赴美访学的便利，并给予悉心指导和帮助。

最后，期盼本书能够给从事和关心中国城市可持续发展问题的读者提供有益的帮助和价值启示。由于笔者学术水平和能力有限，书中谬误和不当之处在所难免，敬请批评指正，以期有机会再版时加以修订与完善。

徐小东

2018 年 7 月